Adobe Premiere Pro CC

经典教程 **彩色版**

［英］Maxim Jago 著

陈昕昕 郭光伟 译

人民邮电出版社

北京

图书在版编目（CIP）数据

Adobe Premiere Pro CC经典教程：彩色版 /（英）
马克西姆·亚戈著；陈昕昕，郭光伟译. -- 北京：人
民邮电出版社，2017.1（2017.8重印）
ISBN 978-7-115-43777-8

Ⅰ. ①A… Ⅱ. ①马… ②陈… ③郭… Ⅲ. ①视频编
辑软件—教材 Ⅳ. ①TN94

中国版本图书馆CIP数据核字(2016)第276653号

版权声明

◆ 著　　　　[英] Maxim Jago
　 译　　　　陈昕昕、郭光伟
　 责任编辑　傅道坤
　 责任印制　焦志炜

◆ 人民邮电出版社出版发行　　北京市丰台区成寿寺路 11 号
　 邮编　100164　　电子邮件　315@ptpress.com.cn
　 网址　http://www.ptpress.com.cn
　 北京瑞禾彩色印刷有限公司印刷

◆ 开本：800×1000　1/16
　 印张：28.5
　 字数：564 千字　　　　　　　2017 年 1 月第 1 版
　 印数：3 501 – 5 000 册　　　 2017 年 8 月北京第 2 次印刷

　 著作权合同登记号　图字：01-2014-7504 号

定价：99.00 元（附光盘）

读者服务热线：(010)81055410　印装质量热线：(010)81055316
反盗版热线：(010)81055315

内容提要

本书由 Adobe 公司的专家编写，是 Adobe Premiere Pro CC 软件的官方指定培训教材。

全书共分为 18 课，每一课先介绍重要的知识点，然后借助具体的示例进行讲解，步骤详细、重点明确，手把手教你如何进行实际操作。本书涵盖了 Adobe Premere Pro CC 概述、设置项目、导入媒体、组织媒体、视频编辑基础知识、使用剪辑和标记、添加切换、高级编辑技巧、创建剪辑的运动特效、多摄像机编辑、编辑和混合音频、美化声音、添加视频特效、颜色校正与分级、探索合成技巧、创建字幕、项目管理，以及导出帧、剪辑和序列等内容，并在适当的地方穿插介绍了 Premiere Pro CC 最新版中的功能。

本书语言通俗易懂，并配以大量图示，特别适合 Premiere Pro 新手阅读。有一定使用经验的用户也可以从本书中学到大量的高级功能和 Premiere Pro CC 的新增功能。本书也可作为相关培训班的教材。

致　谢

　　写作一本与 Premiere Pro 有关的高级技术图书离不开整个团队的努力。朋友、同事、电影制片人和技术专家都对本书做出了贡献。鉴于人员太多，无法一一提及，但是我要说的是：在英国我们经常开玩笑，我们不说"棒极了"，而是说"完全可以接受"。就写作本书而言，"完全可以接受"显然是不够的。对于那些通过分享、培养、关怀、显示、讲述、展示、制作和帮助等行为让世界变得更美好的人，我想要向他们表达相当于英语词汇中"超级棒"的那个词汇：超出期待。

　　需要说一下的是，我并不擅长写作。本书中的所有内容都由富有经验的编辑团队进行了检查，他们检查并纠正了拼写错误、命名错误、错误原因、语法歧义、无用段落和不一致的描述。这支优秀的编辑队伍不止标记出了需要修改的地方，还提供了可供选择而且我可以认可的修改，因此，从完全的字面意义上来说，本书是许多人的功劳。我要感谢 Peachpit 和 Adobe Press 的整个团队，是他们创作了如此精美巧妙的图书。

　　在每写完一章的草稿之后，Tim Kolb 都会检查所有的技术引用并标记错误，然后择机澄清和详细陈述潜在的问题。Tim 的评语似温柔一刀并且尽心竭力。Tim 通常在他想说"你真棒！"时，跟我说"Maxim，你这个呆萌"。他的专业技能、敏锐的眼光和丰富的经验，是我可以依赖并且价值巨大的完全保障。

　　本书大约有一半内容使用了 Rich Harrington 写作的早期版本的资料，当前的版本是由我们两人对过去两个版本的总结，尽管我也参考了他的章节，并在当前版本中进行了更新、改写和重述，但是依然有大量的内容未加修改，仍然与 Richard 的原作保持了一致。

　　最后，不要忘记 Adobe 公司。Adobe 公司优秀的员工为本书贡献了激情和热心，并且表现出了优秀的创造力，他们完全可以称得上是"最为接受的"。他们确实很棒！

前　言

  Adobe Premiere Pro CC 是一个专门为视频爱好者和专业人士准备的必不可少的编辑工具，是可用的最具扩展性、有效性和精确性的视频编辑工具。它支持众多的视频格式，包括 AVCHD、HDV、XDCAM EX、HD、HD422、P2 DVCPRO HD、AVC-Intra、Canon XF、RED R3D、ARRIRAW、Digital SLR、Blackmagic CinemaDNG、Avid DNxHD、QuickTime 和 AVI 等文件格式。Premiere Pro 不用转换媒体格式，即可令你的工作更快捷，更有创造力。这一功能强大、独一无二的工具可以让你顺利完成在编辑、制作以及工作流上遇到的所有挑战，满足你创建高质量作品的要求。

关于经典教程

  本书是 Adobe 图形和出版软件系列官方培训教程的一部分。教程设计的出发点有利于你以自己的进度来学习。对于 Premiere Pro 的初学者来说，首先需要学习和这个程序有关的基本概念和特性。本书还涉及许多高级特性，包括使用这个程序最新版本的技巧和方法。

  该版本教程包含许多功能的应用，例如，多机位编辑、键控抠像、动态修剪、颜色校正、无磁带介质、音 / 视频特效，以及整合 Adobe After Effects、Adobe SpeedGrade 和 Adobe Audition。你还将学习如何使用 Adobe Media Encoder 创建用于互联网和移动设备的文件。Premiere Pro CC 现在有适用于 Windows 和 Mac OS 的两个版本。

必备知识

  在开始学习本书之前，确保系统已经正确设置并且安装了所需的软件和硬件。可以访问 helpx.adobe.com/premiere-pro/system-requirements.html 查看最新的系统需求。

  你应该具备计算机和操作系统方面的常识，而且需要知道如何使用鼠标以及标准的菜单和命令，还有如何打开、存储和关闭文件。如果需要复习一下这些方法技巧，可以参考 Windows 或 Mac OS 系统的相关印刷文档或联机文档。

安装 Premiere Pro CC

  必须单独购买本书和 Adobe Creative Cloud 软件。在安装软件时，有关完整的系统要求和完整安装指南，请访问 www.adobe.com/support。可以通过访问 www.adobe.com/products/creativecloud 来购买 Adobe Creative Cloud。请根据屏幕的提示操作。你也可以安装 Photoshop、After Effects、

Audition、Prelude、SpeedGrade、Encore（只在 Premiere Pro CS6 中可用）和 Adobe Media Encoder，它们都包含在 Adobe Creative Cloud 中，本书中的一些练习会用到这些软件。

优化性能

视频编辑工作对于计算机的内存和处理器来说是高强度的工作。快速处理器和大量的内存会使编辑变得更快、更高效。这可以提供一个更灵活、舒适的创作体验。

Premiere Pro 充分利用了多核处理器（CPU）和多处理系统。处理器的速度越快，表现的性能越好。

Premiere Pro 对内存的最低要求是 4GB，编辑高清（HD）媒体时，建议使用 8GB 或更大的内存。

播放视频时，存储驱动器的速度也是一个因素。在进行高清（HD）视频媒体编辑时，建议使用专用的 7200RPM 旋转磁盘驱动器。进行 HD 编辑时，强烈建议使用 RAID 0 条带化磁盘阵列或 SCSI 磁盘子系统。如果处理的是 4K 或更高清的媒体时，在播放时通常使用快速的固态存储驱动器。

如果在同一个硬盘驱动器上存储媒体文件和程序文件，那么性能将会受到很大的影响。如果可能的话，一定要将媒体文件存储在单独的硬盘上。

Premiere Pro 中的水银回放引擎（Mercury Playback Engine）可以借助强大的 GPU，利用强大的计算机图形硬件提升播放性能。GPU 加速能显著提升性能并得到了显卡的支持。大多数显卡只要有 1GB 以上的专用内存，就可以正常运行。Adobe 网站 www.adobe.com/products/premiere/tech-specs.html 列出了这些支持的显卡，以及详细的硬件和软件要求。

复制课程文件

本书各课中使用了特定的源文件，比如在 Adobe Photoshop CC 和 Adobe Illustrator CC 中创建的图像文件，以及视频剪辑和音频文件。要完成本书中的课程，必须将本书配套光盘中的所有文件复制到计算机硬盘中。尽管每课的内容是相互独立的，但是有些课程会使用其他课程中的文件，所以在学习本书的过程中，需要完整保存所有的课程资源。这需要大约 8GB 的存储空间。此外，安装 Premiere Pro CC 软件还需要 4GB 的硬盘空间。

建议读者按照下述步骤，将本书配套光盘中的课程文件复制到硬盘上。

1. 在"我的电脑"或 Windows 资源管理器（Windows）或者 Finder（Mac OS）中打开本书所附光盘。

Pr **提示**：如果没有专门存储视频文件的文件夹，那么你可以把课程文件放置在计算机桌面上，以方便查找和处理。

2. 右键单击 Lessons 文件夹，选择 Copy（复制）命令。

3. 导航到用于存储 Premiere Pro 项目的文件夹。

4. 右键单击并选择 Paste（粘贴）命令。

按上述步骤操作，可以将所有课程素材复制到本地文件夹中。复制过程可能需要几分钟时间，这取决于硬件的速度。

重新链接课程文件

课程文件中包含的 Premiere Pro 项目可能会链接到特定的媒体文件。由于我们是将文件复制到新的位置，所以在首次打开项目时，可能需要更新这些链接。

如果打开项目时，Premiere Pro 不能找到链接的媒体文件，那么将打开 Link Media 对话框，让你重新链接离线文件。如果出现这种情况，选择离线剪辑并单击 Locate 按钮使用浏览器进行定位。

这将出现一个浏览面板。使用左侧的导航定位到 Lessons 文件夹，并单击 Search 按钮。Premiere Pro 将定位 Lessons 文件夹内部的媒体文件。为了隐藏其他所有的文件，以便轻松选择到合适的文件，可以选择使其名字精确匹配的选项。

最后的文件路径及文件名和当前选择的文件路径及文件名都将显示在面板的顶部以供参考。选择文件并单击 OK 按钮。

> **Pr** | **注意**：如果媒体文件原来存储在多个位置，那么你需要多次搜索，以重新链接项目的所有媒体文件。

在默认情况下，Premiere Pro 启用了用来重链接其他文件的选项，所以一旦定位到一个文件，剩下的文件将自动重新链接。

关于重定位离线媒体文件的更多内容，请参考第 17 课。

如何使用教程

本书每课提供了步骤式的编辑技巧。虽然每课都是独立的，但是大多数课程是建立在前面课程所介绍的概念和技巧之上。所以学习本书的最好方法是按照顺序来学习。

本书课程是按照工作流，而不是按照功能来组织的，并且采用真实的处理方法进行编排。课程以获取媒体文件开始，如视频、音频和图片，然后是创建一个粗略的剪辑序列、添加特效、优化音频，最后是导出项目。

在学完本书的所有课程后，你将很好地理解完整的端到端的后期制作工作流，并掌握你需要自己编辑时的特殊技巧。

目　录

第 1 课　Adobe Premiere Pro CC 概述 ··· 0

    1.1　开始 ·· 2

    1.2　Premiere Pro 中的非线性编辑 ··· 2

    1.3　扩展工作流 ·· 5

    1.4　Premiere Pro 界面概述 ·· 7

第 2 课　设置项目 ·· 18

    2.1　开始 ·· 20

    2.2　建立项目 ··· 21

    2.3　设置序列 ··· 32

第 3 课　导入媒体 ··· 42

    3.1　开始 ·· 44

    3.2　导入资源 ··· 44

    3.3　使用 MediaBrowser ·· 48

    3.4　导入图像 ··· 52

    3.5　媒体缓存 ··· 56

第 4 课　组织媒体 ··· 62

    4.1　开始 ·· 64

    4.2　Project 面板 ·· 64

    4.3　使用 bin ·· 69

    4.4　使用内容分析组织媒体 ·· 76

    4.5　监视素材 ··· 78

    4.6　修改剪辑 ··· 83

第 5 课　视频编辑基础知识 ·· 88

    5.1　开始 ·· 90

    5.2　使用 Source Monitor ·· 90

    5.3　导航 Timeline ·· 97

    5.4　基本编辑命令 ··· 103

第 6 课　使用剪辑和标记 ··· 112

6.1 开始 ······ 114

6.2 Program Monitor 控件 ······ 114

6.3 控制分辨率 ······ 119

6.4 使用标记 ······ 120

6.5 使用 Sync Lock（同步锁定）和 Track Lock（轨道锁定）······ 126

6.6 发现 Timeline 中的间隙 ······ 127

6.7 选择剪辑 ······ 128

6.8 移动剪辑 ······ 130

6.9 抽取和删除片段 ······ 133

第 7 课　添加切换 ······ **138**

7.1 开始 ······ 140

7.2 什么是切换 ······ 140

7.3 编辑点和手柄 ······ 141

7.4 添加视频切换 ······ 142

7.5 使用 A/B 模式微调切换 ······ 148

7.6 添加音频切换 ······ 152

第 8 课　高级编辑技巧 ······ **156**

8.1 开始 ······ 158

8.2 四点编辑 ······ 158

8.3 重新安排剪辑时间 ······ 160

8.4 替换剪辑和素材 ······ 166

8.5 嵌套序列 ······ 170

8.6 常规裁剪 ······ 173

8.7 高级裁剪 ······ 175

8.8 在 Program Monitor 面板中裁剪 ······ 181

第 9 课　创建剪辑的运动特效 ······ **190**

9.1 开始 ······ 192

9.2 调整 Motion 特效 ······ 192

9.3 更改剪辑的位置、尺寸和旋转 ······ 197

9.4 使用关键帧插值 ······ 204

9.5 使用其他运动相关的特效 ······ 208

第 10 课　多摄像机编辑 ······ **216**

10.1 开始 ······ 218

10.2 多摄像机编辑过程 ······ 218

10.3 创建多摄像机序列 ······ 219

10.4　切换多个摄像机 ·· 223

10.5　完成多摄像机编辑 ·· 226

第 11 课　编辑和混合音频 ·· 230

11.1　开始 ··· 232

11.2　设置音频处理界面 ·· 232

11.3　检查音频特性 ·· 239

11.4　轨道配音 ··· 240

11.5　调整音量 ··· 241

11.6　创建分割编辑 ·· 244

11.7　调整序列的音频级别 ·· 246

第 12 课　美化声音 ·· 254

12.1　开始 ··· 256

12.2　使用音频特效美化声音 ·· 256

12.3　调整 EQ ··· 261

12.4　在 Audio Track Mixer 中应用特效 ·································· 264

12.5　清理杂音 ··· 270

第 13 课　添加视频特效 ·· 282

13.1　开始 ··· 284

13.2　使用特效 ··· 284

13.3　主剪辑特效 ··· 298

13.4　屏蔽和跟踪视觉效果 ·· 301

13.5　关键帧特效 ··· 303

13.6　特效预设 ··· 308

13.7　频繁使用的特效 ·· 311

第 14 课　颜色校正与分级 ·· 318

14.1　开始 ··· 320

14.2　面向颜色处理的工作流 ·· 320

14.3　面向颜色的特效概述 ·· 329

14.4　修补曝光问题 ·· 335

14.5　修补颜色平衡问题 ·· 337

14.6　特殊颜色特效 ·· 343

14.7　创建显示效果 ·· 345

第 15 课　探索合成技巧 ·· 350

15.1　开始 ··· 352

15.2　什么是 alpha 通道 ·· 353

15.3　在项目中使用合成技巧 ·· 354

15.4	使用 Opacity 特效	357
15.5	应用 alpha 通道透明度特效	360
15.6	对绿屏镜头进行色彩抠像	362
15.7	使用蒙版	366

第 16 课　创建字幕 — **374**

16.1	开始	376
16.2	Titler 窗口概述	376
16.3	视频排版	380
16.4	创建字幕	386
16.5	设计字幕风格	391
16.6	创建形状和添加 logo	395
16.7	创建滚动字幕和游动字幕	400

第 17 课　项目管理 — **406**

17.1	开始	408
17.2	文件菜单	408
17.3	使用 Project Manager	410
17.4	项目管理中的最后几个步骤	415
17.5	导入项目或序列	416
17.6	管理协作	417
17.7	管理硬盘驱动	418

第 18 课　导出帧、剪辑和序列 — **422**

18.1	开始	424
18.2	导出选项概述	424
18.3	导出单帧	424
18.4	导出主副本	426
18.5	使用 Adobe Media Encoder	428
18.6	与其他编辑应用程序进行交互	436
18.7	记录到磁带	441

第1课 Adobe Premiere Pro CC概述

课程概述

在本课中，你将学习以下内容：

- Adobe Premiere Pro CC 中的新功能；
- Adobe Premiere Pro CC 中的非线性编辑；
- 标准的数字视频工作流；
- 使用高级功能增强工作流；
- 将 Adobe Creative Cloud 集成到工作流；
- Adobe Creative Cloud 工作流介绍；
- 工作区布局介绍；
- 自定义工作区。

本课的学习大约需要 45 分钟。

在开始学习本课内容之前，需要简要了解一下视频编辑以及使用 Adobe Premiere Pro CC 进行后期处理的工作流程。

Premiere Pro 是一个视频编辑系统，它支持最新的技术和摄像机，具有易于使用的强大工具，并且几乎可以与所有视频采集源完美地集成。

1.1　开始

目前，对高质量视频内容的需求与日俱增，新老技术的交替同样非常迅速。面对不断的变化，视频编辑的目标始终未变：获取素材并使用原始素材版本对其进行重新塑造，以便与观众更有效地进行交流。

Premiere Pro CC 中的视频编辑系统能够通过众多强大且易于使用的工具对最新的技术和摄像机提供支持，能够与几乎每一种视频采集源进行集成，还为用户提供了众多的插件以及其他后期制作工具。

首先，你将了解大部分编辑人员所遵循的基本的工作流程。然后会看到 Premiere Pro 是如何与 Adobe Creative Cloud 融合在一起的。最后，你将了解 Adobe Premiere Pro 界面中的主要组件，以及如何创建属于自己的自定义工作区。

1.2　Premiere Pro 中的非线性编辑

Premiere Pro 属于非线性编辑（NLE）工具。与文字处理程序相同，Premiere Pro 允许在最终的编辑视频中的任何位置上放置、替换和移动素材。不需要按照特定的顺序进行编辑，可以在任何时候对视屏中的任何部分进行更改。

你可以合并多个剪辑进而创建出一个序列，然后通过点击和拖动鼠标轻松地对其进行编辑。你可以按照任意顺序对序列中的任意部分进行编辑，然后对内容进行更改并移动剪辑，使其出现在视频的前面或后面，还可以将视频图层混合在一起并添加特效以及进行其他操作。

你可以按照任意顺序对序列中的任意部分进行处理，甚至将多个序列合并在一起。可以不通过执行快进或者快退操作跳转到视频剪辑中的任何时间点上。组织图层与组织计算机上的文件一样简单。

Premiere Pro 支持磁带和无磁带媒体格式，包括 XDCAM EX、XDCAMHD 422、DPX、DVCProHD、AVCHD（包括 AVCCAM 和 NXCAM）、AVC-Intra 和 DSLR 视频。同时还支持最新的无损视频格式，包括 RED、ARRI 和 Blackmagic 摄像机所拍摄的片源，如图 1-1 所示。

1.2.1　呈现标准的数字视频工作流

随着编辑经验的不断积累，你将在不同项目的基础上培养出属于自己的工作流程。每个步骤具有不同的侧重点并使用不同的工具。此外，某些项目在某个阶段需要的时间会比其他项目的更多。

无论你是在脑海中快速构思各个步骤，还是花费几个小时（甚至几天）的时间完善项目的各个方面，都需要遵循以下几个步骤。

1. 拍摄视频素材。这意味着需要为项目拍摄原始素材或者收集资源。

图1-1

2. 把视频素材采集（传输或提取）到硬盘。对于基于磁带的媒体来说，Permiere Pro（通过合适的硬件）将视频转换为数字文件。对于无磁带媒体而言，Premiere Pro 能够直接读取媒体而无需转换。在使用无磁带媒体时，因为物理设备可能非预期出现问题，所以需要确保在其他地方对文件进行备份。

3. 组织剪辑。在项目进行的过程中，你会从项目中选择大量的视频素材。花点时间将这些剪辑整理到项目中的一个特别的文件夹中（称为 bin）。你可以为其添加彩色标签以及其他元数据（有关剪辑的更多信息），以便更好地对这些素材进行组织。

4. 选择需要的视频和音频剪辑并将其添加到 Timeline（时间轴）中，构建属于自己的编辑序列。

5. 在不同的剪辑之间放置特别的转换特效，添加视频特效，并通过在多个图层（轨道）上放置剪辑来创建合并的视觉特效。

6. 创建标题或图形，然后使用与添加视频剪辑相同的方式将它们添加到序列中。

7. 将多个音轨进行混合并获得正确的效果，在视频剪辑中使用切换特效和特殊音效以改进声音的质量。

8. 将完成后的项目导出到磁带、计算机上的文件、用于互联网和移动设备上播放的文件或制作 DVD 和蓝光光盘。

Premiere Pro 以其业界领先的工具支持以上每一个步骤。

1.2.2 使用 Premiere Pro 增强工作流

Premiere Pro 不仅提供了一整套易于使用的标准数字视频编辑工具，还提供了一些高级的工具。通过这些工具可以对项目进行操控、调整和微调。

在最初的几个视频作品中，你很可能不会用到全部的功能。但随着经验的不断积累以及对非线性编辑有了更多的了解，你会希望扩展自己的技能。

本书将会介绍以下几个方面。

- **高级音频编辑**：Premiere Pro 提供了其他非线性编辑工具无法比拟的音频效果和编辑功能。可以创建和放置 5.1 环绕音频通道，编辑样式，在任何音频剪辑或音轨上应用多种音频效果，并使用自带的最前沿的插件和第三方 VST（Virtual Studio Technology）插件。

- **色彩校正**：使用高级色彩校正器滤镜校正和增强视频效果。你还可以进行第二级颜色校正选择，它允许你调整被隔离出来的颜色以及图像中的某个部分，进而提高合成图像的质量。

- **关键帧控制**：Premiere Pro 提供了精确的控制功能，使你无需导出到合成应用程序，就可以微调视觉和运动特效。关键帧使用标准的界面设计，因此只需在第一次使用时学习它们的使用方法，以后就可以在所有的 Adobe Creative Cloud 产品中使用它们了。

- **广泛的硬件支持**：采集卡及其他硬件的可选择范围很大，组合系统时，可以根据自己的需要和预算进行选择。Premiere Pro 系统规格从数字视频编辑的低成本计算机到高性能工作站都可以容易地编辑 3D 立体视频、HD、4K 和其他硬件。

- **水银回放引擎显卡加速器**：水银回放引擎运行在纯软件模式和 GPU 加速模式两种模式下。GPU 加速模式要求显卡满足工作站的最小规格。关于兼容的显卡列表请访问 http://helpx.adobe.com/premiere-pro/systemrequirements.html。即使你的显卡不在这个列表中，如果它有一个合适的模式也可能工作，不过要求至少 1GB 专用内存。

- **多机位编辑**：可以轻易而讯速地编辑多台摄影机。Premiere Pro 会在一个分割显示的窗口中显示每台摄影机，可以通过单击相应的屏幕或使用快捷键选择摄像机视图，甚至可以基于修剪的音频或特效自动同步多个摄像机角度。

- **项目管理**：通过单个对话框就可以管理媒体文件。可以查看、删除、移动、搜索、重组剪辑和文件夹。将那些真正在项目中用到的剪辑统一复制到某个文件夹中，以此来合并项目，然后删除无用的素材，释放硬盘空间。

- **元数据**：Premiere Pro 支持 Adobe XMP，后者可以以元数据的形式存储与媒体有关的更多信息，可以通过多个应用程序来访问这些元数据。其中的信息可以用于定位剪辑或者根据需要与有价值的信息进行交流。

- **创意字幕**：可以使用 Premiere Pro Title Designer 创建字幕和图形。你也可以其他任何合适的软件所创建的图形。此外，Adobe Photoshop 文件可以用作自动平铺的图像或者作为独立的图层来使用，你可以分别对其进行插入、合并或者动画处理。

- **高级裁剪**：可以使用特殊工具对每个剪辑进行调整以及分割序列中的某个部分。Premiere Pro 提供了快速、简单的裁剪功能和高级裁剪工具，能够使你对多个剪辑进行复杂的裁剪调整。

- **媒体编码**：导出序列以便创建最适合需要的视频和音频文件。使用 Adobe Media Encoder 的高级功能可以基于你的详细配置，以不同格式创建已完成序列的多个副本。

1.3　扩展工作流

虽然可以将 Premiere Pro 作为一个独立的应用程序来使用，但实际上它更需要多个应用程序的集体协作。很多时候，是将 Premiere Pro 作为 Adobe Createive Cloud 的一部分来使用，这也就意味着还要访问其他专用的工具，包括 Adobe After Effects、Adobe SpeedGrade、Adobe Audition 和 Adobe Prelude。了解这些软件协同使用的方式能够提高工作效率，提供更多的创建空间。

1.3.1　在编辑工作流中组件的协同工作

Premiere Pro 虽然是一个功能强大的视频和音频后期制作工具，但是它也仅仅是 Adobe Creative Cloud 中的一个组件。Adobe 所有的打印、Web 和视频环境包含的视频专门软件有如下功能：

- 高端 3D 运动特效；

- 复杂的文本动画；

- 带图层的图形；

- 矢量作品制作；

- 音乐创作。

要将这些功能的一项或多项集成到作品中，你可以使用 Adobe Creative Cloud 中的其他组件。软件集能提供制作高级、专业视频的一切功能。

下面是其他组件的简要介绍。

- **Adobe After Effects**：这是运动图像和可视特效艺术家选择的工具。

- **Adobe Photoshop**：行业标准的图像编辑和图像创建作品。可以用它处理项目中要使用的照片、视频以及 3D 对象。

- **Adobe Audition**：功能强大的音频编辑、音频整理、音频美化、音乐创作以及自动语音对齐工具。

- **Adobe Encore**：高选题的 DVD 创作工具，可以制作 DVD、蓝光光盘和交互式 SWF 文件。

- **Adobe Illustrator**：为印刷、视频创作和 Web 提供专业的矢量图形创作软件。

- **Adobe Dynamic Link**：产品间的链接，使你能够在 After Effect 和 Premiere Pro 之间实时对媒体、合成图像和序列进行处理。

- **Adobe Bridge**：可视化的文件游览器，它提供对 Creative Suite 项目文件、应用程序和设置的集中访问。

- **Adobe Flash Professional**：行业标准的交互式 Web 内容创作工具。

- **Adobe SpeedGrade**：专业的高级润色工具并支持高端以及 3D（立体视频）格式。

- **Adobe Prelude**：可以对基于文件的素材提取和添加元数据、标记和标签。可以创建直接共享 Premiere Pro，或通过 XML 共享其他 NLE 的快捷方式。

- **Adobe Media Encoder**：批处理文件，用于为任何来自 Premiere Pro 和 Adobe After Efffect 的屏幕制作内容。

1.3.2 Adobe Pro 视频工作流

Premiere Prot 和 Creative Cloud 工作流会根据不同的创作需要而不同。以下是一些工作流的场景。

- 使用 Photoshop CC 处理来自数据相机、扫描仪或者视频剪辑的静态图像，然后在 Premiere Pro 中处理它们。

- 在 Photoshop CC 中制作图层图形文件，然后在 Premiere Pro 中打开它们。可以选择单独对每个图层进行处理，这样能够对选择的图层应用特效和动画技巧。

- 使用 Adobe Prelude CC 导入大量的媒体文件，添加有用的元数据、临时的评论和标签。在 Adobe Prelude 中从子剪辑创建序列并将其发送到 Premiere Pro 中，以便继续对其进行编辑。

- 将剪辑直接从 Premiere Pro Timeline 发送到 Adobe Audition 中进行专业的音频整理和美化。

- 将 Premiere Pro 序列发送到 Adobe Audition 中完成专业的音频混合。Premiere Pro 可以根据序列创建一个 Adobe Audition 对话，其中带有模拟立体声视频，因此你可以基于这一行为对其进行编辑。

- 使用 Dynamic Link，在 After Effect 中打开 Premiere Pro 视频剪辑，应用特殊的特效和动画，然后在 Premiere Pro 中查看结果。可以直接在 Premiere Pro 中播放 After Effect 合成图像而无需对其进行渲染，还可以利用 After Effect Global Cache，它会保存预览以便稍后使用。

- 用 After Effect CC 的多种方式创建文字，并对其进行动画处理，这些都是 Premiere Pro 所不具备的。你可以通过 Dynamic Link 使用 Premiere Pro 中的合成图像。在 After Effect 中所做的调整会立即显示在 Premiere Pro 中。

- 使用内置的预设将视频项目导出为兼容蓝光的 H.264 文件，并在 Encore CS6 中使用它创建 DVD、蓝光光盘或者交互式 Flash 应用程序。

本书主要介绍只涉及 Premiere Pro 的标准工作流。尽管如此，本书还将用几课的篇幅演示如何在自己的工作流中集成 Adobe Creative Cloud 组件，以创建出更强大的效果。

1.4　Premiere Pro 界面概述

首先，有必要熟悉一下编辑界面，这样在接下来的课程中就可以在创作的过程中认识其中的工具。为了更加轻松地对用户界面进行配置，Premiere Pro 为我们提供了工作区。可以在工作区中快速配置各种面板和屏幕上的工具，以便进行某种具体的操作，例如编辑、特效处理或者音频混合。

开始时，先对编辑工作区进行一个简单的了解。在本练习中，你会用到本书附带的 DVD（或者使用 ebook 下载课程文件）中的 Premiere Pro 项目。

请确保将这些文件从 DVD 复制到计算机的硬盘中，以便获得最佳效果。

1. 确保将 DVD 中的所有课程文件夹及其内容复制到硬盘中。

2. 启动 Premiere Pro，如图 1-2 所示。

图1-2

在 Premiere Pro 的欢迎界面上，你可以新建一个项目或者打开已保存的项目。

> **Pr** | **注意**：由于有些课程需要参考之前的课程内容，所以最好将光盘中的所有课程文件全部复制到硬盘上，并一直保存到完成本书的所有课程为止。

> **Pr** | **注意**：可能会出现提示对话框，询问某个文件的路径。当保存原始文件的硬盘盘符与当前所在盘符不同时将出现这种情况，这时需要告诉 Premiere Pro 该文件的路径。在这种情况下，请导航到 Lessons/Assets 文件夹，并选择对话框中提示的文件即可。Premiere Pro 将记住该路径以供其他文件使用。

3. 单击 Open Project（打开项目）。

4. 在 Open Project 窗口中，导航到 Lessons 文件夹下的 Lesson 01 文件夹，然后双击 Lesson 01.prproj 项目文件，打开第 1 课，如图 1-3 所示。

图1-3

> **Pr** | **注意**：所有 Premiere Pro 项目文件都用 .prproj 作为扩展名。

1.4.1　工作区布局

开始之前，有必要了解一下默认的工作区布局。

1. 选择 Window（窗口）>Workspace（工作区）>Editing（编辑）。

2. 选择 Window（窗口）>Workspace（工作区）>Rest Current Workspace（重设当前工作区）。

3. 在重设工作区对话框中单击 Yes（是）按钮。

如果你之前没有接触过非线性编辑，默认工作区可能会让你觉得无所适从。没关系，当你了解了这些按钮的作用之后，就不会觉得那么复杂了。这种设计的目的就是为了让视频编辑更加简单。工作区主要有以下几种元素，如图 1-4 所示。

工作区内的每一个项目都显示在它自己的面板中。你可以在一个框架中放置多个面板。一些通用的公共项目单独排列，比如时间轴、调音台和节目监视窗口。下面介绍一些主要的工作区项目。

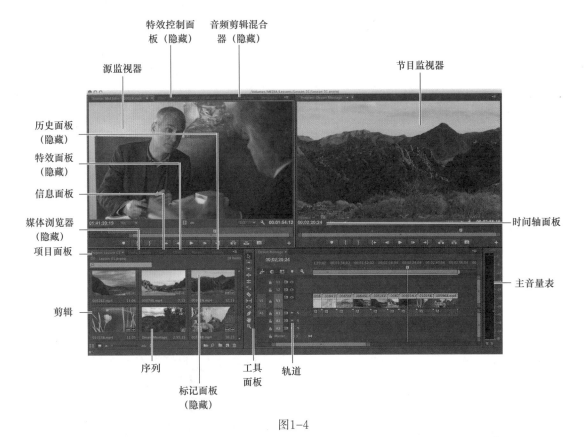

图1-4

- 时间轴面板：大部分的实际编辑工作在这里完成。在时间轴面板上创建序列（指编辑过的视频片段或整个项目）。序列的优点之一是可以嵌入它们（即将某些序列放置到其他序列中去）。我们可以用此方法把完整的任务分解成若干个易于处理的小块或者创建独特的效果。

- 轨道：可以在无限数量的轨道上分层或合成视频剪辑、图像、图形和字幕。时间轴上，放置在较高层轨道上的视频剪辑会覆盖其下方轨道上的内容。因此，如果你想要让处在低轨上的剪辑显现出来，就要为高轨上的剪辑设置一定的透明度，或者缩小它们的尺寸。

- 监视器面板：通过源监视器（Source Monitor，位于左边）观看和剪切原始素材（拍摄的原始信号）。要想把剪辑放到信号源监视窗口播放，请在项目面板中双击该剪辑。节目监视器（Program Montior，位于右边）用来观看正在处理的项目。

- 项目面板：这里用于放置指向项目媒体文件的链接。这些素材包括视频剪辑、音频文件、图形、静态图像和序列。可以通过文件夹来组织这些资源。

- 媒体游览器：这里可以帮助你游览硬盘中的文件系统以便找到特定素材，这对基于文件的摄像机来说尤其有用。

- 特效面板：该面板包含你将在序列中使用的全部剪辑特效，包括视频滤镜、音频特效以及切换。特意按不同类型对特效进行分组以便在使用时更容易找到，如图1-5所示。
- 音频剪辑混合器：该面板（默认情况下位于信号源、元数据和特效控制面板旁边）像是音频制作的硬件设备，它包含音量滑块和摇曳旋钮。时间轴上每一轨音频都有一套控件，用于调整音频。此外还有一个专门的音频轨道混合器，用于调整音频的轨道，如图1-6所示。

图1-5　特效面板

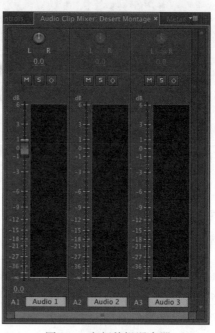

图1-6　音频剪辑混合器

- 特效控制面板：该面板（默认情况下位于信号源、音频剪辑混合器和元数据面板旁边）显示选中序列中的剪辑特效控制。通常提供3种特效：Motion（运动）、Opacity（不通明度）和Time Remapping（时间重映射），大部分特效参数都可以随时间进行调整，如图1-7所示。
- 工具面板：该面板中的每个图标都代表一个执行特定功能的工具，通常是编辑功能。Selection工具与环境相关，它会自动变换外观，代表与环境相匹配的功能。如果你发现光标不按照自己的意愿工作，这可能是你选择了错误的工具，如图1-8所示。
- 信息面板：该面板（默认情况下位于项目面板和媒体游览器旁边）能显示你在项目面板或者在序列中选择的任一剪辑或转换的属性的有用信息。

> **Pr** | 注意：在移动面板时，Premiere Pro将显示可停靠区域。如果是矩形面板，它将作为一个标签附加到选中的框架中。如果它是梯形，那么它将成为一个新的框架。

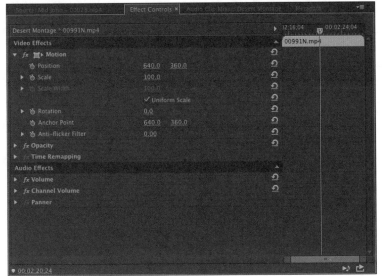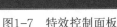

图1-7　特效控制面板　　　　　　　　　　图1-8　工具面板

- 历史面板：该面板（默认情况下位于特效和信息面板旁边）记录你所做的每一步操作，可以方便回退。它是一种可视化的撤销列表。当返回到先前状态时，在该点之后的所有操作步骤也将被取消。

1.4.2　自定义工作区

除了根据不同的任务对默认的工作区进行自定义操作，你还可以调整各个面板的位置以创建最适合自己的工作区。然后可以保存工作区，甚至为不同的任务创建多个工作区。

- 当更改一个框架尺寸时，其他框架的尺寸会随之做相应的调整。
- 框架的所有面板可以通过选项卡来访问。
- 所有面板都可定位，可以把面板从一个框架拖放到另一个框架。
- 可以把某个面板从原来的框架中拖出，使它成为一个单独的浮动面板。

在这个练习中，我们会尝试所有这些功能并保存一个自己定制的工作区。

1. 单击 Source Monitor（源监视器）面板（如果需要可以选择它的选项卡），然后将鼠标指针定位在 Source Monitor（源监视器）面板和 Program Monitor（节目监视器）面板之间的垂直分隔条上，再左右拖动，改变这些框架的尺寸。播放视频时，可以选择不同的尺寸，如图1-9所示。

2. 将指针放置到 Source Monitor（源监视器）面板和 Timeline（时间轴）之间的水平分隔条上，再上下拖动，改变这些框架的尺寸。

3. 单击 Effect（特效）面板选项卡左上角被包夹的区域（位于名称的左边），将其拖放到 Source Monitor（源监视器）面板的中间，将 Effects（特效）面板放置在该框架内，如图1-10所示。

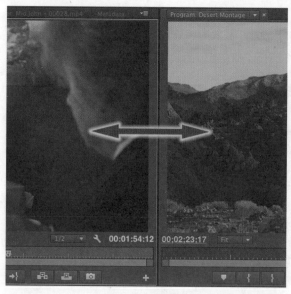

图1-9

图1-10 拖曳区域显示为中心的高亮区域

　　当很多面板合并在同一个框架内时，无法看到所有的选项卡。这时选项卡的上方会出现一个导航滑块以便在它们中间进行导航操作。将滑块向左或向右滑动可以显示隐藏的选项卡。也可以在 Window 菜单中选择某个面板以便显示该面板。

　　4. 单击并拖放 Effects（特效）面板的拖动手柄到 Project（项目）面板右侧附近的某个点上，可以将其放置到自己的框架中，如图 1-11 所示。

　　拖曳区域显示为一个梯形并且覆盖了 Project（项目）面板的右边部分。释放鼠标按钮，工作区将显示为如图 1-12 所示的样子。

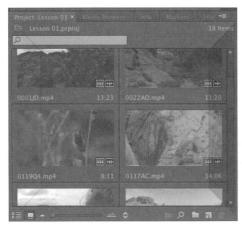

图1-11 拖曳区域显示为梯形

图1-12 你可能需要调整面板大小
以查看想要的控件

还可以将面板拉出来以使其进入它们自己的浮动面板中。

5. 单击 Source Monitor（源监视器）的拖动手柄，按住 Control（Windows）键或者 Command（Mac OS）键并将其从自己的框架中拖出来。它的下落区域图像会显得更加清楚，这表示你将要创建一个浮动面板。

6. 在任意位置放下 Source Monitor（源监视器）面板以创建它的浮动面板。与其他面板一样，拖动该面板的边角可以重新定义它的尺寸，如图 1-13 所示。

图1-13

7. 随着经验的不断增加，也许你想要创建或储存一个自己定义的工作。要实现这一点，可以选择 Window > Workspace > New Workspace 命令，输入工作区名称，单击 OK 按钮进行保存。

8. 如果想使工作区回到其默认布局，可以选择 Window > Workspace > Reset Current Workspace 命令。要返回到某个可识别的起点上，可以选择预设 Editing（编辑）工作区并对其进行重新设置。

1.4.3　介绍首选项

你编辑的视频越多，就越想要对 Premiere Pro 进行自定义操作以便满足自己特定的需求。存在几种类型的首选项，这些首选项被归纳到一个面板中以便方便访问。本书中的每章中几乎都设计首选项，这里我们先来看一下其中简单的示例。

1. 在 Windows 下，请选择 Edit（编辑）> Preferences（首选项）> Appearance（外观）命令，而在 Mac OS 下，选择 Premiere Pro > Preferences（首选项）> Appearance（外观）命令。

2. 左右移动 Brightness（亮度）滑块，调整到适合自己的亮度之后，单击 OK 按钮，也可以单击取消按钮返回到默认设置，如图 1-14 所示。

图1-14

默认亮度是中性灰色，能帮助正确地识别颜色。

> **Pr** | 提示：当接近最暗设置时，文字将切换为灰色背景上的白色文字。这适合于在阴暗的编辑隔间内工作的编辑人员。

3. 切换到 Auto Save（自动保存）首选项。

设想一下，你已经工作了几个小时，突然断电了。如果此时你没有保存数据，那么你将丢失很多工作。

Premiere Pro 在你工作时能够自动保存你的工程文件为一个副本，以防范出现系统错误。由于 Premiere Pro 整合到 Adobe Creative Cloud 中，所以如果你在对话框中选择了备份，那将额外保存一份工程文件到 Creative Cloud 共享文件夹中。

4. 单击 Cancel 按钮返回到默认设置。

1.4.4　用户配置的移动、备份和同步

用户首选项包含了很多重要的选项。虽然默认情况下可以满足大部分工作，但是在你越来越熟悉编辑处理时，你就会想做些调整。

Premiere Pro 允许在不同的机器之间共享用户首选项：在安装 Premiere Pro 时，将会输入你的 Adobe ID 确认软件许可。你可以使用同一个 ID 保存你的用户首选项到 Creative Cloud 中，这将能同步和更新任一次安装 Premiere Pro 的首选项。

现在可以在欢迎界面中通过选择 Sync Settings 来同步你的首选项，也可以通过选择 File > Sync Settings > Sync Settings Now (Windows) 或 Premiere Pro > Sync Settings > Sync Settings Now (Mac OS) 命令进行首选项同步。

这个可以在多台机器之间同步首选项的新功能，可以比较容易地将你的工作迁移到其他地方。

复习题

1. 为什么 Premiere Pro 被认为是一个非线性编辑工具？

2. 请描述基本的视频编辑工作流。

3. Media Browser 的作用是什么？

4. 可以保存自定义的工作区吗？

5. Source Monitor（源监视器）的作用是什么？ Program Monitor（节目监视器）窗口又有什么作用？

6. 如何拖放面板使其成为浮动面板？

复习题答案

1. Premiere Pro 可以将视频、音频和图形放在一个序列的任何地方。在序列中重新组合媒体素材之间的顺序，加入变换、应用视频特效，还能以任意顺序执行很多其他视频编辑步骤。

2. 拍摄视频，将其传输到计算机中；在时间轴上创建视频、音频和静态图像剪辑序列；应用视频特效和变换特效，添加文字和图形；混合音频，导出最终作品。

3. Media Browser（媒体浏览器）使你可以浏览并导入媒体文件，而不需在软件外部再打开文件浏览器。在处理基于文件的摄像机素材时，媒体浏览器尤其有用。

4. 是的，选择 Window（窗口）>Workspace（工作区）>New Workspace（新建工作区）命令可以保存任何定制的工作区。

5. 使用监视器面板可以查看项目内容和原始素材。可以在 Source Monitor（源监视器）中查看和剪切原始素材，用 Program Monitor（节目监视器）查看在时间轴上所创建的序列。

6. 按住 Ctrl 键（Windows）或 Command 键（Mac OS），同时使用鼠标拖放面板即可。

第 **2** 课 设置项目

课程概述

在本课中，你将学习以下内容：

- 选择项目设置；
- 选择视频渲染和播放设置；
- 选择视频和音频显示设置；
- 选择捕捉格式设置；
- 创建暂存盘；
- 使用序列预设；
- 自定义序列设置。

本课的学习大约需要 45 分钟。

在开始学习本课内容之前，需要创建一个新的项目并为第一个序列选择一些设置。对那些刚刚接触视频和音频技术的人来说，会感觉所有这些选项非常复杂，幸运的是，Adobe Premiere Pro CC 提供了一些快捷方式。此外，无论是创建视频还是音频，视频和音频的再现原理都是相同的。

只需知道自己想要做什么就可以了。为了帮助你更好地对项目进行计划和管理，本章中提供了大量与格式和视频技术相关的信息。随着对 Adobe Premiere Pro 了解的深入，稍后你可能会决定重温本课内容。

实际上，你很可能不会对默认设置进行过多的更改，但是了解这些选项的意义是非常有必要的。

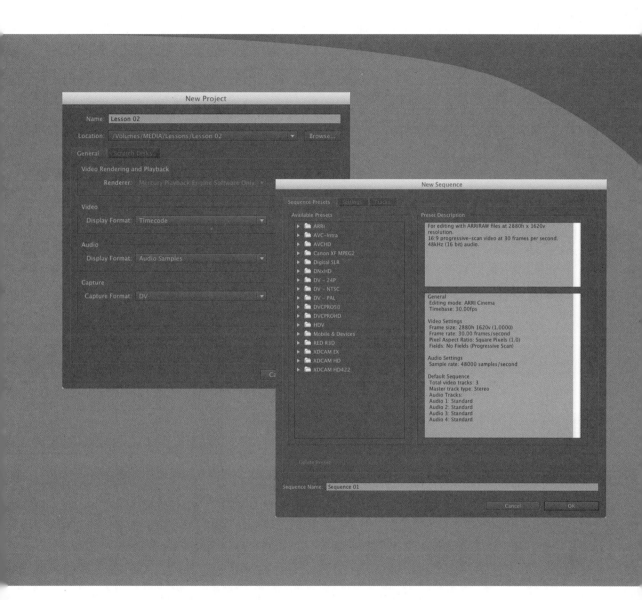

在本课中，你将学习如何创建新项目并选择序列设置，以便告知 Premiere Pro 以何种方式显示视频剪辑。

2.1 开始

Premiere Pro 项目中存储有连接到视频和音频文件的链接，它们都用于 Premiere Pro 项目中。项目文件中还至少存在一个序列（sequence）——也就是一系列要播放的剪辑，逐一进行播放并附带一些特别的效果、字幕以及声音，进而组成一个完整的富有创意的作品。你可以选择使用剪辑中的哪些部分以及以何种顺序进行播放。使用 Premiere Pro 进行编辑的动人之处在于你可以针对任何内容随时融入自己的想法。

Premiere Pro 项目文件的文件扩展名为 .prproj。

开始一个新的 Premiere Pro 项目都是非常简单的。创建一个新项目，选择一个序列预设，再进行编辑即可，如图 2-1 所示。

在你创建一个序列并且具有特殊的播放设置，并在其中添加多个剪辑时，有一点很重要，那就是要了解序列设置是如何改变 Premiere Pro 显示视频和音频剪辑的。为加快工作进度，可以通过使用预设对所选的设置进行更改，然后达到你想要的效果。

由于序列设置通常由最初的原始剪辑来决定，因此你需要知道摄像机所记录的视频和音频的类型。要更轻松地选择正确的设置，Premiere Pro 会以不同摄像机记录格式进行命名，因此如果你知道所使用的摄像机记录的视屏格式，那么就会知道如何进行选择，如图 2-2 所示。

图2-1　　　　　　　　　　　　　　　　　　　　　　图2-2

> **Pr** 注意：很多在 Adobe Premiere Pro 中使用的术语都出自于电影编辑工作，其中就包含术语 clip（剪辑）。在传统的电影编辑工作中，电影编辑人员会使用剪刀剪出一段电影，然后将这段电影放在一旁，以便在编辑中使用。

> **Pr** 注意：预设会重新选择几个设置以便节省你的时间。你可以使用现有预设，也可以创建新的预设以便在下一次使用。

在本课中，你将学习如何创建新项目并选择序列设置以便告知 Premiere Pro 以何种方式显示视频剪辑。你还将了解各种不同类型的音轨，什么是预览文件，以及如何打开在 Apple Final Cut Pro 7 和 Avid Media Composer 中创建的项目。

2.2 建立项目

我们首先来创建一个新项目。

1. 启动 Adobe Premiere Pro。这时将显示欢迎界面，如图 2-3 所示。

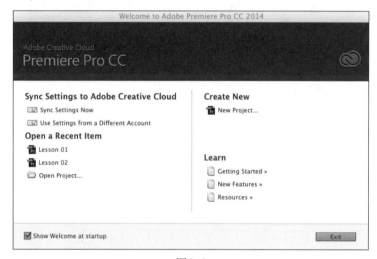

图2-3

最近的项目是一个之前打开项目的列表。如果你是首次启 Premiere Pro，那么界面将是空白的。

在这个窗口中有以下几个按钮。

- New Project（新建项目）：打开 New Project 对话框。

- Open Project（打开项目）：允许你浏览某个已经存在的项目文件并打开以继续对其进行处理。

- Resources（资源）：打开在线帮助系统。你需要连接到互联网以便打开在线的 Premiere Pro Help。

- Exit（退出）：退出 Adobe Premiere Pro。

- Sync Settings Now（立即同步）：允许你同步存储在 Creative Cloud 上的用户首选项，这将容易地从一个编辑系统转移到别一个编辑系统上。

- Use Settings from a Different Account（使用不同账户上的配置）：可以选择想要同步用户首选项的 Adobe ID。

2. 单击 New Project，打开 New Project 对话框，如图 2-4 所示。

图2-4

这个对话中有两个选项卡：General（常规）和 Scratch Disks（暂存盘）。该对话中的全部设置以后都可以进行更改。在大多数情况下，你可能不想随其进行更改。让我们来看一下它们所代表的意思。

> **Pr** 注意：你可能会注意到在 Premiere Pro 中会出现大量的选项卡面板，这有助于将众多额外的选项归纳到一个较小的空间中。

2.2.1 视频渲染和播放设置

当你对序列中的视频剪辑进行有创意的处理时，很可能会应用一些视频特效。一些特效可以立即进行播放，当你点击播放按钮时，原始视频和一些特效会立即进行播放。当这种情况发生时，被称为"实时播放（real-time playback）"。

实时播放很受欢迎，因为这意味着你可以立即观察你的创意性选择所产生的结果。

如果你使用了众多特效或者你使用的特效不是采用 GPU 加速，那么你的计算机将不会以完全帧速率来显示结果。也就是说，Premiere Pro 将尝试播放你的视频剪辑并且显示应用的特效，但是它不会显示每秒中的每一个帧。当这种情况发生时，通常被描述为落帧（dropping）。

渲染和实时的真正意思是什么？

可以将渲染看成是与画家进行的绘画工作一样，其中的内容是可见的，拿出一张纸并花费一些时间。想象你的某个视频有些过于黑暗。你需要添加一些特效以使其变得更加明亮，但是你的视频编辑系统无法同时播放原始视频并使其变得更加明亮。在这种情况下，你需要系统对特效进行一些渲染工作。这时，会创建一个与原始视频相似的新视频文件并具备一些能够使其变得更加明亮的特效。

当播放序列中的某个部分时，如果其中包含带有渲染特效的剪辑，那么系统会在后台直接切换以播放新渲染的视频文件。该过程是不可见的、无缝隙的。渲染过的文件播放时和原始文件一样，但会明亮一些。

当序列中的某个部分包含更加明亮的剪辑时，系统会在后台无缝直接切换并播放其他的原始视频文件。

渲染的缺点是它会占用硬盘中的空间并且需要花费一定的时间。还意味着你正在查看的是一个基于原始媒体的全新的视频文件，因此可能会导致一些视频质量上的损失。渲染的优势是你的系统将能够以完全质量和每秒全帧来播放特效结果。

实时就是立即。当使用实时特效时，系统会立即播放带特效的原始视频剪辑，而不需要等待渲染。实时表现的唯一的缺点是不需要渲染的数量是由系统的强大程度所决定的。使用Premiere Pro时，可以通过使用合适的显卡（请参见下文中的"水银回放引擎"）来极大地提高实时的表现效果。此外，还需要使用专门为GPU加速而设计的特效——并不是所有特效都是针对GPU加速而设计的。

在播放视频需要额外的工作时，Premiere Pro 会在 Timeline（时间轴）面板的顶部显示彩色的线条通知你，如图 2-5 所示。

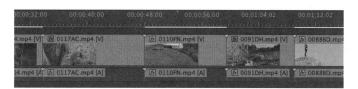

图2-5

在播放序列时，看不到每一个帧也没有关系，这不会影响最终结果。完成编辑工作之后，你将输出完成的序列（更多内容请参见第 18 课），这时，它将是全质量并且是全帧的。

实时播放会对你的编辑体验和预览特效时的信心有一点影响，它还能确保你的作业有一个好的光线。Premiere Pro 提供了一个简单的解决办法：预览渲染。

当你选择进行渲染时，Premiere Pro 将以全质量、全帧播放你的特效，而不需要你的计算机做其他工作，就像播放常规视频文件一样，如图 2-6 所示。

在 New Project 对话框中，如果渲染菜单可用，也就意味着你
计算机上的图形硬件满足 GPU 加速的最低要求，并且安装正确。

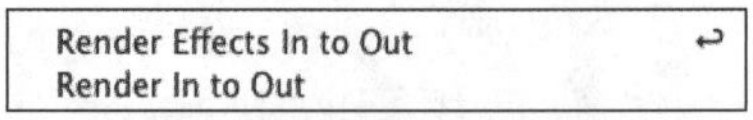

| Render Effects In to Out | ↵ |
| Render In to Out | |

图2-6

该菜单有两个选项。

- **水银回放引擎 GPU 加速**：如果你选择了这个选项，Premiere Pro 会向计算机中的图形硬件
  发送很多播放任务，在序列中为你提供大量的实时特效和易于播放的混合格式。

- **仅使用水银回放引擎软件**：这仍然是实时播放的一个优势，它能够利用计算机中所有可能
  的力量，进而提供非常优秀的表现效果。如果你的计算机中没有合适的图形硬件，那么仅
  这个选项是可用的，而且你也无法点击这个菜单。

如果具有兼容的显卡，可以通过选择 GPU 加速来获得更好的效果。它允许 Premiere Pro 将一
些播放视频的工作和应用特效的任务交给 GPU 进行来完成。

如果可能的话，你一定希望选择 GPU 选项并利用其具有的更多性能。

如果该选项可用，现在就可以这么做。

水银回放引擎

水银回放引擎能够极大地提升播放性能，在处理多个视频格式、多个特效以及
多个图层的视频（如画中画特效）时能够实现更快更轻松的处理效果。

水银回放引擎，它具有以下3个主要功能。

- 播放性能：Premiere Pro 播放视频文件的性能获得了提升，尤其是对于那些很难播
  放的视频类型。例如，如果你的媒体是使用 DSLR 相机拍摄的，那么媒体很可能
  是使用 H.264 编码解码器记录的，这种类型的视频很难进行播放。有了水银回放
  引擎，你会发现这些文件播放起来非常简单。

- 64 位和多线程：Premiere Pro 是一个 64 位的应用程序，也就意味着它能够使用你
  计算机上全部的随机存取存储器（RAM）。在处理具有较高分辨率的视频时，这
  个特性非常有用。水银回放引擎同时还是多线程的，这意味着它能够利用计算机
  上的全部 CPU 核心。Premiere Pro 的性能由你的计算机性能来决定。

- CUDA 、Open CL、和 Intel Graphics 支持：如果你有合适的显卡或者带有合适图
  形处理硬件，Premiere Pro 会将一些视频播放的任务授权给显卡，而不是将整个处
  理任务交给计算机的 CPU 来完成。这样，在处理序列和大量需要实时播放的特效
  时就能够获得更好的性能。

要了解可以支持的显卡，可以参见www.adobe.com/products/premiere/tech-
specs.html。

2.2.2　视频 / 音频显示格式设置

下面将要介绍的两个选项用于告知 Premiere Pro 以何种方式测量视频和音频剪辑的时间。

大多数情况下，你选择默认设置就可以：为视频选择 Timecode（时间码），为音频选择 Samples（样例）。这些设置不会改变 Premiere Pro 播放视频或者音频剪辑的方式，而仅仅改变时间的测量方式，如图 2-7 所示。

图2-7

1. 视频显示格式

Video Display Format（视频显示格式）中包含 4 个选项。对于特定的项目来说，你的选择由你是否将视频或者影片作为源材质进行处理来决定。

关于秒和帧

当摄像机记录视频时，它会捕捉一系列动作的静态图像。如果每秒钟内捕捉到足够数量的图像，那么在播放时这些图像看上去就像是运动的视频一样。每一个图像被称为一个帧（frame），而每秒钟的帧的数量通常又被称为帧速率（frames per second，fps）。

fps会根据摄像机或视频的格式和设置而有所不同。它可以包括23.976、24、25、29.97或者59.94 fps。有些摄像机允许你选择一个以上的帧速率，其中包含与真尺寸相关的不同选项。

这 4 个选项如下所示。

- **Timecode**：这是默认设置。Timecode 通常是用于计算小时、分钟、秒以及视频文件或者磁带的单独帧的通用标准。全世界的摄像机、专业视频记录器以及非线性编辑系统所使用的也是同样的系统。

- **Feet + Frames 16mm 或者 Feet + Frames 35mm**：如果你的源文件是从影片捕捉的并且你想要将编辑工作交给暗室来完成，以便对原始底片进行裁切进而制作出更好的影片。这是可以使用这种标准的时间测量方法。这种方法不是测量时间本身，而是测量英尺数量和从上一英尺开始的帧的数量。它有一点与英尺和英寸的关系类似，只是这里将英寸换成了帧。由于 16mm 影片与 35mm 影片具有不同尺寸的帧（每英尺帧的数量也是不同的），因此每一个都会提供相应的选项。

- **Frames**：这个选项仅用于计算视频中的帧数量，从 0 开始计算。这个选项有时用在动画制作项目中，暗室也愿意选择这种方法了解影片项目的编辑信息。

在这个练习中，将 Video Format（视频格式）设置为 Timecode。

2. 音频显示格式

播放音频文件时，时间可以被显示为样例或者毫秒，如图 2-8 所示。

- Audio Samples（音频采样）：记录数字音频时，会捕捉一个声音样本，通过麦克风进行捕捉，每秒数以千次。对于大多数专业的视频摄像机来说，为每秒钟 48000 次。在 Audio Samples 模式下，Premiere

图2-8

Pro 将以小时、分钟、秒和采样播放序列。每秒钟采样的数量由序列的设置决定。

- Milliseconds（毫秒）：选择这个模式时，Premiere Pro 将以小时、分钟、秒和千分之一秒来显示时间。

默认情况下，Premiere Pro 允许你放大序列以便查看单个的帧。尽管如此，你可以轻松切换到你的音频显示格式上。这个强大的功能使你能够对声音进行最细微的调整。

对于本项目，为音频显示格式选项选择 Audio Samples 格式。

2.2.3 Capture Format（捕捉格式）设置

普通情况下，你可以立即把视频作为数据文件处理，然而，如果你使用档案资料，你可能需要从录像带上获取。

Capture Format 菜单会通过计算机的 FireWire 端口，告知 Premiere Pro 在将视频从录像带记录到硬盘时选择哪种格式。

1. DV 和 HDV 捕捉

Premiere Pro 会使用计算机上的 FireWire 连接（如果有的话）捕获 DV 和 HDV。FireWire 也被称为 IEEE 1394 和 i.Link。

对于基于磁带的媒体来说，FireWire 是一个非常方便的连接方式，因为它它只需要使用一根线缆就可以传输视频和声音信息、设备控制（因此你的计算机也可以告知视频卡 [video deck] 进行播放、快进和暂停等操作）和时间码，如图 2-9 所示。

2. 第三方硬件捕捉

并不是所有的视频卡都使用 FireWire 连接，因此你可能需要安装第三方硬件来连接视频卡以便进行捕捉。

图2-9

如果你有第三方硬件，可以按照制造商提供的说明进行操作。这就像你在硬件上安装软件一样，它会发现计算机上已经安装的 Premiere Pro，并且会自动将更多的选项添加到这个菜单或者其他菜单中。

按照第三方设备提供的说明进行操作以配置新的 Premiere Pro 项目。

要了解更多关于视频捕捉硬件和 Premiere Pro 支持格式的信息，可以参见 www.adobe.com/products/premiere/extend.html。

现在，可以忽略这个设置，因为在这个练习中我们不会从磁带中捕捉视频，可以在后期需要时对其进行更改。

> **Pr** | **注意**：Mercury Playback Engine 能够与视频捕捉卡分享监视信息，这要归功于 Adobe Mercury Transmit。

2.2.4 Scratch Disks（暂存盘）设置

无论何时，当 Premiere Pro 从磁带中捕捉（记录）或者渲染特效时，都会在硬盘中创建一个新的媒体文件，如图 2-10 所示。

图2-10

Scratch Disks 就是存储这些新文件的地方。它们可以是单独的磁盘，正如其名称中显示的那样，也可以是任意的文件存储位置。可以将所有的 Scratch Disks 创建在一个位置上，也可以在分离的位置进行创建，这由你的硬件和工作流程需要来决定。如果你要处理的媒体文件非常大，那么将暂存盘放在不同的硬盘上能够极大提升性能。

通常，在视频编辑中有两种存储方式。

- **基于项目的设置**：所有关联的媒体文件都存储在同一个文件夹中的项目文件内。
- **基于系统的设置**：与多个项目相关联的媒体文件存储在一个中心位置，而该项目文件存储在其他位置。这也将包含不同位置的不同类型媒体文件。

你的暂存盘可能存储在本地硬盘上也可能在一个网络存储系统上，只要电脑能访问的位置都可以。暂存盘的读写速度不会给回放性能带来任何影响。

2.2.5 项目文件配置

除了可以选择媒体文件创建的位置，Premiere Pro 还允许你选择自动保存文件的位置。这些都是在你工作时自动做的项目副本，如图 2-11 所示。

图2-11

如果需要回滚到前期的项目版本，你只需要打开其中的一个副本。如果你自动保存文件位置不同于项目文件位置，那么这将是一个好的备份，以防出现系统错误。

1. 使用基于项目的设置

默认情况下，Premiere Pro 会将新创建的媒体与项目文件保存在一起（即 Same as Project[与项目相同位置] 选项）。将所有内容放在一个位置能够使寻找关联文件的操作变得更加容易。你设置可以在导入任何媒体文件之前先将它们导入到同一个文件夹中，以便对其进行更好的组织和管理。当项目完成后，删除一个文件夹即可清理整个项目。

这里有一个缺点，把媒体文件与项目文件保存在同一硬盘上时，在编辑时将加重硬盘的负担，进而影响回放的性能。

2. 使用基于系统的设置

有些编辑人员更喜欢将他们的全部媒体文件存储在一个单独的位置。而另一些人则愿意将他们捕捉视频的文件夹和预览文件夹存储在项目中的不同位置。当多个编辑人员共享多个编辑系统并且都连接到同一个存储驱动时，这种选择非常普遍。当编辑人员的视频媒体硬盘驱动非常快速但是其他硬盘驱动较慢时，也会采用这种方式。

同样这里也有一个缺点，一旦完成编辑，你将可能把所有内容汇聚在一起，当你的媒体文件分散在多个存储位置上时，这将会比较缓慢和复杂。

> **典型的驱动设置和基于网络的存储**
>
> 尽管所有的文件类型都可以保存在同一个硬盘中，典型的编辑系统仍会拥有两个硬盘：硬盘1，供操作系统和程序所使用；硬盘2（通常速度更快），供素材项目使用，包括捕捉的视频和音频、视频和音频预览、静态图像以及导出的媒体文件。
>
> 一些存储系统会使用本地的计算机网络在多个系统上共享存储空间。如果你的Premiere Pro就是在这种情况下使用，请与系统管理人员进行沟通以便确认获得正确的设置。

对于这个项目来说，我们建议你为暂存盘全部选择默认设置：Same as Project。

1. 单击 Name 对话框，并将你的新项目命名为 Lesson 02。

2. 单击 Brower（浏览）按钮，然后在计算机的硬盘中为这些课程选择一个合适的位置。

3. 如果你的项目获得了正确的设置，那么 New Project 窗口中的 General 和 Scratch Disks 选项卡会与下面显示的屏幕相同。如果设置匹配，单击 OK 按钮创建项目文件，如图 2-12 和图 2-13 所示。

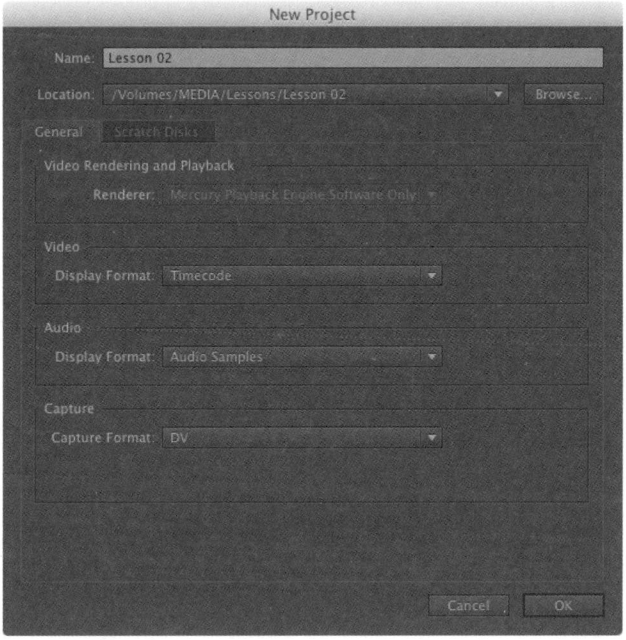

图2-12

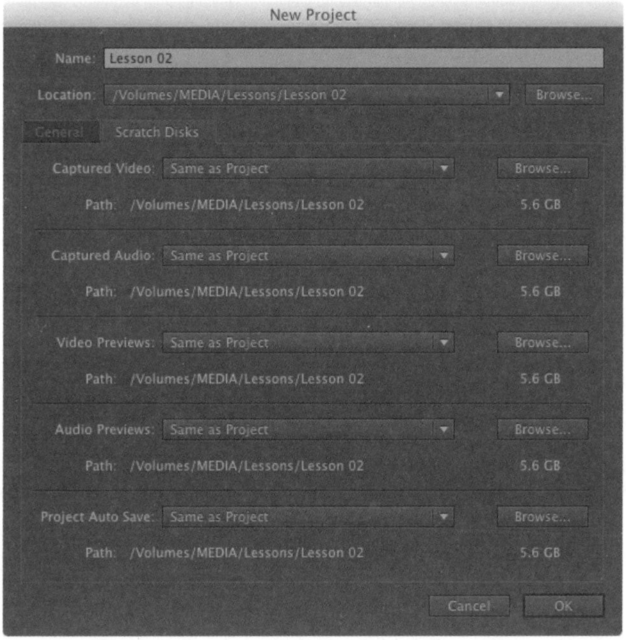

图2-13

Pr | **注意：**当为项目文件选择存储位置时，你可以从下拉菜单中选择最近使用的位置。

2.2.6 导入 Final Cut Pro 项目

Premiere Pro CC 能够使用 Final Cut Pro 7 XML 将序列导入或者导出到媒体文件中。XML 文件使用一种能够同时被 Final Cut Pro 和 Adobe Premiere Pro 理解的方式来存储与编辑相关的信息。这样它就成为一种在两个应用程序间共享创意工作的理想方式。

1. 从 Final Cut Pro 7 中导出 XML 文件

你需要在 Final Cut Pro 中打开 Final Cut Pro 项目文件以创建一个 XML 文件。将 XML 文件导入到 Premiere Pro 中时，你需要提供供 Final Cut Pro 使用的媒体文件。如果两个应用程序安装在同一编辑系统中，那么 Premiere Pro 能够共享同一个文件。

1. 在 Final Cut Pro 中打开已经存在的项目。

2. 如果什么都不选择的话，那么 Final Cut Pro 将导出整个项目，或者也可以选择某些特定的项目，这时 Final Cut Pro 仅会导出所选的这些项目。

3. 选择 File（文件）>Export（导出）>XML 命令。

在 XML 对话中，你会看到一个关于所选文件、剪辑和序列的数量的报告。

4. 选择 Apple XML Interchange Format,version 4（Apple XML 交换格式第 4 版）选项以便获得与 Adobe Premiere Pro 最大的兼容性。

5. 将 XML 文件保存在一个易于找到的位置（这一点与项目相同）。

> **媒体最佳实践**
>
> 如果你打算同时使用 Final Cut Pro 和 Premiere Pro，那么可能希望使用这两种编辑系统都能够轻松处理的媒体格式。Premiere Pro 能够支持众多的媒体格式，同时也能够轻松处理 Final Cut Pro ProRes 媒体文件。
>
> 对于本课来说，最好使用 Final Cut Pro 导入媒体文件并从磁带中捕捉视频。你可以在 Final Cut Pro 中使用 ProRes 媒体设置项目，然后在实现与 Premiere Pro 的轻松交换。
>
> 要了解更多关于使用 Final Cut Pro 共享项目的信息，请见 www.adobe.com/products/premiere/extend.html。

2. 从 Final Cut Pro 10 中导出 XML 文件

如果采用的是 Final Cut Pro X，那么仍然可以通过选择 File>Export>XML 命令导出 XML 文件。然而，你需要使用第三方应用程序，例如 Xto7（http://assistedediting.intelligentassistance.com/Xto7/），把创建的 XML 转换为 Final Cut Pro 7 XML。

3. 导入 Final Cut Pro 7 XML 文件

与导入其他类型的文件一样，你可以将 Final Cut Pro 7 XML 文件导入到 Premiere Pro 中（要了解更多信息，请见本书第 3 课）。导入 XML 文件时，Premiere Pro 会指导你将序列和剪辑信息连接到供 Final Cut Pro 使用的原始媒体文件上。其中存在这样一个限制，就是 Final Cut Pro 包含在 XML 文件中的信息数量是受限的，因此你会发现一些专门的特效（如色彩校正）无法在 Premiere Pro 中使用。在选择这种工作流程之前可以先进行一下测试。

2.2.7 导入 Avid Media Composer 项目

Premiere Pro 能够使用从 Avid Media Composer 导出的 AAF 文件将序列和链接导入到媒体文件中。AAF 文件使用一种能够同时被 Avid 和 Premiere Pro 理解的方式来存储与编辑相关的信息。这样它就成为一种在两个应用程序间共享创意工作的理想方式。

1. 从 Avid Media Composer 中导出 AAF 文件

你需要在 Avid Media Composer 中打开 Avid 项目以创建 AAF 文件。将 AAF 文件导入到 Premiere Pro 时，你需要提供供 Avid Media Composer 使用的媒体文件。Premiere Pro 能够共享同一个文件。

1. 在 Media Composer 中打开一个已经存在的项目。

2. 选择想要传输的序列。

3. 选择 File（文件）>Export（导出）命令。单击 Options（选项）按钮。

在标准的 Avid Export 对话框中，底部的一个菜单中包含了一些相应的模板。底部的 Options 按钮允许你进行自定义操作。

4. 从 Export Setting（导出设置）对话框中，选择以下选项。

   - 选择 AAF Edit Protocol（AAF 编辑协议）。

   - 包含标记——仅在 In/Out（入 / 出）点间导出（可选操作）。

   - 使用已经启用的轨道（可选操作）。

   - 包含序列中的所有视频轨道。

   - 包含序列中的所有音频轨道。

   - Video Details（视频细节）：在 Export Method（导出方法）的选项卡中，选择链接到（不导出）媒体。

   - Audio Details（音频细节）：在 Export Method（导出方法）的选项卡中，选择链接到（不导出）媒体。

   - Audio Details（音频细节）：包含渲染的音频特效。

5. 将 AAF 文件保存在易于找到的位置。

2. 导入 Avid AAF 文件

与导入其他类型的文件一样，你可以导入 Avid AAF 文件到 Premiere Pro 中（请参加本书第 3 课）。导入时，Premiere Pro 会指导你将序列和剪辑信息连接到供 Avid 使用的原始媒体文件上。其中存在一个限制，就是 Avid 包含在 AAF 文件中的信息数量是受限的，因此你会发现一些专门的特效（如色彩校正）无法在 Adobe Premiere Pro 中使用。在选择这种工作流程之前可以先进行一下测试。

媒体最佳实践

Avid Media Composer使用与Premiere Pro系统完全不同的媒体管理系统。但是从Media Composer 3.5开始，一个名为AMA的新系统能够实现与Avid自己的媒体组织系统之外的媒体的链接。当AAF文件被导入到Premiere Pro中时，使用AMA导入到Avid Media Composer中的媒体文件会获得更好的重新链接。Avid Media Composer AMA文件夹中的媒体可以是任意Apple QuickTime能够播放的媒体，包括P2、XDCAM，甚至是RED。你需要在Premiere Pro编辑系统中安装合适的编码解码器。考虑使用Avid DNxHD，它是Avid创建的一个流行编码解码器，并且Premiere Pro也支持它。

如果你使用Avid Media Composer的AMA系统将原始媒体与P2或者XDCAM媒体链接起来，通常能够获得最佳的效果。

要了解更多关于使用Avid Media Composer共享项目的信息，请见www.adobe.com/products/premiere/extend.html。

2.3 设置序列

创建项目之后，会出现一个对话框，提示你为第一个序列设置参数。Premiere Pro 总是会假设你需要至少一个序列，因此当开始新项目时，会提示你创建一个序列。Premiere Pro 会对你放置到序列中的视频和音频剪辑进行改编以使它们与序列的设置相匹配。项目中的每一个序列都具有不同的设置，而你希望选择最能够与原始媒体相匹配的设置。这么做能够减少系统播放剪辑时的工作量，提升实时播放性能并获得最好的质量。

如果你在编辑混合媒体格式项目，那么你可能必须注意选择匹配你序例配置的格式。虽然可以简单地混用格式，但是匹配序列配置时回放性能最优。

Pr | 提示：如果你添加到序列中的第一个剪辑与序列的播放设置不匹配，Premiere Pro 会询问你是否希望自动更改序列设置以使其匹配。

2.3.1 创建能够自动与源匹配的序列

如果你不确定应该选择何种序列预设，不要担心，Premiere Pro 会提供一个特别的快捷方式以创建基于原始媒体的序列。

在 Project 面板的底部，有一个名为 New Item（新建项目）的菜单按钮（）。你可以使用这个按钮创建新项目，如序列和字幕。

要自动创建与媒体相匹配的序列，将 Project 面板中的任意剪辑拖放到 New Item 菜单按钮上即可。Premiere Pro 会创建一个新的序列，该序列具有与剪辑相同的名称以及相匹配的帧尺寸和帧速率。现在，你准备开始进行编辑工作了，并且也对序列设置充满了信心。

如果 Timeline 面板为空，你也可以拖放一个剪辑（或者多个剪辑）到它上面，自动创建一个序列。

2.3.2 选择正确的预设

如果你确切地知道你所需要的配置，Premiere Pro 将会提供配置序列的所有选项。如果你不确定，那么可以从预设列表中选择。

在 Project 面板上，单击 New Item 菜单按钮，选择 Sequence。

新序列对话框有 3 个标签：Sequence Presets、Setting 和 Tracks，如图 2-14 所示。我们首先从 Sequence Presets 开始。

图2-14

Sequence Presets 标签可以容易地配置新序列。当你选择一个预设时，Premiere Pro 将为你的序列选择一个比较匹配的特殊视频和音频格式。选择好之后，你就可以在 Setting 标签中调整这些配置。

你会看到很多针对最常使用和支持的媒体类型的预设配置选项。这些设置是基于摄像机格式（具体设置位于以记录格式来命名的文件夹中）进行组织的，如图 2-15 所示。

单击三角形图标查看组内的特定设置。这里面的设置是帧速率和帧尺寸的典型配置。让我们来看一个例子。

1. 单击 DVCPROHD 组旁边的三角形图标。

你会看到 3 个基于帧尺寸和差值方法的子文件夹。记住，视频摄像机在拍摄视频时经常使用不同尺寸的 HD 风格，帧速率和记录方式也是如此。下一个练习中将要使用的媒体将是 720p 的 AVCHD，其帧速率为 25fps，如图 2-16 所示。

2. 单击 720p 子组旁边的三角形图标。

3. 为了匹配我们将使用的素材，点击其名称选择 AVCHD 720p25 预设，如图 2-17 所示。

图2-15

图2-16

图2-17

当你开始进行视频编辑工作时，你可能会觉得可用的格式有一点繁杂。Premiere Pro 可以播放和处理多种类型的视频和音频格式，在播放不匹配的格式时，也经常能够获得平滑的播放效果。

尽管如此，在面对不匹配的序列设置时，Premiere Pro 必须对视频进行调整以便进行播放，编辑系统也必须执行更多的操作来播放视频，而这将会对实时播放性能产生影响。因此在开始编辑之前，有必要花点时间找到最能够与原始媒体文件相匹配的序列设置。

基本要素通常都是相同的：每秒的帧数量、帧尺寸（图片中的像素数量）以及编码解码器。如果你想将序列变为文件，那么帧速率、音频格式和帧尺寸等内容都将与你在此处所选的设置相匹配。

当你导出文件时，可以选择任何自己喜欢的导出格式（要了解更多关于导出的更多信息，请见第 18 课）。

虽然标准的预设通常可以满足需求，但你也可能需要自定义配置。自定义配置时，首先选择比较匹配媒体的序列预设，然后在 Setting 标签中进行自定义选择。你可以单击位于 Setting 标签底部附近的 Save Preset 按钮保存你的自定义预设。在 Save Setting 对话框中，给你的自定义项目预设设定一个名称，如果你愿意，也可以加上备注信息，最后单击 OK 按钮完成。这个自定义预设将会出现在 Sequence Presets 下面的 Custom 文件夹中。

如果你的系统安装了 Apple ProRes，那么可以使用它作为预览文件编码解码器。选择自定义编辑模式，然后选择 QuickTime 作为你的预览文件格式，Apple ProRes 作为你的编码解码器。

> **Pr** | **注意**：Sequence Presets 选项卡中的 Preset Description（预设描述）区域通常会描述用于捕捉该媒体格式的摄像机类型。

2.3.3　自定义序列

选择了与源视频最为匹配的序列预设之后，你可能还希望对设置进行一些调整以便适合序列的具体特性。

要开始进行调整，你需要单击 Settings（设置）选项卡并选择最合适的选项，使 Premiere Pro 采用你希望的视频和音频播放方式。记住，Premiere Pro 会自动对 Timeline 上的素材进行改编，以便与序列设置相匹配，同时，无论原始格式是什么，它都会为你提供标准的帧速率和帧尺寸。这个过程称为一致性，如图 2-18 所示。

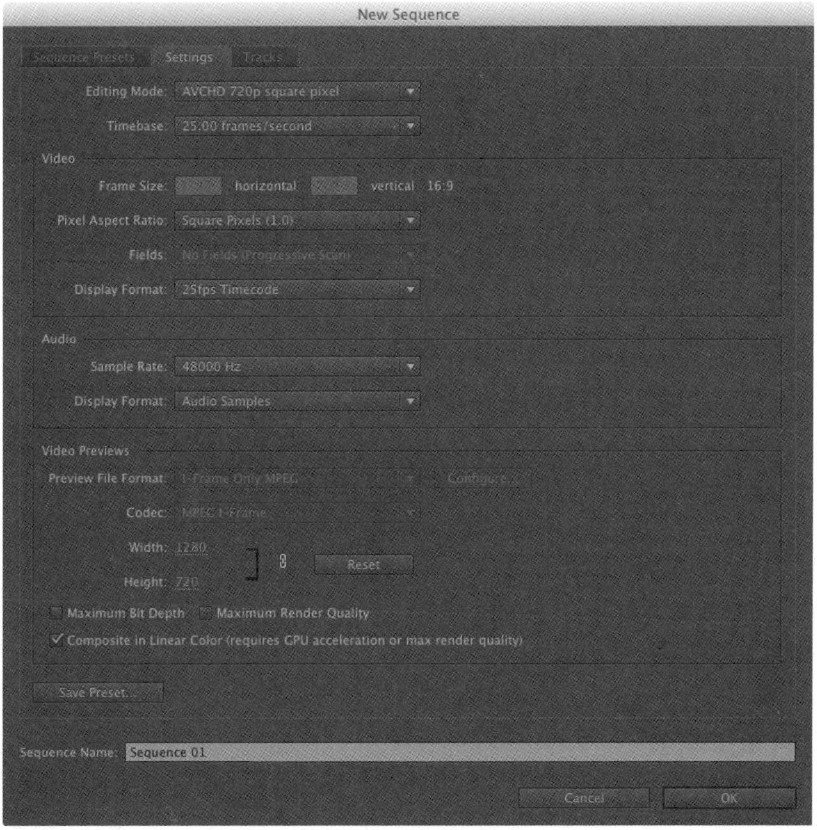

图2-18

在使用预设时，你会发现无法改编某些设置。这是因为它们在这里，先不用考虑预设，但是需要查看一下预设时如何配置新序列的。要获得完全的灵活性，可以将 Editing Mode（编辑模式）改为 Custom（自定义），这时，你将能够对所有可用的选项进行更改。

Settings（设置）选项卡允许你对单个的预设设置进行自定义操作。如果你的媒体与预设中的一个相匹配，则不需要对 Settings（设置）选项卡进行任何更改。事实上，这也是我们所建议的。

格式和编码解码器

视频文件类型，比如Apple QuickTime、Microsoft AVI和MXF能够承载很多不同的视频和音频编码解码器。这些文件被称为wrapper，而编码解码器被称为essence。

编码解码器（codec）是压缩/解压缩（compressor/decompressor）的简写。它是视频和音频信息的存储方式。

如果你将完成的序列输出到文件中，那么将会同时选择文件类型和编码解码器。

最大位深和最佳渲染质量

如果启用了Maximum Bit Depth（最大位深）选项，Premiere Pro能够以最好的质量对特效进行渲染。对于很多特效来说，这意味着32位浮点色彩，允许数以万亿计的色彩合并。这能够最大限度地提升特效质量，但是需要计算机进行更多的工作，因此如果启用它，要做好损失实时播放性能的心理准备。

如果启用了Maximum Render Quality（最佳渲染质量）选项或者你有GPU加速，那么Premiere Pro会使用更为高级的系统来缩小图像的尺寸。如果没有这个选项，当缩小图像尺寸时，你会在画面中看到人工痕迹或者噪点。如果没有GPU加速，这个选项会对性能产生影响。

这两个选项可以在任何时候关闭或者开启，因此你可以在编辑时将它们关闭，然后在输出最终作品时再开启这两个选项。即使当这两个选项全部启用时，你也可以使用实时特效并获得很好的性能。

Pr　　提示：到目前为止，我们让配置保留为原来状态，只检查预设是如何配置新的序列。从选项卡的顶部到底部逐一查看每一个设置，熟悉一下所需的选项，以便能够正确地配置视频编辑序列。

2.3.4 理解音频轨道类型

当你向序列中添加视频或者音频剪辑时，会将其放在轨道上。轨道是序列中的水平区域，用于将剪辑保持在时间上的特定位置。如果你有一个以上的视频轨道，任何放置在上方轨道上的视频都将位于下方轨道上的剪辑的前面（如果它们占用的是同一个时间点）。因此，如果你的第二个视频轨道上有文字或者图形，而第一个视频轨道上有视频，那么将会看到二者的合成效果。

新序列对话框中的轨道标签允许你预先为新序列选择轨道类型。

所有音频轨道都在相同的时间进行播放。这使音频混合的创建变得更加容易。你只需将音频剪辑放置在不同的轨道上，在时间上对其进行排序即可。叙述、声音片段、声音特效和音乐都可以通过将其放置在指定轨道上来进行组织，这样能够使它们在序列中更容易被找到。Premiere Pro 允许你指定在序列创建时所添加的视频和音频轨道的数量。你可以删除或者添加音频或视频轨道，但是无法更改 Audio Master（主音频）的设置，如图 2-19 所示。

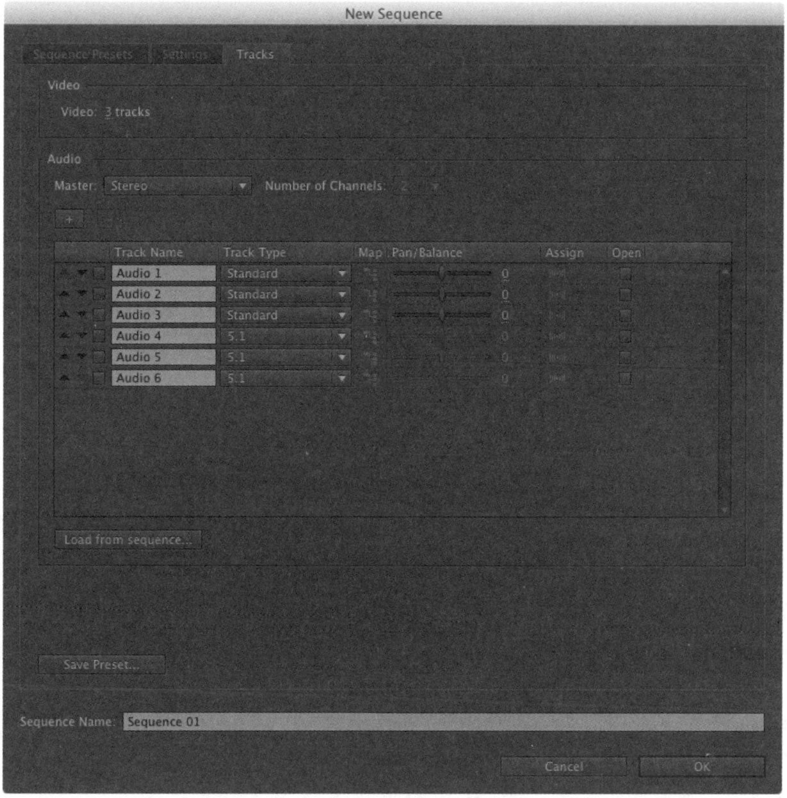

图2-19

你可以从几个音频轨道类型中进行选择。每个轨道类型都是专门设计的，以用于添加特定的音频文件类型。选择某个特别的轨道类型时，基于音频通道的数目，Premiere Pro 将会为你提供正确的控制，以对声音进行调整。例如，立体剪辑就与 5.1 环绕剪辑需要不同的控制方法。

当将剪辑添加到既有视频又有音频的序列中时，Premiere Pro 会确保音频部分使用正确类型的轨道。你不会在不经意间将音频剪辑放置到错误的轨道上，如果不存在正确类型的轨道，那么 Premiere Pro 会自动为你创建。

2.3.5　音频轨道

音频轨道是用于放置音频剪辑的水平区域。Premiere Pro 中可用的音频轨道有以下几种，如图 2-20 所示。

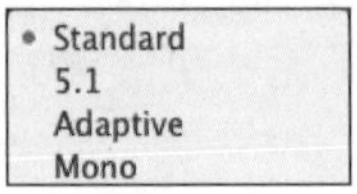

> • Standard
> 5.1
> Adaptive
> Mono

图2-20

- Standard（标准）：这些音频轨道可以承载单声道和立体声音频剪辑。

- 5.1：这些轨道仅能承载具有 5.1 音频的音频剪辑（用于环绕声音）。

- Adaptive（自适应）：自适应轨道可以承载单声道和立体声音频，并且为你提供实际地控制每个音频繁通道输出方式。例如，你可以决定轨道音频通道 3 应混合输出到通道 5 中，这种工作流就是常用来多语言的广播 TV。

- Mono（单声道）：这种轨道类型仅能承载单声道音频剪辑。

音频的更多内容，请参考第 11 课。

2.3.6　submix（子混合）

Submix 是 Premiere Pro 中一个用于音频美化的特别功能。你可以将输出从序列的轨道中发送到一个 Submix 上，而不是直接发送到主输出上。进行这个操作时，你将可以使用 Submix 应用音频特效并对音量进行调整。对于单个轨道来说，这种方法可能作用并不明显，但是你可以根据需要尽可能多地将常规音频轨道发送到单个的 Submix 上。例如，当你发送 10 个音频轨道时，就意味着可以通过一个 Submix 控制 10 个音频轨道。简单地说，就是在执行多个动作时减少鼠标点击的次数。

基于输出选项选择子混合，如图 2-21 所示。

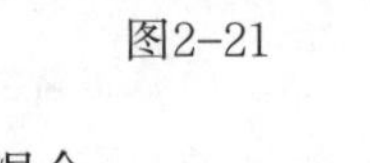

> Stereo Submix
> 5.1 Submix
> Adaptive Submix
> Mono Submix

图2-21

- Stereo Submix（立体声子混合）：用于对立体声轨道进行子混合。

- 5.1 Submix（5.1 子混合）：用于对 5.1 轨道进行子混合。

- Adaptive Submix（自适应子混合）：用于对单声道或立体声轨道进行子混合。

- Mono Submix（单声道子混合）：用于对单声道轨道进行子混合。

对于第一个序列，我们将使用默认的设置。尽管如此，有必要花点时间点击一下这些可用的选项，使自己对这些选择变得更加熟悉。

1. 现在，在 Sequence Name（序列名称）框中单击，将序列命名为 First Sequence。

2. 单击 OK 按钮，创建序列。

3. 选择 File（文件）>Save（保存）按钮。恭喜！你现在已经使用 Premiere Pro 创建了一个新项目和序列。

在学习第 3 课之前，如果你还没有复制媒体和项目文件，请现在进行复制（本书的前言中有相关的说明）。

复习题

1. New Sequence 对话中的 Settings 选项卡的作用是什么？

2. 如何选择序列预设？

3. 什么是时间码？

4. 如何创建自定义序列预设？

5. 如果没有额外的第三方硬件，Premiere Pro 中有哪些可用的捕捉设置选项？

复习题答案

1. Settings 选项卡用于对现有预设进行自定义操作，或者创建新的自定义预设。

2. 一般来说，最好选择与原始素材相匹配的预设。Premiere Pro 会使用相机系统的术语来描述预设，使预设的选择变得非常容易。

3. 时间码是用于测量时间的通用专业系统，它以小时、分钟、秒钟和帧为单位进行测量。每秒钟帧的数量会根据记录格式的不同而不同。

4. 当为自定义预设选择了希望的设置之后，单击 Save Preset（保存预设）按钮，输入名称和描述，再单击 OK 按钮即可。

5. 如果计算机上具有 FireWire 连接，Premiere Pro 会记录 DV 和 HDV 文件。如果你从安装的第三方硬件中获得了其他连接，请查看硬件的相关文档以获得最佳的设置。

第3课 导入媒体

课程概述

在本课中，你将学习以下内容：

- 使用 MediaBrowser 加载视频文件；
- 使用 Import（导入）命令加载图形文件；
- 选择放置缓存文件的位置；
- 从磁带中捕捉。

本课的学习大约需要 40 分钟。

要编辑视频资源，首先要将资源放入项目中。这可能包括视频素材、动画文件、叙述、音乐、大气声学、图形或者照片。序列中包含的任何内容都必须在使用之前导入。

Adobe Premiere Pro 能够处理多种类型的资源，因此存在多种浏览和导入媒体的方法。

3.1 开始

在本课中，你将学习如何将媒体资源导入到 Adobe Premiere Pro CC 中。对于大多数文件来说，你将会用到 Adobe Media Browser，它是一个强大的资源浏览器，能够处理所有你可能需要导入到 Premiere Pro 中的媒体类型。你还将学习一些针对特别情况的处理，例如导入图形或者从录像带中捕捉视频。

对于本课来说，你将继续使用本书第 2 课中使用的项目文件。

1. 继续处理前一课中的项目文件，或者从硬盘中打开该文件。

2. 选择 File（文件）>Save As（另存为）命令。

3. 将文件重新命名为 Lesson03.prproj。

4. 选择一个硬盘中你喜欢的位置，单击 Save（保存）按钮保存项目。

如果你没有上一课中的文件，可以从 Lesson03 文件夹中打开 Lesson03.prproj 文件。

3.2 导入资源

当你将项目导入到 Premiere Pro 项目中时，同时也就创建了一个从原始媒体指向项目内部的链接。这意味着你实际上并不是在修改原始文件，只是以一种非破坏的方式对其进行操控。例如，如果你选择仅编辑序列中的剪辑的一部分，并不意味着将那些没有使用的媒体抛弃了。

将媒体导入到 Premiere Pro 中，有以下两种主要方式。

• 通过选择 File>Import 命令实现的标准导入方式。

• 使用 Media Browser 面板导入。

让我们看一下每种导入方式都有哪些优点。

3.2.1 何时使用 Import 命令

使用 Import 命令的效果立竿见影（与你在其他应用程序中的体验一样）。要导入任意文件，只需选择 File>Import 命令即可。

你也可以使用键盘快捷键来完成，按 Control+I（Windows）组合键或者 Command+I（MacOS）组合键将打开标准的 Import 对话框，如图 3-1 所示。

这种方法在处理独立的资源时能够获得最佳效果，例如图形和音频，当你知道这些资源在硬盘中的确切位置并希望快速导航到它们时更是如此。这种导入方法对摄像机格式文件并不十分理想，后者通常使用复杂的文件夹结构，其中音频和视频文件都是独立存在的。对于那些以摄像机为导向的媒体来说，需要使用 Media Browser 进行导入操作。

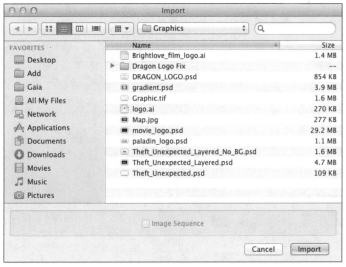

图3-1

Pr 提示：还有一种打开 Import 对话框的简单方式，那就是在 Project 面板的空白区域双击鼠标即可。

3.2.2　何时使用 Media Browser

Media Browser 是一个十分强大的工具，它能够查看媒体资源并将其导入到 Premiere Pro 中。Media Browser 能够为你以整个剪辑的方式显示从数字视频摄像机得到零散文件，你将看到每个录像就是单个剪辑，视频和音频合成在一起，而不关心录像的格式。

这也意味着，可以避免处理复杂摄像机目录结构，取而代之的是易于浏览的图标和元数据。直接看到元数据（其中包含时长、日期和文件类型等重要信息）能够更容易地从长列表中选择正确的剪辑。

如图 3-2 所示，默认情况下，Media Browser 位于 Premiere Pro 工作区（如果工作区设置为Editing［编辑］）的左下角。它与 Project 面板位于同一个框架中。你也可以通过按 Shift+8 组合键快速访问 Media Browser。

你也可以通过使用鼠标拖动的方式将 Media Browser 放到屏幕上的其他地方，或者通过单击面板右上角的子菜单并选择 Undock Panel（解除停靠面板）对其进行解除停靠操作，使其成为一个浮动面板。

你会发现使用 Media Browser 与使用计算机的操作系统并无明显区别。左侧有一系列的导航文件夹，右上角有一些标准的上下左右箭头以用于改变浏览层级。你可以使用上下箭头选择列表中的项目，使用左右箭头沿文件目录路径进行移动（例如进入文件夹中查看里面的内容）。

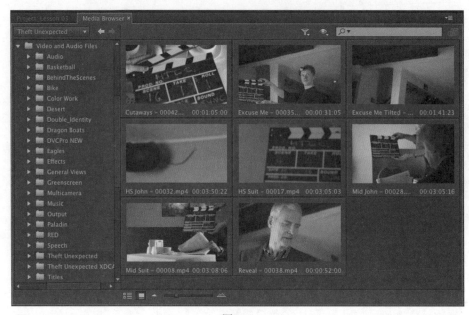

图3-2

Pr 提示：如果需要使用其他 Premiere Pro 项目中的资源，那么可以导入项目到当前项目中。只需使用 Media Browser 定位到它，双击项目，Premiere Pro 将展示它的所有资源和 bin 结构，然后你可以浏览导航选择单独的剪辑和序列或者拖放整个项目到当前项目中。

Media Browser 主要优势包括如下内容。

· 缩小显示到特定的文件类型，比如 JPEG、Photoshop、XML 或 AAF。

· 自适应摄像数据——AVCHD、Canon XF、P2、RED、ARRIRAW、Sony HDV、或者 XDCAM（EX 和 HD）——正确地显示剪辑。

· 查看和自定义显示的元数据类型。

· 正确地显示跨距多摄像媒体卡剪辑的媒体，这在专业摄像机上很普遍，Premiere Pro 将导入文件作为单个剪辑，即使是一个由一个媒体卡填充，又在另一个卡中继续的长视频文件。

从Adobe Prelude中导入

Adobe Prelude是Adobe Creative Suite CC的一个组件，你可以使用它在一个简单的流线型的界面中对素材进行组织。有关Adobe Prelude使用的相关知识超越了本书的范围，但是你可以在组件附带的文档中看到有关使用和组织剪辑最佳实践方面的介绍。

有了Adobe Prelude，制片人和助理在无磁带工作流程中可以迅速获取（导入）、记录甚至转换媒体编码。

如果你有Adobe Prelude项目，下面是如何将其发送到Premiere Pro中的介绍。

1. 启动Adobe Prelude。

2. 打开你想要传输的项目，如图3-3所示。

图3-3

3. 选择File>Export>Project命令，如图3-4所示。

4. 选择Project复选框。

5. 在Name域输入名称。

6. 在Type菜单中，选择Premiere Pro。

7. 点击OK按钮，打开Choose Folder对话框。

8. 导航到新项目的目的地，单击Choose，将创建一个新的Premiere Pro项目。

当准备好向Premiere Pro中导入剪辑时，通过选择File>Import and browsing to it命令，像导入其他剪辑一样导入新建的项目文件。

图3-4

如果同时运行两个应用程序，你也可以通过选择它们，右键单击选中部分并选择 Send to Premiere Pro命令，从Prelude发送剪辑到Premiere Pro中。

3.3 使用 Media Browser

Premiere Pro 中的 Media Browser 可以使你轻松浏览电脑中的文件。它还能够始终处于打开状态，使你可以立即访问硬盘中的媒体文件。在定位和导入素材时，它能够实现快速、便捷和高效的操作。

3.3.1 使用无磁带工作流程

简单地说，无磁带工作流程（也称作基于文件的工作流程）的处理过程是：把视频从无磁带摄像机导入，编辑后再导出。Premiere Pro CC 使该操作变得非常简单，因为与很多非线性编辑系统竞争产品不同，Premiere Pro CC 不需要转换这些无磁带格式的媒体。Premiere Pro CC 不需转换就能够在本地编辑无磁带格式素材（如 P2、XDCAM 和 AVCHD，甚至是 DSLR 拍摄的视频）。

在处理摄像机媒体时，为了获得最佳结果，请遵循以下指导进行操作。

1. 为每个项目创建一个新文件夹。

Pr 提示：要完成本课的学习，你需要从计算机中导入文件。请确认已经将本书 DVD 中的全部内容复制到了你的计算机中，要了解更多详细信息，请参阅本书前面的前言部分。

2. 将摄像机媒体复制到编辑硬盘中（确保不要损坏现有的文件夹结构）。请确保从卡的根目录中直接传输全部的数据文件夹。你也可以使用通常由摄像机制造商提供的传输应用程序移动视频剪辑以便获得最佳效果。有必要认真查看以便确保所有媒体文件都被复制并且存储卡和新文件夹尺寸相互匹配。

3. 使用摄像机信息为媒体文件夹添加清晰的标签，包括卡号和拍摄日期。

4. 在第二个驱动器中创建另一个副本。

5. 理想的做法是使用其他备份方法，如蓝光光盘、LTO 磁带等，创建一个能够长时间保存的档案文件。

3.3.2 支持的视频文件类型

有些项目，存在由不同摄像机拍摄的不同文件格式，这种情况一般并不常见，但是 Premiere Pro 能够轻松解决这种问题，因为你可以在同一个 Timeline 上混合不同的帧尺寸。Media Browser 能够支持几乎任何文件格式。尤其对无磁带格式支持良好。

Premiere Pro 支持的无磁带格式主要有以下几种。

- 由任何直接拍摄 H.264 的 DSLR 相机拍摄的 .mov 或者 .mp4 文件。

- Panasonic P2（DV、DVCPRO、DVCPRO50、DVCPROHD、AVC-Intra）。

- ARRIRAW。

- XDCAMSD、XDCAMEX、XDCAMHD 和 HD422。

- Sony HDV（在可删除无磁带媒体上拍摄）。

- AVCHD 摄像机。

- Canon XF。

- Apple ProRes。

- Avid DNxHD MXF 文件。

- 黑莓电影 DNG。

3.3.3　使用 Media Browser 查找资源

好消息是 Media Browser 是非常简明易懂的。在很多方面，它就像网页浏览器一样（提供前进和后退按钮以在最近的导航中进行切换）。它还在侧面提供一个快捷方式列表。因此，查找材料是非常轻松的。本次练习，处理前面的 Lesson 03.prproj 文件，该项目应该还没有导入资源。

1. 将工作区恢复到默认设置。选择 Window(窗口)>Workspace(工作区)>Editing(编辑)命令。然后选择 Window（窗口）>Workspace（工作）>Reset Current Workspace（重设当前工作区）命令并单击 Yes（是）按钮，如图 3-5 所示。

2. 单击 Media Browser（默认情况下，它应该与 Project 面板在一起）。通过向右拖动右边边缘将其放大。

3. 要使 Media Browser 更容易被看见，将鼠标指针放在其面板上，然后按 `（grave）键（该键通常位于键盘的左上角处）。

此时，Media Browser 将会充满整个屏幕。你可能需要调整栏宽使得它更容易查看条目。

4. 使用 Media Browser 导航到 Lesson/Assets/Video and Audio Files/Theft Unexpected XDCAM 文件夹。你可以通过双击鼠标打开每一个文件夹。

5. 拖动 Media Browser 左下角的重置尺寸滑块放大剪辑的缩览图。你可以使用任何自己喜欢的尺寸，如图 3-6 所示。

6. 单击文件夹中第一个剪辑以将其选中。

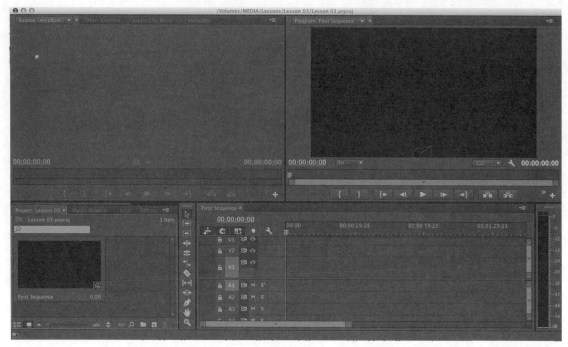

图3-5

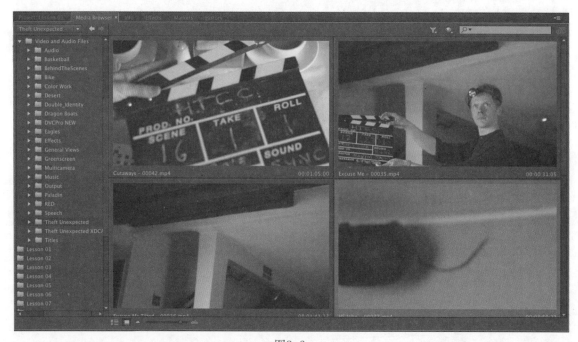

图3-6

现在，你可以使用键盘快捷键预览剪辑。

7. 按 L 键可以向前预览剪辑。

8. 要停止播放，可以按 K 键。

9. 按 J 键可以逆向播放剪辑，如图 3-7 所示。

图3-7

10. 尝试播放其他剪辑。如果计算机开了声音，那么你将会听到清晰的音频播放。

也可以多次按 J 键或者 L 键增加播放速率以进行快速预览。按 K 键或者空格键可以暂停播放。

11. 将这些剪辑导入到项目中。按 Control+A 组合键（Windows）或者 Command+A 组合键（Mac OS）选择所有剪辑。

12. 右键单击选择剪辑中的一个并选择 Import（导入），如图 3-8 所示。

图3-8

Pr | 提示：可以通过使用 Media Browser 中的 Files of Type（类型文件）菜单过滤正在查看的资源。

Pr | 注意：Media Browser 会过滤掉非媒体文件，使浏览视频和音频资源变得更加容易。

此外，也可以将选择的剪辑拖动到 Project 面板上并将其放置在空白区域来实现剪辑的导入。

13. 按下 `(grave) 键重置 Media Browser 到它的原始尺寸，然后切换回 Project 面板。

充分利用Media Browser

Media Browser有很多功能，可以很容易地在驱动器中导航。

- Forward 和 Back 按钮运作就像互联网浏览器，允许你导航到之前查看的位置。
- 如果你经常从一个位置导入文件，那么你可以添加该文件夹到导航面板上部的收藏夹列表中。为创建收藏夹，右键单击文件夹选择 Add to Favorites 命令。
- 可以容易地打开多个 Media Browser 面板，并一次访问几个不同文件夹的内容。为打开一个新的 Media Browser 面板，单击 Panel 菜单（在右上方）并选择 New Media Browser Panel。

3.4 导入图像

图形已经成为现代视频编辑的一个重要部分。人们希望图形既能够传递信息又能够为最终编辑添加视觉风格。幸运的是，Premiere Pro 几乎可以导入任何类型的图像和图形文件。在使用由 Adobe 图形工具，如 Adobe Photoshop 和 Adobe Illustrator 创建的原生文件格式时，能够获得更好的支持。

3.4.1 导入 Adobe Photoshop 平面文件

任何从事图形打印或者照片修饰工作的人都会使用到 Adobe Photoshop。它是图形设计行业的主力工具。Adobe Photoshop 是一个非常强大的工具，具有很大的操作深度和丰富的功能，正在成为视频制作领域中一个越来越重要的组成部分。现在，我们看看如何正确的导入两个来自 Adobe Photoshop 的文件。

开始时，我们先来导入一个基本的 Adobe Photoshop 图形。

1. 单击 Project 面板对其进行选择。

2. 选择 File>Import 命令或者按 Control+I 组合键（Windows）或者 Command+I 组合键（Mac OS）。

3. 导航到 Lesson/Assets/Graphics。

4. 选择文件 Theft_Unexpected.psd 并单击 Import 按钮。

该图形是一个简单的 logo 文件，并导入到了 Premiere Pro 项目中。

Dynamic Link（动态链接）简介

Premiere Pro可以与一系列的工具一同使用。在进行视频编辑时，你可能会用到还包含其他组件的某个版本的Adobe Creative Cloud。要使编辑工作变得更加容易，有几种能够使后期制作工作流程更快速的方法。

Dynamic Link选项存在于Premiere Pro和Adobe After Effect之间，但是它的行为方式会根据所使用的应用程序而有所区别。使用Dynamic Link的基本目标就是减少渲染或者导出所用的时间。

我们将在整本书中涉及Dynamic Link工作流程，但是在这里有必要介绍一个示例以便帮助你理解Adobe软件组件是如何协同工作的。使用Dynamic Link，你可以将After Effects合成图像导入到Premiere Pro项目中。添加之后，After Effects合成图像的外观和行为都将与项目中的其他剪辑一样。

如果对After Effects进行更改，它们将会自动更新到Premiere Pro项目中。在你开始设置项目时，这种方式能够为你节省时间。

3.4.2 导入 Adobe Photoshop 图层文件

Adobe Photoshop 还能够使用多个图层创建图形。图层与 Timeline 中的轨道类似，可以允许在元素间进行分隔。这些图层可以被导入到 Premiere Pro 中以进行隔离或者创建动画。

1. 双击 Project 面板的空白区域打开 Import 对话框。

2. 导航到 Lessons/Assets/Graphics。

3. 选择文件 Theft_Unexpected.psd，单击 Import 按钮。

4. 此时会打开一个新的对话，你可以在此选择图层文件的导入方式。存在 4 种文件导入方式，可以通过 Import Layered File（导入图层文件）对话框的弹出菜单来对其进行控制，如图 3-9 所示。

- Merger All Layers（合并全部图层）：该选项合并全部图层并将文件以单个平面文件方式导入到 Premiere Pro 中。

- Merger Layers（合并层）：仅将你选择的图层合并到单个平面剪辑。

- Individual Layers（单个图层）：仅将你选择的图层从列表中导入到文件夹中，使每个剪辑对应每个源图层。

图3-9

- Sequence（序列）：仅导入你选择的图层，每个都作为一个单个的剪辑。Premiere Pro 接下来会创建一个新的序列（帧尺寸由导入的文档决定），新序列中每个图层都位于一个独立的轨道上（与原始堆栈顺序相匹配）。

选择 Sequence 或者 Individual Layers 允许你从 Footage Dimensions（素材尺寸）菜单中选择以下选项，如图 3-10 所示。

- Document Size（文档尺寸）：使所选择的图层与原始 Photoshop 文档尺寸一致。

图3-10

- Layer Size（图层尺寸）：使剪辑中的帧尺寸与它们在原始 Photoshop 文件中内容的帧尺寸相匹配。没有填充整个画布的图层可能会被修剪得更小，透明区域将被删除。它们也可以居中帧中，丢弃原始相对的位置。

5. 在这个练习中，选择 Sequence 并使用 Document Size 选项，单击 OK 按钮。

6. 查看 Project 面板，找到文件夹 Theft_Unexpected_Layered。双击将其打开并显示其中的内容。

7. 双击序列 Theft_Unexpected_Layered 将其载入。

8. 在 Timeline 面板中检查该序列。尝试对每个轨道开启和关闭可视化图标以查看图层是如何被隔离的，如图 3-11 所示。

图3-11

导入Adobe Photoshop图像文件的技巧

下面介绍几个从AdobePhotoshop中导入图像的技巧。

- 记住当导入图层 Photoshop 文档作为一个序列时，帧大小将是该文档的像素尺寸。
- 如果不打算对图像进行放大操作，尝试至少按照项目的帧尺寸来创建文件。否则，你必须对图像进行放大操作，而这样会降低图像的清晰度。
- 如果打算放大图像，你所创建的图像的放大区域的帧尺寸至少应该与项目的帧尺寸相同。例如，如果你处理的是 1080P 的图像并且希望放大二倍，那么则需要 3840×2160 的像素。
- 导入过大的文件会占用更多的内存空间并降低项目的处理速度。
- 确保 Photoshop 文件使用 8 位 RGB 颜色。CMYK 颜色适用于打印工作流，而视频编辑需用 RGB 或者 YUV 颜色。

3.4.3 导入 Adobe Illustrator 文件

Adobe Illustrator 也是 Adobe Creative Suite 中的一个组件。与 Adobe Photoshop 专门用于处理基于像素（或者称为光栅）的图形不同，Adobe Illustrator 是一个矢量应用程序。矢量图形是形状的数学描述，而不是绘图像素，这意味着，可以放大到任一大小，图形总是看起来锋利。

矢量图形通常用于技术性图片，线条图片以及其他复杂的图形。

现在，我们来导入一个矢量图形。

1. 双击 Project 面板中的空白区域，打开 Import 对话框。

2. 导航到 Lessons/Assets/Graphics。

3. 选择文件 Brightlove_film_logo.ai 并单击 Import 按钮。

> **Pr** **注意**：如果在 Project 面板中右键单击 Brightlove_film_logo.ai，你会发现有个 Edit Original（编辑原始图像）选项。如果你的计算机上安装了 Adobe Illustrator，选择 Edit Original 会在 Illustrator 中打开这个文件供你编辑。因此，即使它的图层已经在 Premiere Pro 中被合并了，也仍然可以回到 Illustrator 编辑原来的图层文件并保存，所做的修改会立即在 Premiere Pro 中体现出来。

该文件的类型为 Adobe Illustrator Artwork。下面介绍 Premiere Pro 是如何处理 Adobe Illustrator 文件的。

- 与你在之前的练习中导入的 Photoshop CC 文件一样，这也是一个带图层的图形文件。而 Premiere Pro 没有提供将 Adobe Illustrator 文件导入到独立图层上的选项，而是直接合并它们。

- Premiere Pro 使用一种名为光栅化（rasterization）的处理，将矢量 Adobe Illustrator 图片转化为供 Premiere Pro 使用的基于像素的图像格式。这种转化是在导入过程中发生的，因此请确保在导入到 Premiere Pro 之前，Illustrator 中的图形足够大。

- Premiere Pro 具有自动抗锯齿功能，能够对 Adobe Illustrator 图片的边缘进行平滑处理。

- Premiere Pro 会将所有的空白区域转化为透明，这样，在序列中位于这些区域下方的剪辑就能显示出来了。

3.4.4 导入子文件夹

当通过 File>Import 导入时，不必选择单独的文件，你也可以选择整个文件夹。事实上，如果你已经组织文件到文件夹和子文件夹中，那么在导入它们时，文件夹会自动重创建为 Premiere Pro 中的 bin 文件夹。

现在尝试下面内容。

1. 选择 File>Import 或者按下 Control+I（Windows）或者 Command+I（Mac OS）组合键。

2. 导航到 Lessons/Assets/Stills，不要在 Stills 文件夹中浏览，只需选择它。

3. 点击 Import Folder 按钮（Windows）或者 Import 按钮（Mac OS）。Premiere Pro 将导入整个文件夹，包括两个包含图片的子文件夹。

3.5　媒体缓存

导入特定的视频和音频格式时，Premiere Pro 可能需要处理并缓存一个版本。尤其对于那些高压缩的格式。被导入的音频文件一致变为 .cfa 文件。大多数 MPEG 文件被索引为新的 .mpgindex 文件。在导入媒体时，如果你在屏幕的右下角看到一个小的处理指示器，说明正在构建缓存。

媒体缓存的益处是能够极大提高预览的性能，它通过减少计算机 CPU 的工作量来实现这一目的。你可以对缓存进行完全的自定义操作以便进一步提升其响应能力。媒体缓存数据库会与 Adobe Media Encoder、After Effects、Premiere Pro 以及 Adobe Audition 进行共享，因此这里的每一个应用程序都可以从一套相同的媒体缓存文件中进行读取和写入操作，如图 3-12 所示。

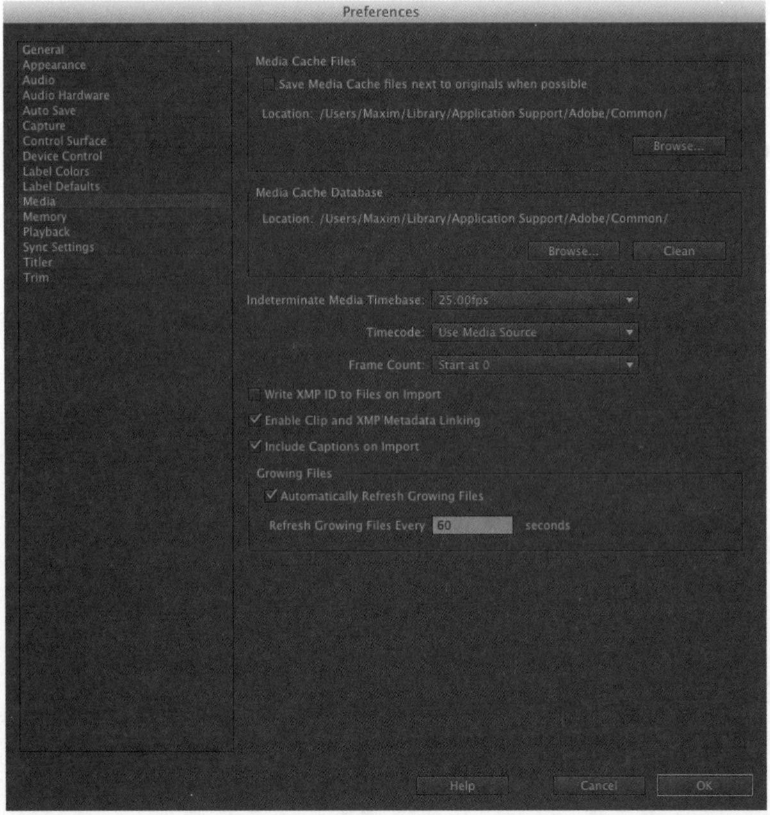

图3-12

要访问缓存的相关空间，选择 Edit>Preference>Media 命令（Windows）或者 Premiere Pro>Preference>Media 命令（Mac OS）。下面介绍一些相关的选项。

- 要将媒体缓存或者媒体缓存数据库移动到一个新磁盘中，分别单击 Browse（浏览）按钮，选择希望放置的位置，然后单击 OK 按钮。大多数时候，在开始进行编辑之后不会移动媒体缓存数据库。

- 你应该定期清除媒体缓存数据库，要清理缓存以删除生成和索引的文件，单击 Clean（清理）按钮。任何与驱动相连接的缓存文件都将被删除。在完成项目之后可以进行此项操作，因为可以删除那些不需要的预览。

- 选择 "Save Media Cache files next to originals when possible（可能时将媒体缓存文件保存在原始文件旁）" 以便将缓存文件存储在与媒体相同的驱动上。这将会使媒体缓存文件被分配到媒体所在的驱动上，这通常是我们希望获得的结果。如果你想将所有内容都放到中央文件夹中，那么不需要选中该选项。请记住，驱动器处理媒体缓存越快，在 Premiere Pro 中试验的播放性能越好。

磁带工作流 VS无磁带工作流

尽管无磁带工作流程已经成为最为普遍的视频格式，但是仍然存在众多使用磁带进行记录的视频摄像机。幸运的是，磁带现在仍然是一种关联资源并且能够获得 Premiere Pro的完全支持。你可以通过捕捉的方式将素材放到Premiere Pro项目中。

你可以从磁带中将数字视频捕捉到硬盘中以便在项目中使用。Premiere Pro通过数字端口来捕捉视频，例如Fire Wire或者安装在计算机上的数字串行接口（Serial Digital Interface，SDI）。Premiere Pro会将捕捉到的素材以文件的形式保存在磁盘中，并能够将这些文件以剪辑的形式导入到项目中。Premiere Pro能够省去捕捉过程中的一些手动工作。有3种基本方法。

- 可以将整个录像带作为一个长剪辑进行捕捉。
- 可以记录每个帧的开始和结束（每个剪辑的 In 和 Out 点）以用于自动的批量捕捉。
- 你可以使用 Premiere Pro 中的屏幕侦测功能在你每次按下摄像机的 Pause/Record 按钮时自动创建彼此分开的剪辑。

默认情况下，如果你的计算机具有Fire Wire端口，可以在Premiere Pro中使用DV和HDV源。如果你想捕捉其他高端的专业格式，则需要添加第三方捕捉设备。它们的形式包括内部卡以及通过Fire Wire、USB3.0和Thunderbolt端口。Premiere Pro CC能够统一对第三方硬件的支持，进而可以利用Mercury Playback Engine功能连接到专业监视器上以预览特效和视频。要了解更多受支持的硬件，请访问www.adobe.com/products/premiere/extend.html。

记录抓取叙述轨道

很多时候，你可能需要处理带叙述轨道的视频项目。大多数人会选择专业的工作室进行录制（或者至少选择一个比较安静的地点），你也可以在Premiere Pro中记录临时的音频。

如果你在视频编辑中需要这样的内容，这个功能非常有用。特别是，它将提供编辑时间意识。

下面介绍如何记录抓取音频轨道。

1. 如果你使用的不是内置麦克风，请确认外置麦克风已经正确地连接到了计算机上。也许需要阅读计算机附带的与声卡有关的文档说明。

2. 选择Edit（编辑）>Preferences（首选项）>Audio Hardware（音频硬件）命令（Windows）或者Premiere Pro>Preferences>Audio Hardware命令（Mac OS）正确配置麦克风以供Premiere Pro使用。使用Default device（默认设备）弹出菜单中的一个选项，例如System Default Input/Output（系统默认输入/输出）或者Built-in Microphone/Built-in Output（内置麦克风/内置输出），单击OK按钮，如图3-13所示。

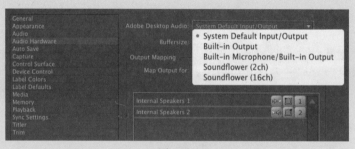

图3-13

3. 调低计算机扬声器的音量，以避免产生反馈或者回音。

4. 打开一个序列，在Timeline上选择一个空白轨道。

5. 选择Window>Audio Track Mixer（它与Source Monitor放置在同一个框架内）。

6. 在Audio Track Mixer中，在你希望音频设备使用的轨道上单击Enable Track For Recording（允许轨道录制）图标（R），如图3-14所示。

图3-14

7. 从Audio Track Mixer上端的Track Input Channel（轨道输入通道）菜单中选择记录输入通道。

8. 单击位于Audio Track Mixer底部的Record（记录）按钮进入Record模式，如图3-15所示。

9. 单击Play（播放）按钮开始记录，如图3-16所示。

图3-15

图3-16

10. 如果音量过大或者过小，你可以向上（增大）或者向下（减小）调整轨道音量滑块。如果你看到位于VU表顶部的红色指示灯点亮了，很可能出现了声音扭曲的现象。一个较好的标准是高音频在0dB附近，而低音频在-18dB附近。

11. 单击Stop（停止）图标停止记录。

12. 找到两个记录到的音频实例。新纪录的音频将会出现在Timeline上的音频轨道上并在Project面板中添加一个剪辑。你可以选择Project面板上的剪辑对其进行重新命名或者从项目中删除，如图3-17所示。

图3-17

Premiere Pro CC允许通过轨道头端（Timeline面板左侧）上的添加和删除按钮自定义Timeline。你可以添加Voice-over Record按钮立即开始录制音频。参考第11课获取更多信息。

复习题

1. 导入时，Premiere Pro CC 是否需要转换 P2、XDCAM 或者 AVCHD 素材？

2. 使用 Media Browser 而不使用 File>Import 方法导入为磁带媒体的一个优势是什么？

3. 在导入图层 Photoshop 文件时，导入文件的 4 个不同方式是什么？

4. 媒体缓存文件可以存储在哪里？

复习题答案

1. 不需要。Premiere Pro CC 可以直接编辑 P2、XDCAM 和 AVCHD 素材。

2. Media Browser 能够理解 P2 和 XDCAM 文件夹结构并且以理想方式为你显示剪辑。

3. 可以为一个单独文件选择 Merge All Layers，或者通过选择 Merged Layers 选择你想要的特定图层。如果你想要图层作为一个单独图形，那么选择 Individual Layers 选择导入的内容，或者选择 Sequence 导入选中的图层并从那新创建一个序列。

4. 可以存储媒体缓存文件到指定的位置，或者自动存储在与源文件同一驱动器中（如果可能的话）。

第4课 组织媒体

课程概述

在本课中，你将学习以下内容：

- 使用 Project 面板；
- 组织文件夹；
- 向剪辑添加元数据；
- 使用基本的播放控件；
- 解释素材；
- 更改剪辑。

 本课的学习大约需要 50 分钟。

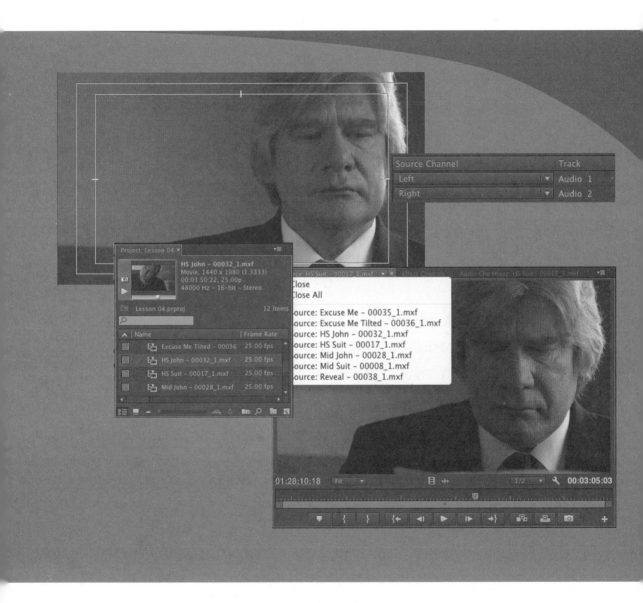

当项目中包含了一些视频和音频资源之后，你可能希望查看这些素材并为序列添加剪辑。进行这种操作之前，有必要花点时间对现有资源进行组织，这样能够避免以后将大量时间花费在查找资源上。

4.1 开始

当项目中有很多从不同媒体类型导入的剪辑时，控制所有这些对象并且在需要时找到想要的照片会成为一个挑战。

在本课中，你将学习使用 Project 面板组织剪辑，该面板是项目的核心部分。你将创建特别的文件夹，这些文件夹称为 bin（文件夹），通过这些文件对剪辑进行分类。你还将学习如何向剪辑添加重要的元数据和标签。

开始时，需要先了解 Project 面板以及如何组织剪辑。

在开始之前，请确保你使用的是默认的 Editing（编辑）工作区。

1. 单击 Window>Workspace>Editing 命令。

2. 单击 Window>Workspace>Reset Current Workspace 命令。

3. 在 Reset Workspace 对话框中单击 Yes 按钮。

4. 在本课中，你将使用本书第 3 课中的项目文件。继续处理第 3 章中的项目文件，或者从硬盘中打开。

5. 选择 File>Save As 命令。

6. 将文件重新命名为 Lesson04.prproj。

7. 在硬盘中选择一个自己喜欢的位置，单击 Save 按钮保存项目。

如果你没有之前的课程文件，可以从 Lessons/Lesson04 文件夹中打开 Lesson04.prproj 文件。

4.2 Project 面板

任何导入到 Adobe Premiere Pro CC 中的内容都将会出现在 Project 面板中。除了为你提供一些用于浏览剪辑和使用元数据的强大工具之外，Project 面板中还提供了特别的文件夹，这些文件夹称为 bin，你可以使用它们来组织全部的内容。

无论你以何种方式导入剪辑，序列中的所有内容都将会在 Project 面板中显示出来。如果你将某个已经用于序列中的剪辑从 Project 面板中删除，那么该剪辑也会自动从序列中被删除。不用担心，将你执行这种操作时，Premiere Pro 会发出警告，如图 4-1 所示。

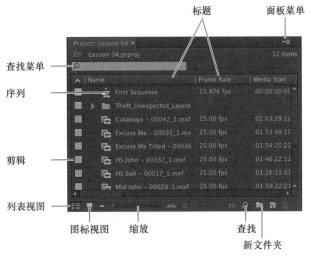

图4-1

除了能够存储全部剪辑，Project 面板还提供了一些用于导入媒体的重要选项。比如所有素材都会有一个帧速率（每秒帧数，fps）和像素长宽比（像素形状），例如，有时为了获得创意性的结果，你可能希望对这些设置进行更改。

例如，你可以将 60fps 视频导入为 30fps 以实现 50% 的慢动作特效。你有时可能还会收到错误像素长宽比的视频文件。

图4-2

Premiere Pro 会使用与素材相关的元数据来确定素材的播放方式。如果你想更改这些元数据，也可以使用 Project 面板来完成，如图 4-2 所示。

4.2.1　自定义 Project 面板

你可能随时需要对 Project 面对的大小进行重新定义。在查看剪辑时你也可能需要在列表和缩览图之间进行切换，有时这比滚动鼠标能够更快地重置面板大小，查看想要的信息。

默认的 Editing 工作区已经最大程度保持了界面的整洁，因此你可以专心进行自己的创意工作而不必过多的考虑各种按钮。Project 面板的一部分在视图中是隐藏起来的，称为 Preview Area（预览区），其中列出了有关剪辑的更多信息。

我们现在来看看这个区。

1. 在 Project 面板中单击面板菜单（右上方）。

2. 选择 Preview Area，如图 4-3 所示。

图4-3

Preview Area 中显示与你在 Project 面板中选择的剪辑有关的几种有用信息，包括帧尺寸、像素长宽比和持续时长，如图 4-4 所示。

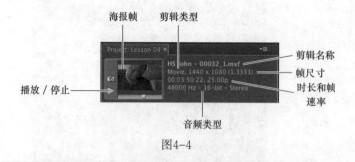

图4-4

如果该选项处于未被选择的状态，可以单击 Project 面板左下角的 List View（▤）按钮，在这种视图中，可以查看 Project 面板中剪辑的各种信息，查看时需要进行水平滚动。

需要时，Preview Area 能够为你提供剪辑的很多信息。

3. 单击 Project 面板中的面板菜单。

4. 选择 Preview Area 将其隐藏。

4.2.2　在 Project 面板中查找资源

处理剪辑与处理桌面上的纸质文件有一点类似。如果仅有一两个剪辑，那么处理起来非常容易。但是当有一两百个剪辑时，你就需要有一个系统了！

一种方法就是在每次开始处理时花点时间对剪辑进行组织，这样可以是编辑工作更加顺畅。如果能够在捕捉时或者导入之后对剪辑进行命名，对编辑工作会带来极大的帮助。即使你在从磁带捕捉时没有为每个剪辑进行命名，也可以为每种视频类型进行命名，然后 Premiere Pro 会通过添加 01、02、03……这样的方式为其命名（请见第 3 课）。

1. 单击 Project 面板顶部的名称标头。当单击名称标头时，该项目会在 Project 面板中按字母顺序正向或者反向显示，如图 4-5 所示。

如果查找特定特征的几个剪辑，比如时长或帧大小，那么更改显示头的顺序将会比较有用。

Name ∧

图4-5

2. 向右滚动直到在 Project 面板中看到 Media Duration（媒体时长）标头为止。这将显示每个剪辑的媒体文件的总的持续时间。

注意：在 Project 面板中向右滚动时，Premiere Pro 总是保持剪辑名称在左侧，因此可以知道正在查看的信息属于哪个剪辑。

3. 单击 Media Duration 标头。Premiere Pro 将按照媒体持续时间长短来显示。注意 Media Duration 标头上的方向箭头。当你单击标头时，方向箭头会进行切换，按照持续时间长短进行正向或者反向显示剪辑，如图 4-6 和图 4-7 所示。

Video Duration ⌃

图4-6

Video Duration ⌄

图4-7

4. 单击并向左拖动 Media Duration 标头，直到看到在 Label（标签）标头和 Name（名称）标头之间出现蓝色的分隔条。释放鼠标按钮时，Media Duration 标头会被重新放置在 Name 标头的右侧，如图 4-8 所示。

| Name   Frame Rate | Media Start | Media End | Media Duration ⌃ |

图4-8

注意：要找到方向箭头，你可能需要单击并进行拖动以扩展栏的宽度。

蓝色分隔条将显示你放置标头的位置。

1. **查找框**

Premiere Pro 提供了内置的搜索工具以便帮助你找到想要的媒体文件。即使当你使用的是来自基于文件的摄像机中的非描述性原始剪辑名称时，也可以按照帧尺寸和文件类型进行搜索。

注意：图形和照片文件，例如 Photoshop PSD、JPEG、或者 Illustrator AI 文件，会将你在 Preferences>General>Still Image Default Duration 命令中设置的时长一同导入。

在 Project 面板的顶部，你可以在 Find 框中输入相应文本以便仅显示与输入文本相匹配的剪辑。如果你记得剪辑的名称（甚至名称的一部分），那么这是一个非常快速轻松的查找方式。与输入文本不匹配的剪辑将被以藏起来，而仅显示与之匹配的剪辑，即使该剪辑位于 bin 内部，如图 4-9 所示。

下面着手实验。

1. 在 Find 字段框中单击鼠标，输入字母 joh。

Premiere Pro 将仅显示那些名称中带 joh 字母的剪辑或元数据。注意，项目的名称将出现在文本输入框的上方，并带有"（filtered）"字样，如图 4-10 所示。

2. 单击 Find 字段框右侧的 X 可以清除搜索内容。

图4-9

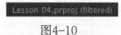

图4-10

3. 在字段框中输入字母 psd。

Premiere Pro 将仅显示名称中带有字母 psd 的剪辑或者元数据，以及所有的项目 bin。这里，仅有一个之前导入的剪辑 Theft_Unexpected 作为扁平图像和图层图像，两者都是 Photoshop PSD 文件。以这种方式使用 Find 字段框，可以查找特殊类型的文件，如图 4-11 所示。

如果执行了语音分析，那么搜索可以包括剪辑对话（查看本课后面的"使用内容分析组织媒体"），如图 4-12 所示。

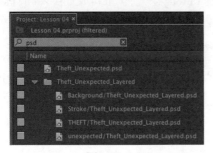

图4-11

图4-12

通常情况下，不需要选择这个菜单中的任何内容，因为如果你仔细做了一些选择，会使用 All（全部）选项进行过滤。

在完成剪辑查找之后，确保单击 Find 框右侧的 X 以清除过滤。

> **Pr** 注意：你在 Project 面板中创建的文件夹称为 bin。这是从电影编辑中引申出来的一个术语。Project 面板本身就是一个高效的 bin，因为它的内部包含各种剪辑并且它的功能也与其他任何的 bin 相同。

2. 高级查找

Premiere Pro 还有一个更为高级的 Find 选项。为了了解该选项，我们现在再导入另外两个剪辑。

1. 使用本书第 3 课中介绍的任意一种方法，导入下面这些条目。

- 从 Assets/Video and Audio Files/General Views 文件夹中导入 Seattle_Skyline.mov 文件。

- 从 Assets/Video and Audio Files/Basketball 文件夹中导入 Basket.MOV 文件。

2. 在 Project 面板的底部，单击 Find 按钮（ ）。Premiere Pro 将显示 Find 面板，其中包含更多用于定位剪辑的高级选项，如图 4-13 所示。

在 Premiere Pro 的高级 Find 面板中，可以同时执行两种搜索方式。可以选择显示与两种搜索标准都匹配的剪辑，或者显示匹配其中一种搜索标准的剪辑。例如，你可以执行以下两种操作中的一种。

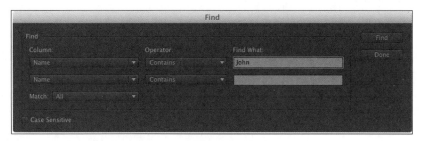

图4-13

- 搜索名称中同时带有 dog 和 boat 的剪辑。

- 搜索名称中带有 dog 或 boat 的剪辑。

然后选择以下选项。

- Column（栏）：从 Project 面板中可用的标头进行选择。单击 Find 按钮时，Premiere Pro 将仅使用你选择的标头进行搜索。

- Operator（操作符）：该选项提供一系列标准的搜索选项。使用该菜单可以选择是否查找一个包含、完全匹配或者以你想要搜索的任何内容开头或者结尾的剪辑。

- Match（匹配）：选择 All（全部）时将查找同时与第一个和第二个文本相匹配的剪辑。选择 Any（任意）将查找与第一个文本或者第二个文本相匹配的剪辑。

- Case Sensitive（区分大小写）：告诉 Premiere Pro 是否要求你要搜索的内容与输入的标准在字母大小写方面相匹配。

- Find What（搜索内容）：在此输入你的搜索文本，最多可以添加两套搜索文本。

单击 Find 按钮时，Premiere Pro 将会高亮显示与搜索标准相匹配的剪辑。再次单击 Find 按钮，Premiere Pro 将会高亮显示下一个与搜索标准匹配的剪辑。单击 Done（完成）可退出 Find 对话框。

4.3 使用 bin

bin 允许划分为组的方式组织剪辑，如图 4-14 所示。

与硬盘中的文件夹相同，你可以在某个 bin 中存储多个 bin，根据项目需要创建复杂的文件夹结构。

bin 与硬盘中的文件夹之间存在一个重要的区别，那就是 bin 仅存在于你的 Premiere Pro 项目文件中。你在硬盘中看不到单独存在的项目 bin。

图4-14

4.3.1 创建 bin

现在，让我们来创建一个 bin。

1. 单击 Project 面板底部的 New Bin（）按钮。

Premiere Pro 将创建一个新的 bin，并自动高亮显示它的名称以提示你对其进行重新命名。有必要养成在创建时就为其命名的习惯。

2. 我们有一些来自电影中的剪辑。现在为这些剪辑创建一个 bin。将 bin 命名为 Theft Unexpected。

3. 也可以使用 File 菜单创建 bin。确保 Project 面板处于活动状态，并选择 File>New>Bin 命令。

4. 将该 bin 命名为 PSD Files。

5. 你也可以在 Project 面板的空白区域单击鼠标右键并选择 New Bin 命令创建 bin。现在就来尝试一下这种方法。

6. 将新的 bin 命名为 Illustrator Files。

要为项目中已经存在的剪辑创建新的 bin，最快速简单的方法就是将剪辑拖放到 Project 面板底部的 New Bin 按钮上，如图 4-15 所示。

7. 将剪辑 Seattle_Skyline.mov 拖放到 New Bin 按钮上。

8. 将 bin 命名为 City Views。

9. 确保 Project 面板活动，并且没有选中已有 bin，按 Control+B 组合键（Windows）或者 Command+B 组合键（Mac OS）创建另一个新的 bin。

图4-15

> **Pr** 注意：当 Project 面板中被剪辑充满时，很难找到空白区域。尝试在面板内部图标的左侧单击鼠标左键。

10. 将 bin 命名为 Sequences。

如果将 Project 面板设置为 List View，bin 将会按照剪辑名称的顺序显示。

> **Pr** 注意：当以序列形式导入带多个图层的 Adobe Photoshop 文件时，Premiere Pro 会自动为单独的图层以及它们的序列创建一个 bin。

4.3.2 管理 bin 中的媒体

现在，我们已经有了一些 bin，可以将其投入使用了。使用提示三角隐藏它们的内容以使视图看起来更加整洁。

1. 将剪辑 Brightlove_film_logo.ai 拖放到 Illustrator files 的 bin 中。

2. 将 Theft_Unexpected.psd 拖放到 PSD Files 的 bin 中。

3. 将 Theft_Unexpected_Layered 的 bin（导入带图层的 PSD 文件时自动创建的）拖放到 PSD Files 的 bin 中。嵌套在 bin 中的其他 bin 的行为方式与嵌套在文件夹中的其他文件夹相同。

4. 将 Under Basket.mov 拖放到 City Views 的 bin 中。你可能需要重新定义面板尺寸或者切换到全屏模式以同时查看剪辑和 bin。

5. 将序列 First Sequence 拖放到 Sequence bin 中。

6. 将其与所有的剪辑放到 Theft Unexpected bin 中。

现在，你已经对 Project 面板进行了很好的组织，每种类型的剪辑都在其自己的 bin 中了，如图 4-16 所示。

图4-16

注意在组织系统允许的情况下，可以复制并粘贴剪辑以创建更多的副本。对于 Theft Unexpected 内容来说，可能需要一个 Photoshop 文档。现在，我们来创建一个副本。

7. 单击 PSD Filesbin 的提示三角以显示其中的内容。

Pr 提示：可以按住 Shift 键并单击和 Control 键并单击（Windows）或者按住 Command 键并单击（Mac）以选择 Project 面板中的内容，这与选择硬盘中的文件的方式相同。

8. 右键单击 Theft_Unexpected.psd 剪辑，选择 Copy（复制）命令。

9. 单击 Theft Unexpected bin 的提示三角以显示其中的内容。

10. 右键单击 Theft Unexpected bin，选择 Paste（粘贴）命令。

Premiere Pro 会将剪辑副本放置到 Theft Unexpected bin 中。

Pr 注意：创建剪辑的副本时，并不是创建它们链接的媒体的副本。你可以根据需要在 Premiere Pro 项目中创建更多的副本。这些副本会全部链接到同一个原始媒体文件。

查找媒体

如果你不确定媒体是否位于硬盘中，可以在Project面板中右键单击并选择 Reveal in Explorer（在Explorer中显示）（Windows）或者Reveal in Finder（在 Finder中显示）（Mac OS）命令。

Premiere Pro将打开硬盘中包含媒体文件的文件夹并高亮显示。当你处理的媒体文件被存储在多个硬盘中或者在Premiere Pro中对剪辑进行了重新命名时，这种方法非常有用。

4.3.3　更改 bin 视图

尽管 Project 面板和 bin 之间存在区别，但是它们具有相同的控件和视图选项。总而言之，你都可以将 Project 面板作为一个 bin 进行处理。许多 Premiere Pro 编辑人员交换地使用 bin 和 Project 面板。

bin 具有两种视图模式，你可以通过单击位于 Project 面板底部的 List View（ ▣ ）按钮和 Icon View（图标视图）按钮在两种模式之间进行切换。

- List View：将剪辑和 bin 以列表形式显示，提供大量的元数据。可以滚动元数据，通过点击栏目标题使用它对剪辑排序。

- Icon View：将剪辑和 bin 以缩览图形式显示，可以重新对其进行排列和播放。

Project 面板中有一个 Zoom（缩放）控制，可以通过它更改剪辑和缩览图的尺寸，如图 4-17 所示。

1. 双击 Theft Unexpected bin，将其在自己的面板中打开。

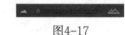

2. 双击 Theft Unexpected bin 的 IconView 按钮，显示剪辑的缩览图。

图4-17

3. 试着调整 Zoom 控件。

Premiere Pro 能够显示非常大的缩览图，你可以更轻松地浏览和选择剪辑。

在图标视图中，也可以通过单击 Sort Icons 菜单，应用不同排序类型对剪辑缩略图进行排序。

4. 将视图模式切换到 List View，如图 4-18 所示。

5. 试着调整 bin 的 Zoom 控制。

当处于 List View 模式时，进行缩放控制并不会产生什么影响，除非为该视图开启了显示缩览图选项。

6. 单击 Panel 按钮，选择 Thumbnails（缩览图）。

Premiere Pro 现在将在 List View 中显示缩览图，Icon View 中同样如此。

7. 试着调整 Zoom 控件，如图 4-19 所示。

图4-18

图4-19

剪辑缩览图将显示媒体的第一帧。在有些情况下，这并没有什么特别的作用。例如剪辑 HS Suit，缩览图中显示一个空置的椅子，但是我们更想看到的是谁将坐在上面，如图 4-20 所示。

8. 单击 Panel 菜单，选择 Preview Area。

9. 选择剪辑 HS Suit 以便使与该剪辑有关的信息显示在 Preview Area 中。

10. Preview Area 中的 Thumbnail Viewer 能够显示剪辑，拖动它可以创建一个新的贴帧。使用 Thumbnail Viewer 拖动剪辑直到看到演员坐在椅子上为止。

11. 单击 Thumbnail Viewer 上的 Poster Frame 按钮。

Premiere Pro 将针对该剪辑缩略图显示最新选择的帧，如图 4-21 所示。

图4-20

图4-21

12. 使用面板菜单关闭 List View 中的缩览图。

13. 使用面板菜单隐藏 Preview Area。

4.3.4 指定标签

Project 面板中的每一个项都具有一个标签颜色。在 List View 模式下，Label（标签）标头显示每个剪辑的标签颜色。当向序列中添加剪辑时，它们将在 Timeline 面板中显示该颜色。

我们来更改标题的颜色，以使其与 bin 中的其他剪辑相匹配。

1. 右键单击 Theft_unexpected.psd 并选择 Label>Iris 命令。

2. 通过单击面板内部的某些区域确保 Theft Unexpected bin 处于激活状态。

3. 按 Control+A 组合键（Windows）或者 Command+A 组合键（Mac OS）选择 bin 中的每一个剪辑。

4. 可以一次更改多个剪辑的标签颜色，右键单击 bin 中的任意剪辑，选择 Label>Forest 命令，如图 4-22 所示。

图4-22

5. 更改 Theft Unexpected 视频剪辑回到 Iris，Theft_Unexpected.psd 剪辑回到 Lavender（确保更改两者的副本）。如果你想要这些剪辑在两个 bin 面板中可视，那么你将在这两个视图中看到更新。

Pr | **注意**：通过事先选择的方式可以更改多个剪辑的标签颜色。

更改名称

由于项目中的剪辑与它们链接的媒体文件是分开的，因此你可以在 Premiere Pro 中对各个项进行重新命名，而且硬盘上的原始媒体文件的名称不会受到影响。这能够使对剪辑的重新命名更加安全。

1. 右键单击剪辑 Theft_Unexpected.psd，并选择 Rename（重新命名）。

2. 将名称更改为 TU Title BW。

3. 右键单击新命名的剪辑 TU Title BW，并选择 Reveal in Explorer 命令（Windows）或者 Reveal in Finder 命令（Mac OS）。

文件被显示出来。注意，原始文件名称并没有被更改。有必要明确原始媒体文件与 Premiere Pro 中的剪辑之间存在的关系，因为这能对很多 Premiere Pro 工作方式提供相应的解释，如图 4-23 所示。

图4-23

> **Pr** | 注意：当在 Premiere Pro 中更改剪辑的名称时，新名称将被存储在项目文件中。因此同一个剪辑很可能在两个项目文件中具有不同的名称。

4.3.5 自定义 bin

默认情况下，Premiere Pro 会在 Project 面板中显示特定类型的信息。你可以轻松添加或者删除标头。根据不同的元数据类型以及处理方式，你有时候可能希望显示或者隐藏不同的标题。

1. 如果 Theft Unexpected 没有打开，请打开该文件夹。

2. 单击 Panel 面板，并选择 Metadata Display（元数据显示）命令，如图 4-24 所示。

在 Metadata Display 面板中，你可以选择任何类型的元数据以用作 Project 面板（以及任何 bin）的 List View 中的标头。你只需选择想要使用的信息类型相应的复选框即可。

图4-24

3. 单击 Premiere Pro Project Metadata 的提示三角，以显示这些选项。

4. 选择 Media Type（媒体类型）复选框。

5. 单击 OK 按钮。

你会看到 Media Type 现在作为标头被添加到了 Theft Unexpected bin 中了，但其他的 bin 却没有发生任何变化。要使这种更改同时发生在每个 bin 中，可以使用 Project 面板中的 Panel 菜单，而不是分别对每个 bin 单独进行处理，如图 4-25 所示。

| Name ^ | Media Duration | Media Type |

图4-25

有些标头只用于提供相应的信息，而还有一些标头可以直接进行编辑。例如 Scene（场景）标头，你可以在其中为每个剪辑添加场景数量。

注意，如果你输入一个场景数量，然后按 Enter 键，Premiere Pro 会激活下一个场景字段框。通过这种方式，你可以使用键盘快速输入与每个剪辑相关的信息，从一个字段框跳至下一个字段框。

Scene 标头是一个特别的项。它能够为你提供关于场景用途的信息，还会为 Premiere Pro 提供信息已告知原始脚本中的哪个场景将会用在音频的自动分析中（请见本课后面的"使用内容分析组织媒体"部分），如图 4-26 所示。

图4-26

4.3.6 同时打开多个 bin

默认情况下，双击某个 bin 时，Premiere Pro 会在一个浮动窗口中打开该 bin。每个 bin 面板的行为方式都是相同的，并且具有相同的选项、按钮和设置。

可以根据需要同时打开多个 bin。

由于默认首选项的存在，双击时 bin 会在自己的面板中打开，你可以对其进行更改以适合自己的编辑风格。

选择 Edit>Preferences>General 命令（Windows）或者 Premiere Pro>Preferences>General 命令（Mac OS）更改这些选项。

每个选项都能够使你选择双击时所产生的结果，按住 Control 键（Windows）并双击或者按住 Command 键（Mac OS）并双击，或者按住 Alt 键（Windows）并双击或者按 Option 键（Mac OS）并双击，如图 4-27 所示。

图4-27

4.4 使用内容分析组织媒体

使用元数据有助于在剪辑组织的井井有条和信息共享，与元数据有关的难题就是如何找到一种高效的创建元数据并将其添加到剪辑中的方法。

为了使这个过程更加容易，Premiere Pro 会对媒体进行分析并基于其中的内容自动创建元数据。语音中的单词可以作为时间上的文本被添加进来，具有人脸的剪辑也会被进行标记以便更轻松地识别出那些有用的画面。

4.4.1 使用 Adobe Story 面板

Speechto Text（语音到文本）的功能能够转换剪辑的语音到文本。当语音出现时，文本会在时间上与之链接，因此你可以轻松找到想要的那部分剪辑。

分析的精确程度由几个因素决定。你可以通过与剪辑相关的脚本或者文字记录让 Premiere Pro 正确识别语音中的词语。

内置的 Adobe Story 面板可以访问 Adobe Story 项目，允许拖放脚本场景到剪辑上。当在分析剪辑时，脚本对话框会自动用来提升语音分析的精确度。

为访问 Adobe Story 面板，登录 Window 菜单，你将访问脚本，如图 4-28 所示。

图4-28

从 Adobe Story 面板中拖放场景是关联文本到剪辑的一个方法，另一个方法是在本地存储驱动器上浏览文本文件。

4.4.2 语音分析

初始化 SpeechtoText 功能，请执行以下操作。

1. 从 Lessons/Assets/Speech 文件夹中导入视频文件 Mid John-00028.MP4。

2. 沿 Project 面板滚动直到看到 Scene 标头。如果需要，将新剪辑 Mid John 的场景数量添加为 1，如图 4-29 所示。

图4-29

3. 双击新剪辑 Mid John，如果 Unexpected bin 占用了 Source Monitor，你可以单击 bin 面板选项卡中的 X 按钮将其关闭。

Premiere Pro 将会在 Source Monitor 中显示该剪辑。

4. 单击 Metadata 面板的选项卡显示该面板。在默认的 Editing 工作区中，你会看到 Metadata 面板与 Program Monitor 共享同一个窗口，如果看不到 Metadata 面板，单击 Window 菜单，选择 Metadata 即可。

Metadata 面板能够显示很多与项目中剪辑相关的不同类型的元数据。像 Source Monitor 中一样同时查看 Metadata 面板，使用选项卡将它拖放到 Program Monitor 上，然后单击 Source Monitor 选项卡加到视图中，如图 4-30 所示。

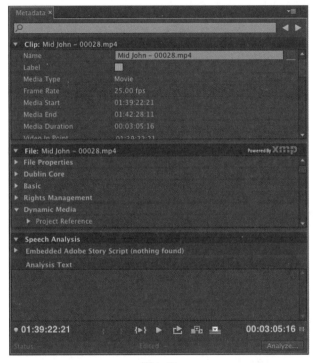

图4-30

5. 单击 Metadata 面板右下方的 Analyze（分析）按钮。

Analyze Content（分析内容）按钮为你提供了一些用于决定自动分析执行方式的按钮。你只需要决定是否希望 Premiere Pro 检测面部和 / 或识别语音，然后选择语言和质量设置即可。

为了提高语音检测的精确度，我们将为其附加一个脚本文件。

Pr | 注意：你可能需要重置面板大小，查看 Analyze 按钮。

6. 单击 Reference Scrip（参考脚本）按钮，选择 Add 命令（添加）。

7. 浏览到 Lessons/Assets/Speech 文件夹，打开 Theft Unexpected.astx。Premiere Pro 将会显示 Import Script（导入脚本）对话框，你可以在此确定是否选择了正确的脚本。注意此处存在一个用于确定是否脚本文本与记录对话精确匹配的复选框。它能够强制 Premiere Pro 仅使用原始脚本中的词语（可用于采访录音）。单击 OK 按钮，不需要选择该复选框。

8. 在 Analyze Content 面板中选择 Identity Speakers（识别说话者）复选框。

这将告知 Premiere Pro 对不同声音的对话进行分离。

9. 其他设置使用默认选项，单击 OK 按钮。

Premiere Pro 将启动 Adobe Media Encoder，它在后台执行分析任务，因此你可以在分析进行的过程中处理项目中的其他内容。当分析完成时，Metadata 面板中会显示一个剪辑中语音的文本描述。

Adobe Media Encoder 自动开始分析并在完成之后出现一个完成提示音。你可以对多个剪辑进行分析，Adobe Media Encoder 会自动将它们添加到序列中。当任务完成时，可以退出 Adobe Media Encoder。

4.5 监视素材

视频编辑中的很大一部分内容就是查看各种剪辑并对其进行有创意的选择。因此能够顺畅地浏览媒体非常重要。

Premiere Pro 提供了多种执行普通任务的方法，例如播放视频剪辑。你可以使用键盘，用鼠标点击按钮，或者使用外部设备，如导像（jog）与快速导像（shuttle）控制。

也可以使用 hover scrub 的浏览功能，它可以使你快速轻松地查看 bin 中和 Media Browser 中的剪辑内容。

1. 双击 Theft Unexpected bin 将其打开。

2. 单击 bin 左下角的 Icon View 按钮。

3. 拖动鼠标但不点击，划过 bin 中的任意图像。

Premiere Pro 将在你拖动时显示剪辑的内容。缩览图的左侧边缘代表剪辑的起点，右侧边缘代表渐进的终点。而缩览图的宽度也就代表整个剪辑，如图 4-31 所示。

图4-31

4. 单击选择一个剪辑。hover scrub 现在处于关闭状态，缩览图的底部会出现一个小的滚动条。尝试使用该滚动条拖动剪辑。

选择剪辑时，与 Media Browser 相同，Premiere Pro 也会使用键盘上的 J、K 和 L 键执行播放任务。

- J：向后播放。

- K：暂停。

- L：向前播放。

5. 选择一个剪辑，使用 J、K、L 键播放缩览图。务必只点击剪辑一次。如果双击剪辑，它将会在 Source Monitor 中打开，如图 4-32 所示。

图4-32

Pr | 提示：如果多次按 J 或者 L 键，Premiere Pro 将会以多个速度播放视频剪辑。

当双击剪辑时，不仅会显示将其在 Source Monitor 中打开，还会向其中添加一个最近剪辑的列表，如图 4-33 所示。

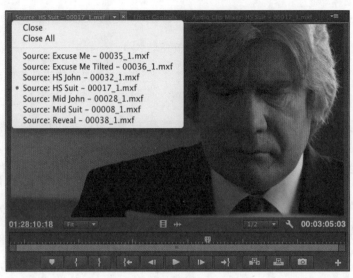

图4-33

6. 双击打开 Theft Unexpected bin 中的 4 个或者 5 个剪辑。

7. 单击位于 Source Monitor 顶部选项卡中的 Recent Items（最近项目）菜单，在最近的剪辑之间浏览。

> **Pr** 提示：注意，你可以通过选择相关选项关闭单个剪辑或者关闭全部剪辑以清理菜单和监视器。有些编辑人员喜欢先清除菜单，然后选择 bin 中的某些长剪辑并将其一同拖放到 Source Monitor 中以打开这些剪辑，然后就可以使用最近项目菜单只浏览这个简短列表中的剪辑。

8. 单击位于 Source Monitor 底部的 Zoom（缩放）菜单。默认情况下，该菜单被设置为 Fit（适合），表示 Premiere Pro 将显示整个帧，无论原始尺寸为多大。将该设置更改为 100%，如图 4-34 所示。

图4-34

此处的剪辑具有较高的分辨率，它们很可能比 Source Monitor 还要大。因此 Source Monitor 的底部和右侧可能会出现滚动条，你可以使用滚动条浏览图像中的不同部分。

将 Zoom 设置为 100% 的好处是你可以看到原始视频中的每一个像素，而这有助于检查视频的质量。

9. 将 Zoom 设置改回到 Fit。

1. 播放分辨率

如果你的计算机处理器型号比较旧或者运行速度较慢，在播放具有非常高分辨率的视频（如超高清、4K 或者更高）剪辑时可能会很困难。为了适应更多类型的计算机硬件配置，从功能强大的台式工作站到轻量级的便携式笔记本计算机，Premiere Pro 能够降低播放分辨率以获得更为顺畅的播放效果。

你可以通过选择 Source Monitor（以及 Program Monitor）中的 Select Playback Resolution（选择播放分辨率）菜单随时转换播放分辨率，如图 4-35 所示。

有些较低的分辨率只针对特定的媒体类型有效。

2. 时间码信息

图4-35

Source Monitor 左下角的时间码以小时、分钟、秒以及帧的形式（00:00:00:00）显示播放头的当前位置。

例如，00:15:10:01 代表 0 小时，15 分钟，10 秒钟和 1 帧。

注意，这是基于剪辑的原始时间码，可能不是从 00:00:00:00:00 开始。

Source Monitor 右下角的时间码显示所选择的剪辑的总时长。稍后，你将通过添加特别的标记以进行特殊选择，它默认显示的是完整的时长。

3. 安全边界

老式的 CRT 监视器会裁剪图片的边缘以便获得整洁的边缘效果。如果你制作的是用于 CRT 监视器的视频，那么可以单击 Source Monitor 底部的 Settings（扳手图标）按钮并选择 Safe Margins（安全边界）。Premiere Pro 将会在图像上显示外色的轮廓线。

外侧的框为 Safe Action（安全动作）区，当播放时能够将重要的动作保持在该框内，使裁切操作不会将其中的内容隐藏起来。

内部的框为 Title Safe（字幕安全）区，能够将字幕和图形保持在该框内，这样，即使那些不标准的视频，观众也能够看到其中的文字，如图 4-36 所示。

图4-36

Premiere Pro 也有高级负载选项，可以用来配置在 Source Monitor 和 Program Monitor 中显示有用的信息。单击 Settings（扳手图标）按钮并选择 Overlays，可以使能或者禁用负载，如图 4-37 所示。

图4-37

通过单击 Settings 按钮，选择 Overlay Settings>Settings 命令，可以访问负载和安全边界的配置。

单击 Source Monitor 底部的 Settings 按钮并选择 Safe Margins，以将其关闭。

4.5.1 基本的播放控件

现在来看一下播放控件。

1. 双击 Theft Unexpected bin 中的视频 Excuse Me，将其在 Source Monitor 中打开，如图 4-38 所示。

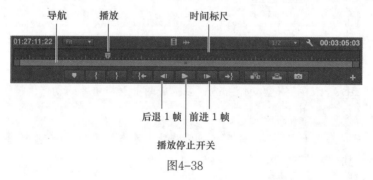

图4-38

2. 在 Source Monitor 的底部，有一个黄色的播放头标记。将其沿面板底部进行拖动可以查看剪辑中的不同部分。你也可以在希望播放头行进的位置单击，它会直接跳至你单击的位置。

3. 在导航条和播放头的下方有一个滚动条，它可以充当缩放控件的角色。拖动滚动条的一可以放大剪辑导航，如图 4-39 所示。

图4-39

4. 单击 Play-Stop 按钮播放剪辑。再次单击可停止播放。你也可以使用空格键播放和停止播放剪辑。

5. 单击 Stepback 1 Frame 和 Stepforward 1 Frame 按钮每次移动一帧。你也可以使用键盘上的左右箭头执行该操作。

6. 使用 J、K 和 L 键播放剪辑。

4.5.2 自定义监视器

要自定义监视器，单击 Source Monitor 上的 Settings 按钮（ ）。

该菜单中为 Source Monitor 提供了几种不同的播放选项（ Program Monitor 中也具有此类菜单 ）。分析视频时，你可以选择查看波形图和矢量图。

这里，我们只想在屏幕上看到常规的视频。需要确保该菜单中的 Composite Video（合成视频）处于选中状态。

你可以在 Source Monitor 和 Program Monitor 底部添加或者删除按钮。

1. 单击 Source Monitor 右下部的 Button Editor 按钮，会出现一组特别的按钮。

2. 将浮动面板中的 Loop（循环）按钮（ ）向右拖动到 Source Monitor 上的 Play 按钮，单击 OK 按钮。

3. 如果没有打开 Theft Unexpected bin 中的剪辑 Excuse Me，那么双击将其在 Source Monitor 中打开。

4. 单击 Loop 按钮将其激活，然后使用空格键或者 Source Monitor 中的 Play 按钮播放视频。当你看到足够多的内容时停止播放。

当 Loop 功能处于激活状态时，Premiere Pro 会一直重复播放，剪辑或者序列。

5. 单击 Play 按钮播放剪辑，再次单击停止播放。你也可以使用空格键播放和停止播放。

6. 单击 Step Back 和 Step Forward 按钮每次移动一帧。你也可以使用键盘上的左右箭头执行该操作。

7. 使用 J、K 和 L 键播放剪辑。

4.6 修改剪辑

Premiere Pro 使用与剪辑相关的元数据来选择播放方式。有时，元数据可能存在错误，你需要告知 Premiere Pro 如何导入剪辑。

你可以一次性为一个文件或者多个文件更改剪辑的导入方式。要执行该操作，只需选择想要更改的剪辑即可。

4.6.1 调整音频通道

Premiere Pro 具备高级的音频管理功能。你可以创建复杂的声音混合效果以及有选择地对原始剪辑的音频确定输出音频通道。可以制作 Mono、Stereo、5.1，甚至是能够精确控制音频走向的 32 通道序列。

如果你还处于刚刚开始的阶段，可能想要制作立体声序列并使用立体声源材料。在这种情况下，默认的设置就能够很好地满足你的需求。

使用专业的摄像机记录音频时，通常会有一个麦克风记录一个音频通道，而另一个麦克风记录另一个音频通道。尽管这些通道都是相同的并且用于常规的立体声音频中，但它们现在包含的是完全被隔离的声音。

你的摄像机会为记录的视频添加元数据，以告知 Premiere Pro 声音是单声道（彼此分开的音频通道）还是立体声（通道 1 音频和通道 2 音频共同形成完全的立体声音效）。

在新的媒体文件通过 Edit>Preferences>Audio 命令（Windows）或者 PremierePro>Preferences>Audio 命令（Mac OS）导入时，你可以告知 Premiere Pro 如何解释音频通道。

导入剪辑时，如果设置存在错误，可以轻松纠正 Premiere Pro 对音频通道的导入。

1. 在 Theft Unexpected bin 中右键单击剪辑 Reveal，并选择 Modify（修改）>AudioChannels 命令，如图 4-40 所示。

图4-40

2. 现在，剪辑被设置为使用文件的元数据识别音频的通道格式。单击 Preset 按钮，将其更改为 Mono。

Premiere Pro 会将 Channel Format（通道格式）菜单更改为 Mono。你将看到 LeftSource Channel 和 Right Source Channel 现在已经被链接到 Audio1 和 Audio2 上了，这意味着当你向序列中添加剪辑时，每个音频通道都将会归属于各自的轨道上，允许你对它们进行单独处理，如图 4-41 所示。

图4-41

3. 单击 OK 按钮。

4.6.2 合并剪辑

一种很常见的情况是，用摄像机录制的视频具有相对低的音频，而使用单独设备能录制较高质量的音频。当这发生时，你将能通过合并它们把高质量的音频关联到视频中。

按此方法，合并视频和音频文件的最重要的因素是同步。你可以手工定义一个同步点，比如场记板标记，或者让 Premiere Pro 基于时间码信息或音频自动同步剪辑。

如果你选用音频同步剪辑，那么 Premiere Pro 将分析摄像机的音频和单独抓取的声音，把它们进行匹配。

- 如果剪辑中的音频没有匹配并合的意愿，那么你可以手工添加一个标记。在添加标记时，将它置于一个干净的同步点，像场记板。

- 选择摄像剪辑和单独的音频剪辑。右键单击它们，并选择 Merge Clips 命令。

- 在 Synchronize Point，选择同步点并单击 OK 按钮。

一个合并视频和单独"好的"音频的剪辑，将被创建出来。

4.6.3　解释素材

为了让 Premiere Pro 正确地解释剪辑，需要知道视频的帧速率，像素长宽比（像素的形状）以及播放域的顺序。如果剪辑中存在这些内容，Premiere Pro 会从文件的元数据中找到这些信息，但是你可以轻松更改剪辑的解释方式。

1. 从 Lessons/Assets/Video and Audio Files/RED 文件夹中导入 REDVideo.R3D。双击该文件使其在 Source Monitor 中打开。由于它是完全宽屏的，因此对于本项目来说有一点过宽。

2. 在 bin 中右键单击剪辑，并选择 Modify（修改）>Interpret Footage（解释素材）命令。

3. 现在，剪辑被设置为使用来自文件的 Pixel Aspect Ratio（像素长宽比）: Anamorphic 2:1，这意味着像素的宽度是高度的两倍。

4. 使用 Conform To 菜单将 Pixel Aspect Ratio 的设置更改为 DVCPRO HD(1.5)。然后单击 OK 按钮。

从现在开始，Premiere Pro 将对那些像素宽度为像素高度 1.5 倍的剪辑进行解释。这将重新塑造图像的形状使其成为标准的 16:9 宽屏。

事实上，这种方式并不是总是能够获得满意的效果，但是也能够针对不匹配的媒体问题提供快速的解决办法（新闻编辑人员会经常遇到此类问题）。

4.6.4　处理原始文件

Premier Pro 针对由 RED 摄像机拍摄的 R3D 文件以及 ARRI 摄像机创建的 ARI 文件，提供了一些特殊的设置。R3D 文件与专业 DSLR 静态照相机使用的 Camera Raw 格式类似。Raw 文件具备一个用于查看文件的解释层。你无需在 Premiere Pro 中进行播放就可以随时更改解释方式。例如，可以在不需要额外处理的情况下更改素材的颜色。使用特效也可以获得类似的效果，但是需要计算机在播放剪辑时承担更多的处理工作。

1. 在 Project 面板中右键单击剪辑 REDVideo.R3D，并选择 SourceSettings（源设置）命令，如图 4-42 所示。

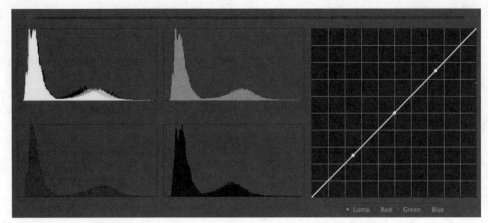

图4-42

这时，将出现 RED R3D Source Settings 对话框，你可以在其中访问所选剪辑的全部原始解释控制。从很多方面来说，它是一个非常强大的颜色校正工具，具有自动白平衡功能，还能够对红色、绿色以及蓝色的值进行调整。

2. 在右侧，存在一些用于调整图片的单独的控制。将列表一直向下滚动，你可以看到 Gain Settings（增益设置）。鉴于这是一个 RED 剪辑，因此我们将红色增益增加到 1.5。可以拖动控制条，单击并拖动橙色的数值或者单击直接输入数值。

3. 单击 OK 按钮，再次在 Source Monitor 中查看剪辑。

图片已经获得了更新。如果你已经在序列中编辑了该剪辑，它还会同时更新到序列中。

要了解更多关于使用 RED 媒体的信息，请访问 http://www.adobe.com/preoducts/premiere/extend。

ARRI AMIRA 摄像机在创建媒体时，可以关联颜色解释设置（被称为查找表 LUT）。Premiere Pro 组织这些 LUT 并应用它们作为 Lumetri Look Master 剪辑特效（参考第 13 课获取更多关于 Master 剪辑特效的信息）。

复习题

1. 如何在 Project 面板中更改 ListView 标头？

2. 如何在 Project 面板中迅速过滤剪辑显示以轻松查找某个剪辑？

3. 如何创建新的 bin？

4. 如果更改了 Project 面板中的剪辑名称，是否会同时更改硬盘上预期链接的媒体文件的名称？

5. 可以使用键盘上哪个键播放视频和音频剪辑？

6. 如何更改剪辑音频通道解释的方式？

复习题答案

1. 单击 Project 面板的 Panel 菜单，并选择 Metadata Display。选择你希望显示的标头所对应的的复选框即可。

2. 在 Find 字段框中单击，开始输入你想要查找的剪辑。Premiere Pro 会隐藏那些不匹配的剪辑而只显示与之匹配的剪辑。

3. 单击 Project 面板底部的 New Bin 按钮。或者在 File 菜单中选择 New>Bin 命令。或者右键单击 Project 面板中的空白区域并选择 New Bin 命令。或者按 Control+B 组合键（Windows）或 Command+B 组合键（Mac OS）。你也可以将剪辑直接拖放到 Project 面板上的 New Bin 按钮上进行创建。

4. 不会。你可以在 Project 面板上对剪辑执行复制、重命名或者删除操作，但是不会对原始媒体文件产生任何影响。Premiere Pro 是一个无损的编辑工具，不会对原始文件进行修改。

5. 空格键用于播放和停止。J、K 和 L 键与快速导像控制类似，可以向前或者向后播放，而箭头键可以向前或者向后移动一帧。

6. 在 Project 面板中，右键单击想要更改的剪辑，并选择 Modify>Audio Channels 命令。然后选择正确的选项（通常会选择一个预设），再单击 OK 按钮。

第5课 视频编辑基础知识

课程概述

在本课中，你将学习以下内容：

- 在 Source Monitor 中处理剪辑；
- 创建序列；
- 使用基本的编辑命令；
- 理解轨道。

 本课的学习大约需要 45 分钟。

本章为你讲述使用 Adobe Premiere Pro CC 创建序列时经常使用的核心编辑技巧。

编辑工作不仅只包括选择合适的素材。你需要在时间上精确安排各种
素材片段，将剪辑放置在序列中正确的时间点以及你希望的轨道上
（创建分层效果），向现有序列中添加新剪辑并删除原有的剪辑。

5.1 开始

无论你希望以何种方式学习视频剪辑，都需要不断花点时间了解一些非常简单的技巧。基本上讲，你将挑选剪辑并有选择地将它们放置到序列中去。Premiere Pro 为此提供了几种不同的方法。

开始之前，确保使用的是默认的 Editing 工作区。

1. 选择 Window>Workspace>Editing 命令。

2. 选择 Window>Workspace>Reset Current Workspace 命令。

3. 单击 Reset Workspace 对话框中的 Yes 按钮。

在本课中，我们将使用本书第 4 课中的项目文件。

4. 继续处理本书上一课中的项目文件，或者从硬盘中打开该文件。

5. 选择 File>Save As 命令。

6. 将文件重新命名为 Lesson05.prproj。

7. 在硬盘中选择一个自己喜欢的位置，并单击 Save 按钮保存项目。

如果你没有上一课的文件，可以从 Lesson05 文件夹中打开 Lesson05.prproj 文件。

首先，你将了解更多有关 Source Monitor 的知识以及如何对剪辑进行预标记以便将其添加到序列中。然后再了解有关 Timeline 的知识，Timeline 是处理序列的地方。此外，你还将学习如何将各种内容整合在一起。

5.2 使用 Source Monitor

在将各种资源放入序列中之前，主要通过 Source Monitor 对其进行检查。

当在 Source Monotor 中观看视频剪辑时，它们将显示自己的原始格式。剪辑将完全按照记录时的格式进行播放，例如帧速率、帧尺寸、场景顺序、音频采样率以及音频位深。

向序列中添加剪辑时，Premiere Pro 将使其与序列中的设置相匹配。这就意味着帧速率、帧尺寸以及音频类型都会进行调整，以便所有内容都以同一种方式播放，如图 5-1 所示。

查看多种文件类型时，Source Monitor 会提供其他一些重要的功能。你可以使用两种特殊的标记，称为 In（入）点和 Out（出）点，用于选择使剪辑中的哪个部分包含到序列中。你也可以为其他类型的标记添加注释以用于以后的参考或者用于提醒你与剪辑相关的重要信息。例如，可以为无权使用的素材部分添加记录。

图5-1

5.2.1 载入剪辑

要载入剪辑，请执行以下操作。

1. 浏览到 Theft Unexpected bin。在默认的首选项情况下，你可以按住 Control 键（Windows）或者 Command 键（Mac OS）并在 Project 面板中双击 bin 图标。bin 将在现有窗口中打开。要导航回到 Project 面板，可以单击 Navigate Up（向上导航）按钮（  ）。

2. 双击视频剪辑，或者将剪辑拖放到 Source Monitor 中。无论哪种方法，所产生的结果都是相同的：Premier Pro 会在 Source Monitor 中显示剪辑，你可以对其进行查看或者为其添加标记。

> **Pr** 提示：活动帧的周围会出现一个橙色的轮廓。有必要知道哪个帧处于活动状态，因为菜单有时会随之更新以反映当前的选择。如果按 Shift+`（grave）组合键，当前选择的帧（而不是鼠标下方的帧）将切换为全屏模式。

3. 移动鼠标使其位于 Source Monitor 上，并按 `（grave）键。再次按 `（grave）键将使 Source Monitor 恢复到原始尺寸。

在另一个监视器上查看视频

如果你的计算机上连接了两台监视器，Premiere Pro 可以使用第二台监视器以全屏模式播放视频。

选择Edit>Preferences>Playback命令（Windows）或者Premiere Pro>Preferences>Playback命令（Mac），并选择希望进行全屏播放的监视器相对应的复选框。

你也可以选择使用与计算机连接的DV设备播放视频，如图5-2所示。

图5-2

5.2.2 载入多个剪辑

接下来，我们将选择剪辑并在 Source Monitor 中进行处理。

1. 单击 Source Monitor 左上部的最近项目菜单，并选择 Close All（关闭全部）命令，如图 5-3 所示。

2. 单击 Theft Unexpected bin 中的 List View 按钮，单击 Name 标头以确保剪辑按照字母顺序显示。

图5-3

3. 选择第一个剪辑 Cutaways，然后按住 Shift 键并单击剪辑 Mid John-00028。

这将在 bin 中选择多个剪辑。

4. 将剪辑从 bin 中拖放到 Source Monitor 中。

现在，只有那些被选中的剪辑会在 Source Monitor 的 Recent Items 菜单中显示。你可以使用该菜单选择要查看的剪辑。

5.2.3 Source Monitor 控件

除了播放控件，Source Monitor 中还有其他一些非常重要的控件，如图 5-4 所示。

- Add Marker（添加标记）：在播放头的当前时间上为剪辑添加一个标记。标记能够提供简单的视觉参考或者用于存储注释。

- Mark In（标记入点）：在剪辑中的某个将要在序列中使用的部分的起点做标记。你只能有一个 In 点，新 In 点将会自动替换已经存在的 In 点。

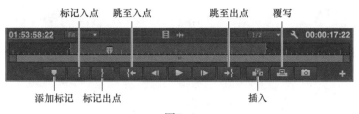

图5-4

- Mark Out（标记出点）：在剪辑中的某个将要在序列中使用的部分的起点做标记。你只能有一个 Out 点，新 Out 点将会自动替换已经存在的 Out 点。

- Go to In（跳至入点）：将播放头移动到剪辑的 In 点。

- Go to Out（跳至出点）：将播放头移动到剪辑的 Out 点。

- Insert（插入）：使用插入编辑方法（请见本课后面的"基本编辑命令"部分）将剪辑添加到当前在 Timeline 面板中显示的序列中。

- Overwrite（覆写）：使用覆写编辑方法（请见本课后面的"基本编辑命令"部分）将剪辑添加到当前在 Timeline 面板中显示的序列中。

5.2.4 选择剪辑中的某个范围

有时候，你需要只选择剪辑中的某段范围。编辑人员的很多时间都花费在了观看视频剪辑并选择哪个可用或者哪部分可用。选择很容易。

1. 使用最近项目菜单选择剪辑 Excuse Me-00035。这是一个 John 紧张地询问是否可以坐下时的素材。

2. 播放剪辑查看内容。

John 在屏幕上走了镜头的一半，然后开始说一段话。

3. 将播放头放置在 John 进入镜头时，或者在他说话之前，大约位于 01:54:06:00 处，他短暂提顿开始说话。注意时间码参考基于原始记录而不是从 00:00:00:00:00 开始。

4. 单击 Mark In 按钮，也可以按下键盘上的 I 键。

Premiere Pro 将会高亮显示剪辑中所选的那部分。你现在已经将剪辑中的第一个部分单独隔离出来了，稍后如果需要的话还可以将这部分放回去——这是非线性编辑提供的一个很好的自由度。

5. 将播放头定位在 John 刚坐下时，最好大约在 01:54:14:00。

6. 按下键盘上的 O 键，添加 Out 点，如图 5-5 所示。

Pr **注意**：添加到剪辑的 In 和 Out 点是永久的，也就是说，关闭再打开剪辑它们仍然存在。现在你将为下面的两个剪辑添加 In 和 Out 点。

图5-5

7. 对于 HS Suit 剪辑，在 John 线之后添加 In 点，大约在影片的四分之一处（01:27:00:16）。

8. 在屏幕变暗时，添加 Out 点（01:27:02:14），如图 5-6 所示。

图5-6

9. 对于 Mid John 剪辑，在 John 坐下时添加 In 点（01:39:52:00）。

> **Pr** 注意：有些编辑人员喜欢浏览所有剪辑，在生成序列之前，按需添加 In 点和 Out 点。有些编辑人员喜欢为每个使用的剪辑添加 In 点和 Out 点。你可以根据项目类型选择自己喜欢的方式。

10. 在他喝一口茶之后添加 Out 点（01:40:04:00），如图 5-7 所示。

图5-7

提示：为了帮助更好地查找素材，Premiere Pro 会在时间标尺上显示时间码数值。单击 Settings 按钮（ 🔧 ）并选择 Time Ruler Numbers（时间标尺数值）可以开启或者关闭该选项。

提示：如果你的键盘上具备独立的数字键盘，可以直接使用它输入时间码。例如，如果你输入 700，Premiere Pro 会将播放头放置在 00:00:07:00 处。同时，不需要输入前面引导的若干个 0。但是需要确保使用的是数字键盘而不是键盘上方排列的数字键（两者是不同的）。

从Project面板编辑

由于In和Out标记在项目中保存激活状态直到你更改它们，所以你可以直接从Project面板添加剪辑到序列中，就像从Source Monitor中一样。如果已经查看了所有剪辑并选择了想要的部分，那么可以快速创建序列的粗略版本。

Premiere Pro CC不管是从Project面板编辑还是从Source Monitor编辑，都使用相同的轨道控件，因此这非常相似并且只需少量的点击操作。既然工作于这种方法更快，那么在添加到序列之前，在Source Monitor中仍然有一个最后的剪辑。越熟悉处理的媒体，效果越好。

5.2.5 创建子剪辑

如果要处理的剪辑很长——甚至可能是整个视频磁带中的内容——可能存在多个要在视频中使用的部分，这时，有必要找到一种方法对剪辑进行预先分隔以便在构建序列之前对其进行组织。

> **Pr** | 提示：当将鼠标指针悬浮在按钮上时，弹出的工具提示会按钮名称后面的括号中显示该按钮的键盘快捷键。

子剪辑正是针对这种情况而创建的。子剪辑是剪辑的部分副本。它们通常用于处理比较长的剪辑，尤其是处理那些可能用在序列中并且来自同一个剪辑的多个剪辑部分。

子剪辑有些值得注意的特征。

- 子剪辑可以在 bin 中进行组织，就像常规的剪辑一样，不过在 Project 面板 List View 中它们具有不同的图标。

- 子剪辑具有有限的时长——基于创建时使用的 In 点和 Out 点，与查看时长更大的原始剪辑相比，子剪辑更容易查看。

- 子剪辑与它们所在的原始剪辑共享相同的媒体文件。

- 它们可被编辑改变其内容，甚至可以转变为原始全长剪辑的副本。

现在，我们来创建一个子剪辑。

1. 双击 Theft Unexpected bin 中的 Cutaway 剪辑，在 Source Monitor 中查看它。

2. 在查看 Theft Unexpected bin 中的内容时，单击位于面板底部的 NewBin 按钮，创建新的 bin。新的 bin 将出现在现有的 Theft Unexpected bin 中。

3. 将新的 bin 命名为 Subclips，并打开以便查看其中的内容。可以在按住 Control 键（Windows）或者 Command 键（Mac OS）时双击 bin 图标使其在同一个窗口中打开，而不是在一个浮动的独立窗中打开。

4. 选择剪辑的一部分，通过使用 In 点和 Out 点标记剪辑，作为子剪辑。选择当包被移除并被替换，剪辑的一半时最好。

5. 要从所选择的部分剪辑创建子剪辑，需要在 In 点和 Out 点之间执行以下任意一种操作。

- 在 Source Monitor 中显示的图片中单击右键，选择 Make Subclip（创建子剪辑）命令。将子剪辑命名为 Packet Moved，单击 OK 按钮。

- 单击 Clip 菜单，选择 Make Subclip 命令。将子剪辑命名为 Packet Moved，单击 OK 按钮。

新的子剪辑将被添加到 Subclips bin 中，使用 In 和 Out 标记指定的时长，如图 5-8 所示。

图5-8

Pr **注意**：如果选择了 Restrict Trims To Subclip Boundaries，那么在查看子剪辑时，你不能访问超出选择范围的剪辑部分。这比较精确你所要的（并且你可以通过右击子剪辑选择 Edit Subclip 更改配置）。

5.3 导航 Timeline

如果说 Project 面板是项目的心脏，那么 Timeline（时间轴）面板就是项目的画布。你可以在时间线上为序列添加剪辑、进行编辑更改、添加视频和音频特效、混合音轨以及添加标题和图形。

下面介绍的是有关 Timeline 面板的一些特性。

- 你可以在 Timeline 面板中查看和编辑序列。

- 你可以同时打开多个序列，每个序列都将显示在自己的 Timeline 面板中。

- 名称 Sequence 和 Timeline 经常可以交替使用，例如"在 Sequence 中"或者"在 Timeline 上"。

- 你最多可以有 99 个视频轨道，较高的视频轨道会在较低的视频轨道"前面"播放。

- 你最多可以同时播放 99 个音频轨道以创建音频合成（音频轨道可以使单声道、立体声、5.1 或者自适应——最大为 32 通道）。

- 可以更改 Timeline 轨道的高度，获取访问额外的控件和视频剪辑缩略图。

- 每个轨道都具有用于改变其功能方式的一系列控件。

- 时间总是以从左向右移动的方式显示在 Timeline 上。

- Program Monitor 用于显示当前播放序列的内容。

- 对于 Timeline 上的大多数操作来说，都可以使用标准的选择工具，但是也存在一些其他的专用工具。如果存在疑惑，可以按 V 键。它是选择工具的快捷键，如图 5-9 所示。

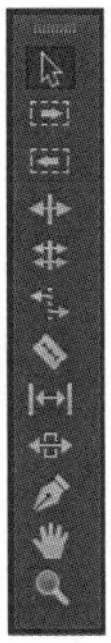

图5-9

- 可以使用键盘上方的 + 和 – 键缩放 Timeline，以便更好地查看剪辑。如果按下 \ 键，那么 Premiere Pro 将在当前设置他显示整个序列之间切换缩放比例。你也可以双击 Timeline 面板底部的导航器，查看整个 Timeline，如图 5-10 所示。

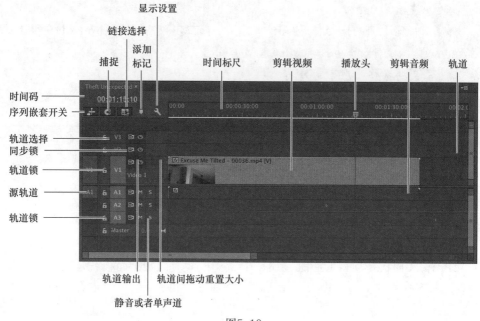

图5-10

5.3.1 什么是序列

序列是用于承载剪辑的容器，其中的剪辑会以一定的顺序进行播放，有时带有多个混合图层，通常还具有特效、标题和音频，进而创建出一个完整的影片。

你可以根据需要在项目中创建任意数量的序列，序列就像剪辑一样，存放在 Project 面板中，它们有自己的图标，如图 5-11 所示。

下面为我们的 Theft Unexpected 剧情创建一个新序列。

图5-11

> **Pr** | **注意**：你可以需要单击 Navigate Up 按钮，以查看 Theft Unexpected bin。

- 在 Theft Unexpected bin 中，拖放剪辑 Excuse Me（不是 Excuse Me 标题）到面板底部的 New Item 按钮上。

这是创建匹配媒体的序列最好的快捷方式。Premiere Pro 创建的新序列，共享选择剪辑的名称。

- 序列在 bin 中被高亮显示，并且立马对它重命名是个好的主意。右键单击 bin 中的序列，选择重命名命令，序列命名为 Theft Unexpected。

序列将自动打开,其中包含创建序列时使用的剪辑。对于此处的练习,这就是我们想要的结果,但是如果你只是为了练习这种快捷方式而随便使用了某个剪辑,现在可以在序列中选择它并将其删除(按 Delete 键),如图 5-12 所示。

在 Timeline 面板中单击序列名称选项卡上的 X 按钮关闭序列。

图5-12

一致性

序列具有帧速率、帧尺寸和主音频格式(例如单声道和立体声)。你添加到序列中的剪辑会被统一或者调整以便与这些设置相匹配。

你可以选择是否对剪辑进行尺寸调整以便与序列的帧尺寸相匹配。例如,如果序列的帧尺寸为1920×1080像素(高清),而视频剪辑的帧尺寸为4096×2160像素(4K电影),那么你可能需要决定是否自动降低高分辨率以便与序列的分辨率相匹配,也可以不降低分辨率,这时只能在相对较小的序列窗口中查看部分图像。

当更改剪辑的尺寸时,垂直和水平方向的尺寸将被同时更改以便保持原始的长宽比、这就意味着如果剪辑具有与序列不相同的长宽比,那么在更改尺寸后它可能无法完全充满整个序列的窗口。例如,如果剪辑的长宽比为4:3,你对其进行调整并添加到一个16:9的序列中,会看到边缘存在一些空隙。

使用Motion(运动)控件(请见第9课的"让剪辑动起来"小节),你可以让查看的图片的某个部分运动起来,创建动态的摇摄扫描(pan-and-scan)效果。

5.3.2 在 Timeline 面板中打开序列

要在 Timeline 面板中打开序列,可执行以下任意一种操作。

- 在 bin 中双击序列。

- 在 bin 中右键单击序列,并选择 Open in Timeline(在时间线中打开)命令。

现在将打开序列 Theft Unexpected,在 Timeline 面板中查看该序列。

> **Pr** 提示:你也可以在 Source Monitor 中打开序列并进行使用,就像使用剪辑那样。注意,要打开序列时不要将序列拖动到 Timeline 面板中。这样,你会将其作为剪辑添加到当前的序列中。

5.3.3 理解轨道

从很大程度上讲,这与用于保持列车方向的铁轨类似,序列具有视频和音频轨道,用于限制你添加到上面的剪辑的位置。最简单的序列形式只有一个视频轨道,也可能只有一个音频轨道。

你将剪辑按顺序从左至右添加到轨道中，这些剪辑会按照你放置的顺序进行播放。

序列可以有更多的视频和音频轨道。它们将成为视频图层和额外的音频通道。由于较高的视频轨道会出现在较低的视频轨道的前面，因此你可以使用它们创造性地制作出分层的合成图像。

你可以使用位于上面的视频轨道为序列添加标题或者使用特效将多个视频图层混合在一起，如图 5-13 所示。

你可以使用多个音频轨道为序列创建完整的音频合成，其中具有原始的源对话、音乐、现场音效，例如枪声或者火花声、大气声波或者画外音，如图 5-14 所示。

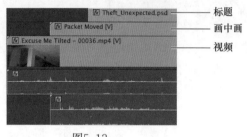

图5-13

图5-14

Adobe Premiere Pro CC 有多个滚动选项，基于鼠标的位置可以有不同的结果。

• 如果在轨道上方盘旋鼠标，那么可以左右滚动，触摸板手势也一样。

• 如果在视频或者音频轨道上方盘旋鼠标，并在滚动时按下 Control 键（Windows）或者 Command 键（Mac OS），那么只能轨道上下滚动。

• 如果在轨道头部上方盘旋鼠标并滚动，那么将增加或减少轨道的高度。

Pr 提示：如果按住 Control 键（Windows）或 Command 键（Mac OS），滚动调整轨道高度，那么可以更精细地控制它。

• 如果在视频或者音频轨道头部盘旋鼠标，并在滚动时按住 Shift 键，那么将增加或者减少所有该类型轨道的高度。

5.3.4 瞄准轨道

轨道标头不仅仅用于显示名称。当选择移除序列的一部分，或者渲染特效时，它们还充当启用 / 禁用按钮的角色。

在轨道标头的左侧，你会看到一些按钮，它们代表当前显示在 Source Monitor 中的剪辑可以使用的轨道。这些是源轨道指示器，并且都被编号，就像 Timeline 轨道。这有助于处理复杂编辑时更加清晰。

如果将剪辑直接拖放到序列中，源轨道指示器将被忽略。但是当你使用键盘或者 Source Monitor 上的按钮向序列中添加剪辑时，源轨道指示器是非常重要的。

在前面的示例中，源轨道指示器的位置意味着剪辑将被添加到 Timeline 上的 Video1、Audio 1 和 Audio 2 上，如图 5-15 所示。

在接下来的示例中，源轨道指示器将通过拖放的方式进行移动。在这个示例中，剪辑将会被添加到 Timeline 上的 Video 2 和 Audio 3 轨道上，如图 5-16 所示。

图5-15

图5-16

当轨道标头启用或者禁用对序列轨道的瞄准时，源轨道指示器将会启用或者禁用源剪辑的视频和音频通道。你可以通过仔细定位源轨道指示器并选择开启或者关闭某个轨道进行更高级的编辑工作。

虽然按钮显示的不同是细微的，但是在编辑时的影响是明显的，如图 5-17 和图 5-18 所示。

图5-17

图5-18

5.3.5　In 点和 Out 点

在 Source Monitor 中使用的 In 点和 Out 点用于定义剪辑中的哪个部分将被添加到序列中。

在 Timeline 上使用的 In 和 Out 点有两个基本目的。

- 使用它们告知 Premiere Pro 当剪辑被添加到序列时应该放在什么位置。
- 使用它们选择你想删除的序列部分。使用 In 和 Out 标记结合轨道标头，你可以进行非常精确的选择，从多个轨道上删除整个剪辑或者剪辑中的某一部分，如图 5-19 所示。

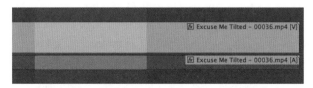
图5-19　明亮区域表示序列中被选择的部分

1. 设置 In 点和 Out 点

在 Timeline 上添加 In 点和 Out 点与在 Source Monitor 上添加 In 点和 Out 点非常相似。一个主要的不同在于与 Source Monitor 中的控制不同，Program Monitor 中的控制还会被应用到 Timeline 上。

要在 Timeline 上，当前播放头位置添加 In 点，需要确保 Timeline 面板或者 Program Monitor 处理活动状态，然后按下 I 键或者单击 Program Monitor 上的 Mark In 按钮。

要在 Timeline 上，当前播放头位置添加 Out 点，需要确保 Timeline 处于活动状态，按 O 键，或者单击 Program Monitor 中的 Mark Out（标记出点）按钮。

> **Pr** 提示：根据序列中剪辑（或者一组剪辑）的时长，也可以使用键盘快捷键向 Timeline 上添加 In 点和 Out 点。现在就尝试一下：选择序列中的一个剪辑片段并按下 / 键。

2. 清除 In 点和 Out 点

如果打开了一个已经具有 In 点和 Out 点的剪辑并且你想将其删除，或者 Timeline 上的 In 点和 Out 点对你的处理工作造成了影响，也可以轻松将其删除。在 Timeline、Program Monitor 以及 Source Monitor 中删除 In 点和 Out 点所使用的技巧都是相同的。

1. 在 Timeline 上，通过单击选择 Excuse Me 剪辑。

2. 按下 / 键，这将在剪辑的开始处（左侧）为 Timeline 添加 In 标记，并在剪辑的尾部（右侧）添加 Out 标记。两者都被加到 Timeline 面板上端的时间标尺中。

3. 右击 Timeline 面板顶端的时间标尺，查看菜单选项，如图 5-20 所示。

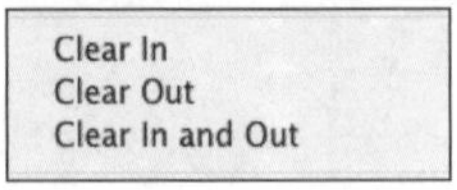

选择需要的选项，或者使用下面的一个键盘快捷键。

```
Clear In
Clear Out
Clear In and Out
```

图5-20

- Control+Shift+I 组合键（Windows）或者 Alt+I 组合键（Mac OS）：移除入点（Clear In）。

- Control+Shift+O 组合键（Windows）或者 Alt+O 组合键（Mac OS）：移除出点（Clear Out）。

- Control+Shift+X 组合键（Windows）或者 Alt+X 组合键（Mac OS）：移除入点和出点（Clear In and Out）。

4. 最后一个选项非常有用，它很容易记住并可以同时快速删除两个点。现在尝试移除你添加的标记。

5.3.6　使用时间标尺

位于 Source Monitor 和 Program Monitor 底部和 Timeline 顶部的时间标尺具有相同的用途：使用它们可以实时在剪辑或者序列中进行导航。

时间总是从左向右显示的，播放头的位置可以为你提供与剪辑相关的视觉参考。

现在单击 Timeline 的时间标尺，将其向左右拖动。播放头会随着鼠标进行移动。当你在 Excuse Me 剪辑上拖动时，会在 Program Monitor 中看到该剪辑中的内容。这种在内容中拖动的方式被称为"清洗（scrubbing）"。

> **Pr** 注意：Source Monitor、Program Monitor 以及 Timeline 这 3 个面板在底部都有一个缩放条。你可以使用这些缩放条缩放时间标尺以及在剪辑时长上记性导航。一旦放大后，可以通过拖动标尺条导航时间标尺，如图 5-21 所示。

图5-21　Program Monitor上的导航

5.3.7　自定义轨道头

在轨道头有选项可以选择可用的控件，访问这些选项，右键单击视频或音频轨道头并选择 Customize 命令，如图 5-22 和图 5-23 所示。

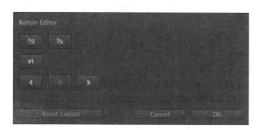

图5-22　视频轨道按钮编辑器

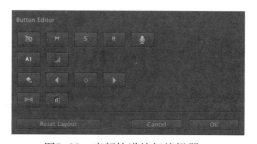

图5-23　音频轨道按钮编辑器

要找到可用按钮的名称，在上面"盘旋"你的鼠标查看工具提示。有些按钮你已经很熟悉了，其他将在本课后面解释。

通过从 Button Editor 中拖放到轨道头，添加按钮到轨道头上。通过拖走移除轨道头上的按钮。

现在放松试验这个特征，在完成之后单击 Button Editor 上的 Reset Layout 按钮，重置轨道头为默认选项，最后单击 Cancel 按钮离开 Button Editor。

5.4　基本编辑命令

无论你是使用鼠标将剪辑拖放到序列中，还是使用 Source Monitor 上的按钮，或者使用键盘快捷键，都将会用到两种类型编辑中的一种：插入编辑或者覆写编辑。

当你向已经具有剪辑的序列中添加一个新剪辑并对其进行定位时，存在两种选择——Insert（插入）或者 Overwrite（覆写）——它们会产生两种完全不同的效果。

5.4.1 覆写编辑

首先使用覆写编辑，为 John 要求一个椅子时，添加一个脸部特写镜头。

1. 在 Source Monitor 中打开镜头 HS Suit，该剪辑已经添加了 In 和 Out 标记。

2. 对于此处的编辑来说，你需要仔细设置 Timeline。将 Timeline 播放头放置在 John 要求之后，最好大约在 00:00:04:00 的位置。

除非 In 或者 Out 标记已经添加到 Timeline，使用键盘或者屏幕上按钮编辑时，播放头用来定位新的剪辑。当使用鼠标拖放剪辑到序列中时，将忽略播放头的位置。

3. 尽管新剪辑具有一个音频轨道，但不需要。将该音频轨道保持在 Timeline 上。单击源轨道选择按钮 A1 将它关闭。开启与关闭之间的区别非常小，关闭之后，它们将变成深灰色，如图 5-24 所示。

4. 检查轨道播放头像下面的例子如图 5-25 所示（仔细检查轨道使能 / 禁用按钮）。

图5-24

图5-25

5. 单击 Source Monitor 上的 Overwrite 按钮。

剪辑将被添加到 Timeline 上，但是仅位于 Video 1 轨道上。再一次，时间安排仍旧不完美，但是创建出一个好的对话场景，如图 5-26 所示。

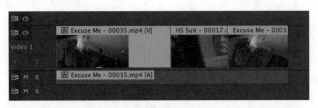

图5-26

默认情况下，使用鼠标将剪辑拖放到序列中时，执行的将是覆写编辑。可以通过按住 Control 键（Windows）或者 Command 键（Mac OS）将其改为插入编辑。

Pr | **注意**：镜头和剪辑术语经常变换使用。

5.4.2 插入编辑

要在 Premiere Pro Timeline 中执行插入编辑，请执行以下操作。

1. 拖动 Timeline 播放头将其放置在剪辑 Excuse Me 上，刚好位于 John 说出"Excuse me"之后（大约位于 00:00:02:16 处）。

2. 在 Source Monitor 中打开 Mid Suit。在 01:15:46:00 处添加 In 标记，01:15:48:00 处添加 Out 标记。虽然实际上是行为的不同部分，但是作为脸部特写镜头会非常好。

3. 检查 Timeline 有源轨道提示对齐，如图 5-27 所示。

4. 单击 Source Monitor 上的 Insert（插入）按钮。

恭喜！你已经完成了一个插入编辑。序列中的剪辑 Excuse Me 已经被分割了，位于播放头后面的部分已经向后移动了与新建剪辑在一起了。

5. 将播放头放置在序列的开始处并播放编辑结果。你可以使用键盘上的 Home 键跳至起点，使用鼠标拖动播放头，或者按箭头键在各个编辑之间移动播放头（按向下箭头键将跳至后面的编辑上）。

图5-27

6. 在 Source Monitor 中打开剪辑 Mid John，该剪辑已经具备了 In 点和 Out 点。

7. 将 Timeline 播放头放置到序列的末端——剪辑 Excuse Me 的末端。也可以按 Shift 键使播放头跳至剪辑的尾部。

8. 单击 Source Monitor 上的 Insert（插入）或者 Overwrite（覆写）按钮。由于 Timeline 播放头位于序列的末端，因此这里不存在任何剪辑，你执行任何方式的编辑所产生的结果都是一样的。

现在将插入另外的剪辑。

9. 将 Timeline 播放头放置在 John 喝一口茶之前，大约 00:00:14:00 处。

10. 在 Source Monitor 中打开剪辑 Mid Suit，使用 In 点和 Out 点在 John 坐下和第一次喝茶之间选择一个你认为连接比较顺畅的部分。In 标记在 01:15:55:00 处和 Out 标记在 01:16:00:00 处，会比较好。

11. 使用插入编辑在序列中编辑该剪辑，如图 5-28 所示。

尽管编辑的时间不是很完美，不过这已经不错了。使用非线性编辑系统如 Premiere Pro 处理的好处在于，可以在后面更改你的意图。开始时比较重要的是，剪辑的顺序要是正确的。

图5-28

5.4.3　三点编辑

编辑时，Premiere Pro 需要知道在 Source Monitor 和 Timeline 上要处理的时长。一个时长可以从其他时长中计算出来，因此你只需要 3 个点或标记（不是 4 个点）就够了。例如，如果在 Source Monitor 中选择 4 秒钟的剪辑，Premiere Pro 将自动了解它将在序列中花费 4 秒的时间。

> **Pr** | **注意：** 使用插入编辑时，可以使剪辑变长。比较特别的是，已在选择轨道上的剪辑将后面在序列中移动，为新剪辑创造空间。

当处理最后一个剪辑时，Premiere Pro 会对齐剪辑（剪辑开始处）上 In 点和 Timeline（播放头）上的 In 点。

即使你不为 Timeline 手工添加 In 标记，也可以使用三点编辑，其中的时长是从 Source Monitor 剪辑计算出来的。

如果你在 Timeline 上添加一个 In 点，Premiere Pro 会忽略播放头的位置，放置这个新剪辑。

> **Pr** | **注意：** 也可以通过从 Project 面板或者 Source Monitor 中拖放到 Program Monitor 中，编辑剪辑到序列中，按住 Control 键（Windows）或者 Command 键（Mac OS）执行插入编辑。

通过添加 Out 点到 Timeline 上取代 In 点，可以达到相似的结果。在这种情况下，Premiere Pro 将在编辑时对其剪辑的 Out 点和 Timeline 上的 Out 点。如果有些时间行为，比如序列中剪辑末尾处门关闭，和新的剪辑需要及时排成一行，那么就需要选择这样做。

使用四点编辑的结果

编辑时，你也可以使用四点编辑方法。如果你所选择的剪辑时长与序列时长相匹配，将会获得正常的编辑结果。如果不匹配，Premiere Pro 将请你选择你想要的结果。你可以延长或者压缩播放速度或者有选择地忽略其中一个In点或者Out点。

5.4.4　故事板剪辑

术语"故事板（storyboard）"通常用于描述一系列用于显示电影中的摄像机角度以及动作的图画。故事板与连环画非常类似，尽管它们通常会包含更多的技巧性信息，例如摄像机移动、对话以及音效。

你可以将 bin 中的剪辑缩览图作为故事板图像来使用。通过拖放操作对缩览图进行排列，以便使剪辑在序列中按照你希望的顺序进行显示，从左至右，从上到下。然后将其拖放到序列中，或者使用某个特殊的自动编辑功能将其添加到序列中，以获得变换效果，如图 5-29 所示。

图5-29

1. 使用故事板构建装配编辑

装配编辑是在一个序列中，剪辑具有正确的顺序，但是时间安排还没有到位。通常，我们会先构建一个装配序列，只需要先确保其中具有正确的结构即可，稍后再对时间进行调整。

你可以使用故事板剪辑方式快速获得正确的剪辑顺序。

1. 保存当前的项目。

2. 打开 Lessons/Lesson 05 文件夹中的 Desert Sequence.prproj 文件。

这个项目中有一个带音乐的 Desert Montage 序列。我们将为该序列添加一些美丽的镜头。

音频轨道 A1 已被锁定（单击扣锁图标锁定和解锁轨道）。也就是说你可以避免对音乐轨道修改，调整序列。

2. 组织故事板

双击 Desert Footage bin 将其打开。其中有一系列的短镜头。

1. 如果需要，单击 bin 上的 Icon View 按钮，查看剪辑的缩略图。

2. 拖放缩略图到 bin 中，并对其进行组织使其按照你希望在序列中显示的顺序进行排列。

3. 确保 Desert Footage bin 处于被选中状态。按 Control+A 组合键（Windows）或者 Command+A 组合键（Mac OS）选择 bin 中所有剪辑。

4. 将剪辑拖放到序列中，将其放置到 Video 1 轨道上，恰好位于 Timeline 的起点，音乐剪辑的上方。

设置静态图像的时长

这些视频剪辑已经具有了In和Out点，这些In和Out点被自动使用在向序列添加剪辑时，甚至直接从bin中添加剪辑时。

图形和照片可以在序列中有任意的时长，尽管如此，它们都具有默认的时长，这是你在导入时所设置的。可以在Premiere Pro的首选项中对默认时长进行更改。

选择Edit>Preference>General命令（Windows）或者PremierePro>Preferences>General命令（Mac OS），然后在Still Image Default Duration（静态图像默认时长）对话框中对其进行更改。修改只对导入的剪辑有效，它不会影响已经在项目中的剪辑。

静态图像也没有Timebase，也就是说，帧的数目应该每秒播放。可以更改静态图像的默认Timebase，通过选择Edit>Preferences>Media命令（Windows）或Premiere Pro>Preferences>Media命令（Mac OS），并设置Indeterminate Media Timebase选项。

---

5. 播放剪辑以查看结果，如图 5-30 所示。

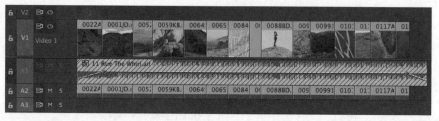

图5-30

Pr 注意：Premiere Pro 具有根据标准数在 Icon 视图中对剪辑排序的选项。单击该选项的 Sort Icons 按钮，确保 User Order 的菜单设置能够拖放剪辑到新的顺序中。

3. 自动将故事板添加到序列中

除了将故事板编辑拖放到 Timeline 上之外，你也可以使用一个特别的名为 Automate To Sequence（自动匹配序列）的选项。

1. 按 Control+Z 组合键（Windows）或者 Command+Z 组合键（Mac OS）撤销编辑，将 Timeline 播放头放置在 Timeline 的起始位置。

2. 在 bin 中，在剪辑仍旧处于被选中的状态下，单击 Automate To Sequence 按钮。

顾名思义，Automate To Sequence（自动匹配序列）会自动将剪辑添加到当前显示的序列中。以下是其中的选项。

- Ordering（排序）：该选项按照剪辑在 bin 中的顺序或者你在选择时单击的顺序将剪辑添加到序列中。

- Placement（放置）：默认情况下，剪辑将顺序逐个添加。如果 Timeline 上具有标记（也许与音乐的节奏一致），剪辑将会被添加到标记所在的位置。

- Method（方法）：在 Insert（插入）和 Overlay（覆盖编辑）之间进行选择。

- Clip Overlay（剪辑重叠）：自动交迭剪辑以创建特效切换效果。

- Still Clip Duration（静态剪辑时长）：在该对话框中，允许为静态图像选择时长或者在 Source Monitor 中使用 In 和 Out 点设置单独的时长。

- Transitions（过渡）：选择是否在每个剪辑之间添加自动视频或者音频过渡效果。

- Ignore Options（忽略选项）：选择该选项会排除剪辑中的视频或音频部分。

3. 设置 Automate To Sequence 对话框使其与数字相匹配，单击 OK 按钮，如图 5-31 所示。

这次，剪辑将交迭在一起并具有特殊的溶解效果。注意，使用交迭创建过渡特效会减少序列的总时长。

图5-31

复习题

1. In 点和 Out 点的作用是什么?

2. Video 2 轨道位于 Video 1 轨道的前面还是后面?

3. 子剪辑如何帮助对剪辑进行组织?

4. 如何选择一个序列的时间范围?

5. 覆写编辑和插入编辑之间有什么区别?

6. 如果不使用 In 点或者 Out 点, 将由多少源剪辑被添加到序列中?

复习题答案

1. 在 Source Monitor 中, In 点和 Out 点用于定义你想要在序列中使用的剪辑的某一部分。在 Timeline 上, In 点和 Out 点用于定义你想要删除、编辑、渲染或导出的序列中的某一部分。当使用特效时, 它们还可以想要渲染的序列中的某一部分, 还可以用于定义你想导出的 Timeline 上的某一部分, 以便创建新的视频文件。

2. 较高的视频轨道总是位于较低的视频轨道的前面。

3. 虽然子剪辑不会对 Premiere Pro 播放视频和声音的方式产生影响, 但是使用子剪辑可以轻松地将素材划分到不同的 bin 中。在比较大的项目中, 通常会有大量的长剪辑, 是否使用这种方式对剪辑进行分割会存在很大的不同。

4. 使用 In 和 Out 标记定义你想处理的序列部分, 例如, 使用特效时可能进行渲染或者导出部分序列作为文件共享时。你也可以使用 Timeline Work Area Bar 定位选择序列时间范围。通过单击 Timeline 面板上的菜单并选择 Work Area Bar, 从而创建一个 Work Area, 该条目出现在 Timeline 面板的上部, 并取代了渲染或导出时的 In 点和 Out 点。

5. 使用覆写编辑方法添加到序列中的剪辑将会置换该位置上的原有剪辑。使用插入编辑方法添加到序列中的剪辑会占用原有剪辑的位置并将后者向后推 (向右)。

6. 如果不向源剪辑中添加 In 点或者 Out 点, 当你将剪辑添加到序列中时, Premiere Pro 将会使用整个剪辑。使用两个标记中的一个可以对使用部分进行限制。

第6课 使用剪辑和标记

课程概述

在本课中，你将学习以下内容：

- 比较 Program Monitor 与 Source Monitor；
- 使用标记；
- 应用同步锁定和轨道锁定；
- 选择序列中的项目；
- 移动序列中的剪辑；
- 删除序列中的剪辑。

本课的学习大约需要 60 分钟。

序列中有了一些剪辑之后，就可以对其进行微调了。你将在编辑过程中移动剪辑并且删除那些不想要的部分。也可以使用特别的标记向剪辑和序列中添加有用的信息，这在进行编辑工作或者将序列发送到其他 Adobe Creative Cloud 应用程序时非常有用。

在编辑视频序列中的剪辑时，可以使用 Adobe Premiere Pro CC 提供的
标记和针对轨道同步和锁定的高级工具轻松对剪辑进行微调。

6.1 开始

装配编辑之后的阶段也许能够最贴切地形容视频编辑工作的工艺。选择好剪辑并将其大致进行排列获得正确的顺序之后，就可以开始在时间上对编辑进行调整了。

在本课中，你将学习到更多 Program Monitor 中的控件，并了解这些标记是如何在编辑时对素材进行组织的。

你还将学习如何处理 Timeline 上已经存在的剪辑——也就是使用 Adobe Premiere Pro CC 进行非线性编辑工作中的"非线性"部分。

在开始学习之前，请确保你使用的是默认的编辑工作区。

1. 选择 Window>Workspace>Editing 命令。

2. 选择 Window>Workspace>Reset Workspace 命令。

这将打开 Reset Current Workspace（重设当前工作区）对话框。

3. 单击 Yes 按钮。

6.2 Program Monitor 控件

Program Monitor 很大程度上与 Source Monitor 相同，因此你可能对它有一种似曾相识的感觉，甚至可以认为它的作用实际上与 Source Monitor 相同。尽管如此，两者之间仍然存在一些较小但是非常重要的区别。

现在，让我们来了解一下。对于本课，需要打开 Lesson 06.prproj 文件。

6.2.1 Program Monitor 是什么

Program Monitor 显示位于序列开头的帧或正在播放的帧。Timeline 面板上的序列显示了剪辑段和轨道，而 Program Monitor 显示了视频输出的结果。Program Monitor 时间规则 Timeline 的微型版本。

在早期编辑阶段，你将在 Source Monitor 上花费大量的时间。一旦你的序列可以大概的一块进行编辑，这将节省使用 Program Monitor 和 Timeline 面板的大量时间，如图 6-1 所示。

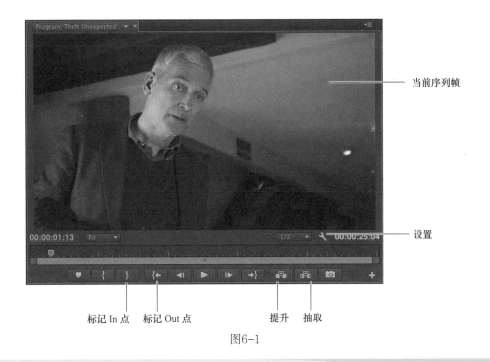

当前序列帧

设置

标记 In 点　标记 Out 点　提升　抽取

图6-1

Program Monitor与Source Monitor

Program Monitor与Source Monitor之间主要存在以下区别。

- Source Monitor 用于显示剪辑的内容，而 Program Monitor 用于显示当前在 Timeline 面板中显示的序列的内容。

- Source Monitor 具有 Insert 和 Overwrite 按钮，可以向序列中添加剪辑（或者剪辑的某一部分）。Program Monitor 具有与之对应的用于从序列中删除剪辑（或者剪辑的某一部分）的 Lift（提升）和 Extract（抽取）按钮。

- 两个监视器都有一个时间标尺，Program Monitor 的播放头也是当前处理的序列中（序列可以通过位于 Program 面板左上方的名称进行识别）的播放头。当一个移动时，另一个也会随之移动，因此你可以使用任何一个面板对当前显示的帧进行更改。

- 当使用 Premiere Pro 中的特效时，你可以在 Program Monitor 中对特效进行预览（查看结果）。有一个列外情况：主剪辑特效都可以在 Source Monitor 和 Program Monitor 上查看（更多特效相关内容，请参考第 13 课）。

- Program Monitor 上的 Mark In 和 Mark Out 按钮与 Source Monitor 上对应的按钮具有相同的功能。但是当您将它们添加到 Program Monitor 中时，In 和 Out 标记会被添加到当前显示的序列中。

6.2.2 使用 Program Monitor 向 Timeline 中添加剪辑

你已经了解了如何使用 Source Monitor 选择部分剪辑并通过按键盘键、单击按钮或者拖放的方法将剪辑添加到序列中。

你也可以直接从 Source Monitor 中将剪辑拖放到 Program Monitor 中以添加到 Timeline 上。

1. 在 Sequence bin 中，打开 Double Identity 序列。你已经对这个场景进行过编辑了。

Pr | 提示：可以通过按下 End 键（Windows）或者 fn+ 右方向键（Mac OS）移动播放头到序列的结束位置。

2. 将 Timeline 播放头放置在序列的末端，刚好位于剪辑 Mid John 最后一帧的后面。你可以按住 Shift 键并拖动播放头进行编辑，或者按上下箭头键在编辑之间进行导航。

3. 在 Source Monitor 中打开 Theft Unexpected bin 中的剪辑 HS Suit。该剪辑已经在序列中使用过了，但是这次我们想使用其中的一个不同的部分。

Pr | 提示：请记住，你可以单击 Timecode 显示，输入没有标点符号的数字，然后按下 Enter 键发送播放头到设定位置。

4. 在剪辑的大约 01:26:49:00 处添加一个 In 点，在这个镜头中没有太多内容，所以比较方便切出。在大约 01:26:52:00 处添加一个 Out 点，这样处理 Suit 时有一点时间。

5. 单击 Source Monitor 中图片的中心，将其拖放到 Program Monitor 中。

一个较大的 Overwrite 图标将会出现在 Program Monitor 中间。当你释放鼠标按钮时，Premiere Pro 将会在序列的末端添加一个剪辑。到此，编辑就完成了，如图 6-2 所示。

图6-2

注意：当使用鼠标将剪辑拖动到序列中时，Premiere Pro 仍然使用 Source Channel Selection 按钮控制使用的剪辑部分（视频和音频信道）。

6.2.3　使用 Program Monitor 执行插入编辑

让我们来尝试一下使用相同的技巧执行插入编辑。

1. 将 Timeline 播放头放置在大约 00:00:16:01 处，在 Mid Suit 和 Mid John 中间。连续的移动在这个切口上不是很好，所以我们添加 HS Suit 剪辑的另一部分。

2. 在 Source Monitor 中为 HS Suit 剪辑添加 In 点和 Out 点，选择的总时长约为 2 秒。你可以在 Source Monitor 的右下角看到以白色数字，显示刚才所选择的时长（ 00:00:02:00 ）。

3. 按住 Control 键（Windows）或者 Command 键（Mac OS），将剪辑从 Source Monitor 拖动到 Program Monitor 中。当你释放鼠标按钮时，剪辑将会被插入到序列中，如图 6-3 所示。

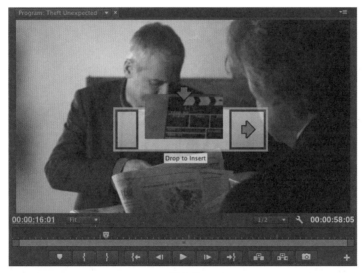

图6-3

如果你更喜欢使用鼠标进行编辑，而不喜欢键盘快捷键、或者 Source Monitor 上的插入和覆盖按钮，那么可以只使用剪辑中的视频或者音频部分。

让我们尝试将这些技巧结合在一起使用。你将创建一个自己的 Timeline 轨道标头，然后将其拖放到 Program Monitor 中。

1. 将 Timeline 播放头放置在大约 00:00:25:20 处，刚好位于 John 取出他的钢笔。

2. 在 Timeline 面板中，通过拖放让 Source V1 的轨道接上 Timeline V2 的轨道。对于你将使用的技巧来说，目标轨道被用于设置添加剪辑的位置，如图 6-4 所示。

Timeline 轨道头看起来将是这样。

图6-4

3. 在 Source Monitor 中查看剪辑 Mid Suit。在大约 01:15:54:00 处，John 正挥动他的钢笔，在这里标记一个 In 点。

4. 在大约 01:15:56:00 的位置添加一个 Out 点。我们只需要一个快速选择角。在 Source Monitor 底部，将会出现 Drag Video Only（只拖动视频）和 Drag Audio Only（只拖动视频）图标。

这些图标有两种用途。

- 告诉你剪辑是否具有视频和 / 或音频。例如，如果没有视频，电影胶片图标将是变暗的。如果没有音频，波形图标将是变暗的。

- 你可以使用鼠标进行拖动以便有选择地将视频或者音频编辑到序列中。

5. 将电影胶片图标从 Source Monitor 的底部拖动到 Program Monitor 中。你将在 Program Monitor 中看到一个熟悉的 Overwrite 图标。当你释放鼠标按钮时，只有剪辑的视频部分被添加到 Timeline 上的 Video 2 轨道上。即使 Source Video 和 Source Audio 信道选择按钮启用的情况下，这也可以工作，所以这是选择所要剪辑部分的一个快速、直观的方式。

6. 从头开始播放序列。

时间的安排上还需要进行一些处理，不过禁用编辑是一个不错的开始。你刚刚添加的剪辑将在剪辑 Mid John 的结束之前和 HS Suit 剪辑开始之前播放，已经使时间安排发生了改变。由于 Premiere Pro 是非线性编辑系统，因此可以在后面对时间安排进行调整。你将在本书第 8 课 "高级编辑技巧" 部分学习如何调整时间安排。

将剪辑编辑到序列中时，为什么存在如此众多的方法？

这看上去似乎只是达到同一个目的的另一种方法而已，那么它的优势又是什么呢？很简单：这种方法能够增加屏幕的分辨率并能缩小各种按钮的尺寸，能够增加操作的针对性和准确性。

相对于键盘快捷键，如果你更喜欢使用鼠标进行编辑，那么可以将Program Monitor看成是一个用于将剪辑放置到Timeline上的方便的大拖放区。它能够使你通过使用轨道标头控件和播放头的位置（或者In点和Out点标记）准确地放置剪辑，同时还能够保证鼠标操作的流畅性。

6.3 控制分辨率

功能强大的 Mercury Playback Engine 能够使 Adobe Premiere Pro 播放多种类型的媒体、特效，并且大多数都能够做到实时播放。Mercury Playback Engine 能够借助计算机硬件来提升播放性能。这意味着计算机的 CPU 速度、RAM 的大小以及硬盘的速度都将会对播放性能产生影响。

如果你的系统在 Program Monitor 中播放序列视频的每一帧或者在 Source Monitor 中播放剪辑时存在一定困难，Adobe Premiere Pro 会降低播放分辨率，以使播放变得更加容易。当你看到视频在播放时出现不流畅、停顿或者一直启动时，这表示由于 CPU 速度或者硬盘速度的限制，系统无法播放这些文件。

尽管降低分辨率意味着你无法看到画面中的每一个像素，但是却能够极大地提高播放性能，使创意工作变得更加轻松。此外，通常情况下，视频会具有比播放时更高的分辨率，无非是因为 Source Monitor 和 Program Monitor 通常比原始媒体尺寸要小。实际上，这就意味着在以较低的分辨率进行播放时，你看不到其中的区别。

6.3.1 调整播放分辨率

下面，我们来尝试调整播放分辨率。

1. 从 Theft Unexpected bin 中打开剪辑 Cutaways，默认情况下剪辑将会以半质量的形式显示在 Source Monitor 中。

在 Source Monitor 和 Program Monitor 的右下方，你会看到 Select Playback Resolution（选择播放分辨率）菜单，如图 6-5 所示。

图6-5

2. 在设置为半分辨率从之后，播放一下剪辑以查看它的质量状况。

3. 将分辨率更改为全分辨率，再次播放并与上次播放效果进行比较，很可能看起来一样。

4. 将分辨率降低到 1/4。现在播放将会看到一个不同效果。注意当暂停播放时，图像变得锐利，这是因为暂停的分辨率与播放分辨率是不相关的（更多内容，请参考下一章）。

5. 将播放分辨率降低到 1/8 时播放该剪辑，你会发现此操作无法实现！Premiere Pro 对每类媒体都作了评估，如果降低分辨率带来的好处少于降低分辨率进行的工作，那么就不允许这样做，如图 6-6 所示。

图6-6

Pr | 注意：播放分辨率的控制在 Source Monitor 和 Program Monitor 上是一样的。

6.3.2 暂停分辨率

你也可以通过 Source 和 Program Monitors 上的面板菜单或者 Setting 菜单更改播放的分辨率。

如果你在其他监视器查看 Setting 菜单，你将会看到与播放分辨率相关的第二个选项：暂停分辨率（Paused Resolution），如图 6-7 所示。

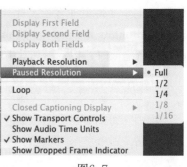

该菜单的工作方式与播放分辨率相同，但是你可能已经猜到了，仅仅在视频处于暂停状态时你才能看到更改后的分辨率。

大部分编辑人员会将 Paused Resolution 设置为 Full(完全)。选择该选项时，你可以观看低分辨率的视频，但是当暂停时，Premiere Pro 将以全分辨率显示视频。也就是说，在进行特效处理时，你可以已全分辨率观看视频。

图6-7

如果你使用第三方特效，可能会发现这些特效无法像 Premiere Pro 那样充分利用系统硬件。结果就是当你更改特效设置时，可能需要较长的时间对图片进行更新。这时，可以通过降低暂停分辨率来提升速度。

6.4 使用标记

有时候，可能很难想起自己曾经在哪看到了某个非常有用的剪辑或者忘记了要对其进行处理。这时候，如果能够对剪辑添加注释或者旗形标志，会有用吗？

你需要使用标记功能，如图 6-8 所示。

6.4.1 什么是标记

标记能够让你找到剪辑和序列中特定的时间并对其添加注释。这些临时的（基于时间的）的标记能够极大地帮助你最剪辑进行组织并与同事分享自己的创作想法。

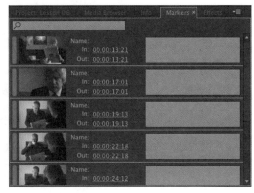

图6-8

你可以使用标记作为个人的参考，也可以将其用于团队协作。标记可以直接关联单独的剪辑或者一个序列。

当你对剪辑添加标记时，它将被包含到原始媒体文件的元数据中。这就意味着当你在另一个 Premiere Pro 项目中打开该剪辑时，将会看到同样的标记。

你可以把关联到剪辑或者序列的标记导出为 HTML 页面，通过表格编辑应用程序使用缩略图或 .CSV（逗号分隔值）文件增强可读性。

选择 File>Export>Markers 命令导出标记。

6.4.2 标记类型

可以使用的标记不只一种，如图 6-9 所示。

- 标记：通用标记，你可以分配名称、时长以及注释。

- 章节标记：这是一种特殊标记类型，在制作 DVD 或者蓝光光盘时，Adobe Encore 能够将其转换为常规的章节标记。

- 段标记：这是一种特殊标记类型，允许特定的视频服务器把内容分为多个部分。

- 网页链接：一种特殊的标记类型，支持例如 QuickTime 类型的视频格式，可以在视频播放时自动打开网页。当你要导出序列以创建受支持的格式时，网页链接标记将被包含到文件中。

- Flash 线索点：这是一种供 Adobe Flash 使用的标记。通过向 Premiere Pro 的 Timeline 上添加线索点，你可以在编辑序列的过程中进行 Flash 项目的准备工作。

1. 序列标记

下面，我们来添加一些标记。

1. 打开 Sequences bin 中的序列 Theft Unexpected 02。

大约在序列中的 17 秒钟处，HS Suit 镜头不是特别的好，摄像机有些抖动。我们将在此处添加一个标记作为后期替换的提醒标记。

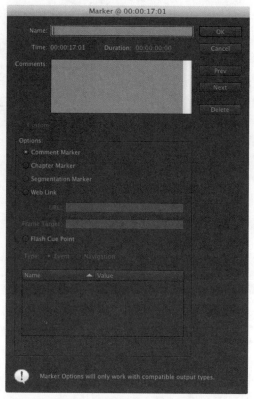

图6-9

2. 将 Timeline 播放头放置在大约 00:00:17:00 处，并且确保没有选择剪辑（单击 Timeline 面板的背景，可以取消剪辑的选择）。

3. 使用下面的一种方式添加标记：

· 点击 Timeline 左上侧的添加编辑按钮；

· 右击 Timeline 时间规则，选择添加标记；

· 按下 M 键。

Premiere Pro 添加一个绿色标记到 Timeline 上，刚好在播放头的上面。可以使用它作为一个简单的可视提醒或者进入设置更改它为不同类型的标记，如图 6-10 所示。

尽管可以一下子完成该操作，不过首先让我们看一下标记面板中的这个标记。

Pr | 注意：你可以为 Timeline、Source Monitor 或者 Program Monitor 添加时间规则标记。

4. 打开标记面板，默认情况下，标记面板会被归组到 Project 面板中。如果你看不到该面板，可以进入 Window 菜单并选择 Markers。

Markers 面板中提供了一个按时间顺序显示的标记列表，序列表记和剪辑标记将显示在同一个面板中，这决定于 Timeline 面板或者 Source Monitor 面板是否处于活动状态，如图 6-11 所示。

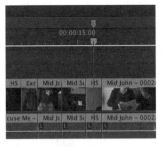

图6-10   图6-11

5. 双击 Markers 面板中的标记缩览图。这将显示 Marker 对话框，如图 6-12 所示。

6. 单击 Duration（时长）并输入 400。为避免歧义请按下 Enter 或者 Return 键，或者关闭面板。Premiere Pro 将会自动添加标点，将其变为 00:00:04:00（4 秒钟）。

7. 在 Comments（注释）字段框内单击并输入注释，例如 Replace this shot。然后单击 OK 按钮。

注意标记现在 Timeline 上会有一个时长，如果你放大查看，会看到你所添加的注释。它也会显示在 Markers 面板中，如图 6-13 所示。

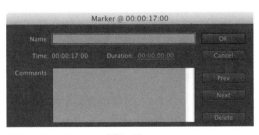

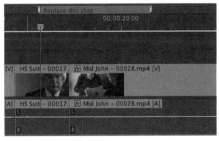

图6-12   图6-13

> **Pr** | 提示：要使当前的 Timeline 标记显示在 Markers 面板中，你可能需要先单击 Timeline 面板使其处于活动状态。

8. 单击 Marker 菜单，在 Premiere Pro 接口的上面，查看选项。

注意 Marker 菜单底部的选项：Ripple Sequence Markers。当这个选项选中后，在你使用插入或者扩展添加或者删除剪辑时，你添加到序列中的标记将与剪辑同步移动。这些种类的编辑改变了序列的时长。Ripple Sequence Markers 选项禁用后，在你移动剪辑时，标记仍然呆在原来位置。

> **Pr** | 提示：注意在 Marker 菜单中，所有实体都有键盘快捷键。使用键盘处理标记通常比使用鼠标要快。

2. 剪辑标记

我们来看一下剪辑上的标记。

1. 在 Source Monitor 中打开位于 Further Media bin 中的剪辑 Seattle_Skyline.mov。

> **Pr** | 提示：通过右键单击 Source Monitor、Program Monitor 或者 Timeline TimeRuler，可以得到同样的选项删除所有标记——或者当前标记，然后选择 Clear All Markers。

2. 播放该剪辑，在播放过程中，按 M 键若干次添加标记。

3. 查看 Markers 面板。你添加的每一个标记都被列在其中。当具有标记的剪辑被添加到序列中，将会保留上面的标记。

4. 通过单击确保 Source Monitor 处于活动状态。进入 Marker 菜单并选择 Clear All Markers（清除全部标记）。

Premiere Pro 将删除 Source 面板中的剪辑的所有标记，如图 6-14 所示。

| Clear Selected Marker | ⌥M |
| Clear All Markers | ⌥⌘M |

图6-14

在你添加标记之前，可以通过选中它，添加标记到序列的剪辑中。添加到已经序列中编辑的剪辑的标记，仍将在你观看剪辑时出现在 Source Monitor 中。

> **Pr** | 注意：使用鼠标或者键盘快捷键都可以添加标记。如果使用快捷键 M 键，它将比较容易添加匹配音乐节拍的标记，这是因为你可以在播放时添加它们。

3. 交互式标记

添加交互式标记与添加常规标记一样简单。

1. 将播放头放置在 Timeline 中你想要添加标记的位置，单击 Add Marker 按钮或者按 M 键。Premiere Pro 会添加一个常规标记。

2. 在 Timeline 或者 Markers 面板中双击你已经添加的标记。

3. 将标记类型更改为 Flash Cue Point 并单击 Marker 面板底部的 + 按钮，添加你想要的名称和数值细节。

> **Pr** | 提示：你可以使用标记快速在剪辑和序列中进行导航操作。如果双击某个标记，你将会访问该标记的选项。如果单击，Premiere Pro 会将播放头移到该标记的位置上——这是一种快速定位播放位置的方法。

6.4.3　自动编辑标记

在前面的小节中，你已经学习了如何将剪辑从 bin 中自动编辑到序列中。在那个工作路中，其中的一个选项是自动将剪辑添加到具有标记的序列中。让我们来看一下。

1. 打开 Sequences bin 中的序列 Desert Montage。

这是你先前已经处理过的一个序列，音乐已经位于 Timeline 上了，但是还没有添加剪辑。

使用Adobe Prelude添加标记

Adobe Prelude是包含在Creative Suite Production Premium中的一个日志记录和摄取应用程序。Prelude针对数量巨大的素材的管理提供了非常强大的工具，可以向序列中添加标记并与Premiere Pro完全兼容。

标记以元数据的形式被添加到剪辑中，与你在Premiere Pro中添加的标记一样，它们将与媒体一同转移到其他的应用程序中。

如果你使用Adobe Prelude向素材中添加标记，在查看剪辑时，这些标记将会总动出现在Premiere Pro中。事实上，你甚至可以将剪辑从Adobe Prelude复制并粘贴到Premiere Pro项目中，其中的标记也会一同自动被转移。

2. 将 Timeline 播放头设置在起点处并播放序列，然后按 M 键添加初始标记。

3. 播放序列一段时间，当序列播放时在音乐节拍处按 M 键，你将在两秒处添加标记。

4. 将 Timeline 播放头设置在序列的起点。然后打开 Desert Footage bin 并按下 Control+A 组合键（Windows）或 Command+A 组合键（Mac OS）选择所有剪辑。

5. 单击位于 bin 底部的 Automate To Sequence 按钮。选择与本示例中相一致的设置，并单击 OK 按钮，如图 6-15 所示。

图6-15

剪辑将会被添加到序列中，每个剪辑的第一帧将从播放头的位置开始与一个标记对齐。

如果有想要与图片合成在一起的音乐或者声音效果，这种方法能够快速创建蒙太奇镜头效果。

6.5 使用 Sync Lock（同步锁定）和 Track Lock（轨道锁定）

要锁定 Timeline 上的轨道，存在两种非常不同的方式。

- 你可以同步锁定剪辑，这样当使用插入编辑方法添加剪辑时，其他的剪辑都将在时间上保持在一起。
- 你可以锁定轨道以使其无法被更改，如图 6-16 所示。

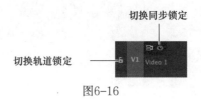

图6-16

6.5.1 使用同步锁定

同步不仅仅意味着速度上的同步，也可以将同步看成是两件事情在同一时间发生。素材中可能既有音乐，又有某些高潮动作，或者用于识别说话者的位于底部的字幕。如果这些在同一时间发生，也可以说成是同步。

打开 Sequences bin 中的原始 Theft Unexpected 序列。

现在，John 出现，但是我们不知道他在看什么。在这个序列中，我们将多加上 Suit 安静地坐下。

1. 在 Source Monitor 中，从 Theft Unexpected bin 中，双击打开镜头 Mid Suit。在大约 01:15:35:18 添加 In 点，再在大约 01:15:35:18 添加一个 Out 点。

2. 定位到每个序列的开始处的 Timeline 播放头，确保那里的 Timeline 上没有 In 或者 Out 标记。

> **Pr** | 提示：你可以按下 Home 键（Windows）或者 Fn+ 左方向键（Mac OS）移动播放头到序列的结束处。

3. 关闭 Video 2 的 Sync Lock 选项并关闭轨道。检查一下 Timeline 配置，使其与下面的示例中一致，Source V1 轨道接在 Timeline V1 轨道上。虽然 Timeline 轨道头部按钮还不重要，但是有一个正确的源轨道按钮是必须的，如图 6-17 所示。

4. 注意 Video 2 轨道上的被裁切的 Mid Suit 剪辑，它刚好位于 Vide 1 上剪辑 Mid John 和 HS Suit 裁切部分的上面。将源剪辑插入到序列中并再次查看一下 Mid Suit 裁切剪辑的位置。

Mid Suit 裁切剪辑仍在原来的位置，然而其他剪辑都向右移动到适应新剪辑的位置。由于裁切偏离了剪辑相关的位置，所以这会有一个问题。

5. 按 Control + Z 组合键（Windows）或者 Command + Z 组合键（Mac OS）撤消操作，我们再来尝试一下 Sync Lock 开启时的情况。

6. 开启轨道 Video 2 的 Sync Lock，并再次执行插入编辑。

图6-17

这一次，裁切的剪辑与其他剪辑一同在 Timeline 上移动，尽管我们没有对 Video 2 轨道执行任何编辑。这就是同步锁定的力量——它们能够使素材保持同步！

> **Pr** 注意：要查看序列中的其他剪辑，可能需要执行缩放操作。注意：覆写编辑不会更改序列的时长，因此不会受到 Sync Lock 的影响。

6.5.2　使用轨道锁定

轨道锁定能够防止你对轨道进行更改。在想避免对序列进行任何种类的偶然更改或者工作时想固定某个轨道时，这是一种非常好的方法。

例如，在插入不同的视频剪辑时，你可以锁定音乐轨道。锁定音乐轨道之后，编辑时你不会有任何顾虑，因为它不会被进行任何更改。

单击 Toggle Track Lock 按钮可以锁定或者解除对轨道的锁定。在轨道锁定上的剪辑被对角线高亮显示，如图 6-18 所示。

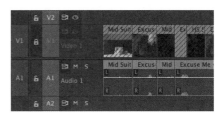

图6-18

6.6　发现 Timeline 中的间隙

到目前为止，你已经向序列中添加了一些剪辑，从某些方面讲，非线性编辑的强大之处就在于你可以移动剪辑并且删除那些不想要的部分。

在移除剪辑或者剪辑部分时，可能需要在执行抽出编辑时空出间隙或者执行提取编辑时不空出间隙。

当缩小一个合成序列时，执行编辑后很难看到留下的间隙，在序列中选择 Sequence>Go To Gap >Next 命令可以自动定位到下一个间隙，如图 6-19 所示。

一旦发现间隙，你可以通过选择它并按下 Delete 键移除。

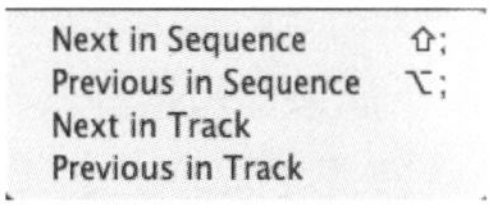

让我们再来学习一些与如何在 Timeline 上使用剪辑相关的知识。我们将继续使用序列 Theft Unexpected。

Next in Sequence	⇧;
Previous in Sequence	⌥;
Next in Track	
Previous in Track	

图6-19

6.7 选择剪辑

在使用 Premiere Pro 时，进行选择是一项重要的工作内容。根据你选择的面板，可以使用一些不同的菜单。你可能想先仔细在序列中选择一些剪辑，然后再对其进行应用并进行更改。

当使用具有视频和音频的剪辑时，对于每个剪辑，会有两个或者两个以上的片段。你将有一个视频片段以及至少一个音频片段。

当视频和音频剪辑片段由同一个原始摄像机录制时，它们会自动链接在一起。单击一个，其他片段会自动被选择。

通过点击 Timeline 面板左上方的 Linked Selection 按钮![Linked]，切换剪辑之间的链接是打开还是关闭。当 Linked Selection 处于打开状态时，序列中的视频和音频剪辑，在你单击它们时会自动关联到一起。当 Linked Selection 处于关闭状态时，点击剪辑的视频或音频时，只能选择其中的一部分。

当在 Timeline 上选择剪辑时，可以考虑以下两种方法。

· 使用 In 点和 Out 点在时间上进行选择。

· 通过选择剪辑片段进行选择。

6.7.1 选择单个剪辑或者一定范围的剪辑

要选择序列中的某个剪辑，最简单的方法就是直接单击。注意不要进行双击操作，因为这将在 Source Monitor 中打开该剪辑以便你可以调整其中的 In 点和 Out 点。

当进行选择时，你可能想使用默认的 Timeline 工具——Selection 工具（![icon]）。这个工具的键盘快捷键为 V 键。

在单击时，如果按住 Shift 键，你可以进行选择更多的剪辑，或者取消对剪辑的选择。

你也可以通过套索方式选择多个剪辑。首先单击 Timeline上的某个空白区域，然后拖动鼠标创建一个选择框。任何位于选择框中的剪辑都将被选择，如图 6-20 所示。

图6-20

6.7.2 选择一个轨道上的所有剪辑

如果你想选择某个轨道上的全部剪辑，存在两个专门针对此种操作的工具：Track Select Forward（轨道选择向前）工具（![icon]），它的键盘快捷键为 A 键；Track Select Backward 工具（![icon]），它的键盘快捷键是 Shift+A 组合键。

现在就来尝试一下，选择 Track Select Forward 工具并单击 Video 1 轨道上的任意剪辑。

该轨道上的每一个剪辑，从你最先选择的直到序列末尾，都将处于被选择状态。如果你想在序列中添加空隙为更多的剪辑添加空间，这种方法就非常有用。你可以向右拖动所有选中的剪辑留出空隙。

尝试 Track Select Backward 工具。当你使用该工具选择一个剪辑时，点击剪辑之前的每一个剪辑都被选中。

在使用任一 Track Select 工具时，如果按住 Shift 键，你将选中该轨道上的所有剪辑。

完成之后，通过点击 Tools 面板或者按下 V 键，切换到 Selection 工具。

6.7.3 仅选择音频或者视频

很多时候，你向序列中添加一个剪辑之后意识到并不需要剪辑中的音频或者视频部分。如果要删除其中的一个，存在一种非常简单的方法来进行正确的选择：如果 Linked Selection 处于打开状态，你可以临时关闭它。

使用 Selection 工具，按住 Alt 键（Windows）或者 Option 键（Mac OS）时，尝试单击某些剪辑片段。当使用 Alt 键（Windows）或者 Option 键（Mac OS）时，剪辑中视频和音频部分的链接将被忽略，你可以使用套索方法进行选择。

> **Pr** | **提示**：如果你在拖动序列剪辑时按下了 Alt 键（Windows）或者 Option 键（Mac OS），那么你将创建该剪辑的一个副本。

6.7.4 拆分剪辑

还有很多时候，你在添加完一个剪辑之后意识到需要将剪辑分成两个部分。也许你只需要剪辑的某个部分或者要将剪辑的某个部分裁切掉，或者你想将剪辑的开头和末尾分开以便为新剪辑腾出空间。

你可以使用以下几种方法拆分剪辑。

- 使用 Razor（剃刀）工具（▧）。键盘快捷键为 C 键。如果在单击 Razor 工具时按住 Shift 键，可以为每一个轨道上的剪辑添加编辑。

- 确保选中了 Timeline 面板，进入 Sequences（序列）菜单并选择 Add Edit（添加编辑）命令。Premiere Pro 这将会在任意开启的轨道上的剪辑播放头位置添加一个编辑。如果你已经选择了剪辑，Premiere Pro 只添加编辑到选中的剪辑上。

- 如果你选择 Add Edit to All Tracks（对所有轨道添加编辑）命令，Premiere Pro 将对所有轨道上的剪辑添加编辑，无论轨道是否处于开启状态。

- 使用 Add Edit 的键盘快捷键。按 Control+K 组合键（Windows）或者 Command+K 组合键（Mac OS）对所选择的轨道添加编辑，或者按 Shift+Control+K 组合键（Windows）或者 Shift+Command+K 组合键（Mac OS）对所有轨道添加编辑，不管有没有选中剪辑。

原来连续的剪辑将无缝播放，除非你移除它们或者单独调整为不同的分块。

如果单击了 Timeline 的 Settings 按钮（ ），你可以选择 Show Through Edits 查看这种编辑上的特殊图标。你可以通过右键单击编辑选择 Join Through Edits 重新聚合具有 Through Edit 图标的剪辑，如图 6-21 所示。

你也可以单击 Through Edit 图标并按下 Delete 键重新聚合一个剪辑的两部分。

现在就使用该序列尝试一下，但是需要确保执行撤消操作以便将新添加的剪辑片段删除。

图6-21

6.7.5 链接和取消链接剪辑

可以轻松将彼此连接的视频和音频片段之间的链接关闭和开启。只需先选择想要更改的某个或者某些剪辑，然后右键单击其中一个，选择 Unlink（取消链接）。你也可以使用 Clip 菜单完成此项操作。

你可以通过再次选择剪辑和它的音频将二者连接起来，右键单击其中的片段，选择 Link（链接）即可。链接或者取消剪辑的链接不会造成任何损害——不会改变 Premiere Pro 播放剪辑的方式。它只会为你提供更多处理剪辑的灵活性。

如果 Timeline 面板的 Linked Selection 已打开，那么选择链接剪辑的一部分将选择其他的部分（参考上面内容），如图 6-22 所示。

图6-22

6.8 移动剪辑

在向序列中添加新剪辑时，插入编辑和覆写编辑使用的是两种完全不同的方法。插入编辑会将现有剪辑移动到其他的位置，而覆写编辑会直接替换现有剪辑。这两种处理剪辑的不同方法又引申出了其他技巧，你可以使用这些技巧在 Timeline 上移动或者删除剪辑。

使用 Insert 模式移动剪辑时，需要确保已经开启了轨道的同步锁定功能，这样能够避免可能出现的任何对同步效果的破坏。

现在，我们来尝试一下这些技巧。

6.8.1 拖动剪辑

在 Timeline 面板的左上部，你会看到 Snap 按钮（ ）。当该按钮处于开启状态时，剪辑片段的边缘将自动彼此对齐。这看上去很简单却非常有用，它能够帮助你精确地将剪辑片段放到正确的位置上。

1. 单击 Timeline 上的最后一个剪辑 HS Suit，将其稍稍向右进行拖放。由于该剪辑后面没有其他剪辑，如果只是在它的前面创建一个间隙，不会对其他剪辑产生影响，如图 6-23 所示。

2. 将剪辑向后拖放到它的原始位置。当 Snap 按钮开启时，如果慢慢移动剪辑，你会发现剪辑片段轻轻跳到它的位置上，这说明它被放置在了正确的位置上。当这发生时，你可以确信它有一个好的位置。注意该剪辑也快照了 Video 2 的切出镜头的尾部。

3. 将剪辑向左拖动使其位于 Timeline 上更早的位置。慢慢拖动剪辑，直到它与前面剪辑的开端对齐。当你释放鼠标按钮时，该剪辑会替换掉先前的剪辑。

拖放剪辑时，默认的模式为 Overwrite，如图 6-24 所示。

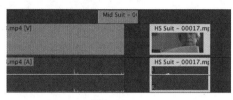 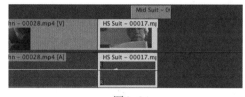

图6-23   图6-24

4. 执行撤消操作，以将剪辑重新保存到它的原始位置。

6.8.2 推动剪辑

很多编辑人员喜欢尽可能地使用快捷键，减少使用鼠标的次数。采用快捷键工作通常会比较快。

通过结合修饰键使用方向键，及时向左向右推动选中的条目，或者在轨道间使用上下方向键，移动剪辑段到序列内，非常普遍。

剪辑推动快捷键

这里有一些推动剪辑的键盘快捷键。

- 向左推动剪辑 1 帧（按下 Shift 键 5 帧）：Alt+ 左方向键（Windows）或者 Command+ 左方向键（Mac OS）。
- 向右推动剪辑 1 帧（按下 Shift 键 5 帧）：Alt+ 右方向键（Windows）或者 Command+ 右方向键（Mac OS）。
- 向上推动剪辑：Alt+ 上方向键（Windows）或者 Command+ 上方向键（Mac OS）。
- 向下推动剪辑：Alt+ 下方向键（Windows）或者 Command+ 下方向键（Mac OS）。

由于视频和音频轨道之间的分隔符阻止移动，所以不能在 V1 和 A1 中上下推动已链接的视频和音频剪辑，除非分开它们，或者取消链接。

Premiere Pro 包含了很多键盘快捷键选项，有一些是可用的，不过还没有指定键。你可以定义它们，优先使用适合你工作流的可用键。

6.8.3 新安排序列中的剪辑

当你在 Timeline 上拖动剪辑时，如果按住 Control 键（Windows）或者 Command 键（Mac OS），Premiere Pro 将会使用 Insert 模式替换 Overwrite 模式。

在 HS Suit 镜头大约 00:00:20:00 处，如果它在上一镜头之前出现，那么会运行得很好——它可能帮助我们隐藏 John 两个镜头之间的差的连续性。

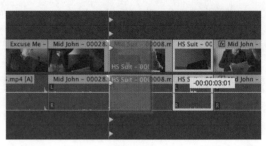

图6-25

1. 拖放 HS Suit 剪辑到它上一剪辑的左侧。HS Suit 剪辑的左边缘应对齐到 Mid Suit 剪辑的左边缘。一旦你开始了拖动，按下 Control 键（Windows）或者 Command 键（Mac OS），放下剪辑后释放按下的键，如图 6-25 所示。

> **Pr** | 提示：你可以放大 Timeline，以便更清楚地查看剪辑，并使对剪辑的移动变得更加轻松。

> **Pr** | 提示：当将剪辑拖放到位时，需要注意剪辑的末端应该与拖动之前一样边缘对齐。

2. 播放结果。虽然创建了你想要的编辑，但是它在 HS Suit 剪辑原来所在的位置植入了间隙，如图 6-26 所示。

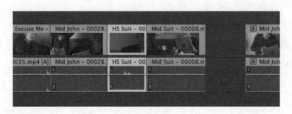

图6-26

让我们用其他的修饰键再试一次。

3. 取消撤回到剪辑原来的位置。

4. 按住 Control+Alt 组合键（Windows）或 Command+Option 组合键（Mac OS），再次拖放 HS Suit 剪辑到上一剪辑的开始处，如图 6-27 所示。

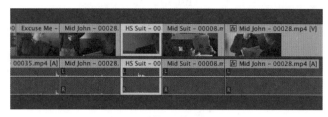

图6-27

这次，序列中没有留下间隙。播放整个编辑查看结果。

6.8.4　使用剪辑板

你可以在 Timeline 上对剪辑进行复制和粘贴操作，这与在文字处理器上复制和粘贴文本相同。

1. 选择你想要复制的任意一个剪辑片段（或者几个片段），然后按 Control+ C 组合键（Windows）或者 Command＋C 组合键（Mac OS）将它们添加到剪辑板中。

2. 将播放头放置在要粘贴剪辑的位置，按 Control +V 组合键（Windows）或者 Command + V 组合键（Mac OS）。

Premiere Pro 将根据你启用的轨道将剪辑的副本添加到序列中。启用的轨道中最低的轨道将接收单个或者多个剪辑。

6.9　抽取和删除片段

现在，你已经了解了如何在序列中添加和移动剪辑，你还需要学习如何删除剪辑。这次仍然需要在 Insert 或者 Overwrite 模式下执行该操作。

要选择想删除的序列部分，存在两种方法。你可以使用 In 点和 Out 点并结合轨道的选择来执行此操作，或者选择剪辑片段。如果你使用 In 和 Out 点，选择剪辑重写选择的轨道，那么如果做了仔细剪辑选择，你就可以忽略轨道的选择。

尽管还要花费一些时间处理选择，但是选择剪辑会比选择轨道快。

6.9.1　提升

打开 Sequences bin 中的序列 Theft Unexpected 03。这个序列中有一些不需要的多余的剪辑。它们有不同的标签颜色便于区分。提升编辑将删除所选择的序列部分并留下一个空白位置。这种编辑类型与覆写编辑类似，只是它是反向的操作而已。

你需要在 Timeline 上设置 In 点和 Out 点以选择想要删除的部分。要执行这种操作，可以对播放头进行定位并按 I 或者 O 键，也可以使用键盘快捷键。

1. 将播放头放置在第一个附加剪辑 Excuse Me Tilted 的上方。

2. 确保 Video 1 轨道的标头处于开启状态，按 X 键。

Premiere Pro 将会自动添加与剪辑开头和结尾相匹配的 In 点和 Out 点。你将看到所选择的序列部分被高亮显示。

选择了相应的轨道之后，不需要进行任何其他操作就可以直接进行提升编辑了。事实上，因为你选择的是一个剪辑，轨道选择就不会有影响。你将执行的编辑将应用到选中的剪辑。

3. 单击位于 Program Monitor 底部的 Lift（提升）按钮（ ），或者按 ; 键，如图 6-28 所示。

图6-28

Premiere Pro 将会删除你选择的序列部分并留下一个间隙。有些时候这并无大碍，但是在这里我们不想存在间隙。你可以在间隙内部右键单击并选择 Ripple Delete（波形删除），但是在这里尝试使用 Extract（抽取）编辑方法。

6.9.2 抽取

抽取编辑将会删除所选择的序列部分，但是不会留下间隙。它与插入编辑类似，只不过是反向的操作而已。

1. 撤销上一个编辑。

2. 单击位于 Program Monitor 底部的 Extract 按钮（ ），或者按 '（单引号）键。

这一次，Premiere Pro 将会删除所选择序列部分并且不会留下任何间隙。

6.9.3 删除和波形删除

要通过选择片段来删除序列，存在两种方式：Delete（删除）和 Ripple Delete（波形删除）。

选择第二个不要的剪辑 Cutaways，并尝试这两个选项。

- 按下 Delete 键移除选中的单个或者多个剪辑并留下一个间隙。这与提升编辑类似。

- 按 Shift +Delete 组合键删除所选择的单个或者多个剪辑而不留下任何间隙。这与提取编辑类似。如果你使用的是没有专用 Delete 键的 Mac 键盘，可以通过 Function 键将 Backspace 键转换为 Delete 键。

因为你使用了 In 和 Out 点选择整个剪辑，所以结果与使用 In 和 Out 点比较相像。可以使用 In 和 Out 点选择剪辑的任一部分，而选择剪辑段后，按下 Delete 键会删除整个剪辑。

6.9.4 禁用剪辑

正如可以开启或者关闭轨道输出一样，你也可以对剪辑执行开启或者关闭操作。被禁用的剪辑仍然存在于序列中，但是它们不能被看见或者听到。

在处理复杂的多层序列时，如果你想看到背景图层，那么使用这个功能有选择地隐藏某一部分非常有用。

尝试在 Video 2 轨道上的 Cutaway 镜头上执行这种操作。

1. 在 Video 2 轨道上右键单击剪辑 Mid Suit，选择 Enable（启用），如图 6-29 所示。

图6-29

这将取消对 Enable 选项的选择并使剪辑处于禁用状态。播放该序列部分，你将注意到该剪辑仍然存在但是却无法再看到它。

2. 再次右键单击剪辑，选择 Enable。这将再次启用该剪辑。

复习题

1. 把剪辑拖入 Program Monitor 时，应该使用什么修饰键（Control/Command、Shift 或者 Alt）来执行插入编辑（而不是覆写编辑）？

2. 如何只将剪辑的视频或者音频部分拖放到序列中？

3. 如何在 Source Monitor 或者 Program Monitor 中降低播放分辨率？

4. 如何对剪辑或者序列添加标记？

5. 抽取编辑和提升编辑之间的区别是什么？

6. Delete 和 Ripple Delete 功能之间的区别是什么？

复习题答案

1. 要执行插入编辑而不是覆写编辑，可以在将剪辑拖动到 Program Monitor 时按住 Control 键（Windows）或者 Command 键（Mac OS）。

2. 不能在 Source Monitor 中选择图片，而应该拖放电影胶片图标或者音频波形图标，以仅选择剪辑中的视频或者音频部分。

3. 可以使用位于监视器底部的 Select Playback Resolution 菜单更改播放分辨率。

4. 要添加标记，可以单击监视器底部或者 Timeline 上的 Add Marker 按钮，也可以按 M 键或者使用 Marker 菜单进行添加。

5. 当使用 In 点和 Out 点抽取序列中的某个部分时，不会留下任何间隙。当使用提升方法时，会留下一个间隙。

6. 当删除剪辑时，会留下一个间隙，而在使用波形剪辑方法时不会留下任何间隙。

第 7 课 添加切换

课程概述

在本课中，你将学习以下内容：

- 理解切换；
- 理解编辑点和手柄；
- 添加视频切换；
- 修改切换；
- 微调切换；
- 同时对多个剪辑应用切换；
- 使用音频切换。

 本课的学习大约需要 60 分钟。

切换功能可以帮助你在两个视频或者音频剪辑之间创建无缝的切换效果。视频切换通常意味着时间上或者空间上的切换。而音频切换有助于避免那些会使听众感觉受到惊吓的唐突的编辑。

7.1 开始

在本课中，你将学习如何在视频和音频剪辑之间使用切换。在进行视频编辑时，由于切换能够使整个项目获得更加流畅的效果，因此经常被用到。你将学习有选择地执行切换效果的最佳实践。

在本课中，我们将使用一个新的项目文件。

1. 启动 Adobe Premiere Pro CC，并打开项目 Lesson 07.prproj。

序列 01 Transition 应该已经处于打开的状态了。

2. 选择 Window>Workspace>Effects 命令。

这会将工作区更改为创建预设模式，这样能够使处理切换和特效变得更加容易。

3. 如果需要，单击 Effects 面板将其激活。

7.2 什么是切换

Adobe Premiere Pro 提供了几种特效和动画，以便帮助你将 Timeline 上相邻的剪辑连接起来。诸如溶解、卷页和旋转屏幕之类的切换，能够使观众自然地从一个场景过渡到下一个场景中。有时，还可以通过切换吸引观众的注意力以便让他们注意到故事中跳跃性的情节，如图 7-1 所示。

在项目中加入切换特效是需要技巧的。应用这种特效很容易，只要拖放即可。加入切换特效的技巧包括何时加入、长度、参数，如色框、动作以及特效的开始和结束位置。

大多数切换特效在 Effect Controls 面板中实现。除了每种切换特效独特的各种选项外，该面板还显示 A/B 时间线。这种功能使以下操作变得更容易：相对于编辑点移动切换特效、改变切换长度和将特效应用到没有足够头尾帧的剪辑（重叠额外的内容）。还可以向一组剪辑应用切换，如图 7-2 所示。

图7-1

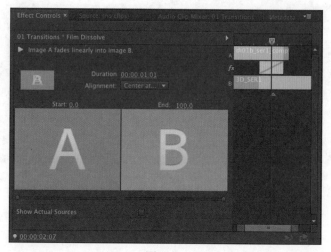

图7-2

7.2.1 何时使用切换

当需要删除观看使序列显得突兀的干扰编辑时，使用切换是最有效的。例如，在某个视频中，你可能需要将场景从室内切换到室外，或者在时间上向前跳跃几个小时。动画的切换或者溶解能够帮助观众理解时间的流逝或者地点上显著的变化。

切换现在已经变成视频编辑中标准叙事方法的一部分。很多年来，观众已经习惯了观看以标准方式应用的切换效果，例如视频中一个场景到另一个场景的转换或者场景末尾的消退变暗效果。使用切换的关键因素是要有节制。

7.2.2 切换最佳实践

很多用户经常会过度地使用切换。一些人甚至将切换作为视频的核心并且认为切换能增加视觉上的兴趣点。当发现 Premiere Pro 提供的切换特效具有如此之多的功能时，你可能会对每一个编辑都应用特效，强烈建议你不要随意使用切换！

可以将切换比喻成调味品或者香料。在合适的时间少量地进行添加能够使食物更加美味。但是当添加过量时，它们就会将食物毁掉。强烈建议你有节制地使用切换。

在电视新闻节目中，大多只用硬切编辑。很少会看到切换特效。为什么？新闻节目中缺少切换特效的原因是它们会分散观众的注意力。如果电视新闻编辑用了某种切换特效，那一定是有特定的目的。编辑在新闻编辑机房中做的最多的工作就是消除不协调的地方，如严重的跳跃切换，并且使这些切换过程变得更平滑。

> **Pr** 注意：切换能够为项目添加乐趣，尽管如此，过度使用切换特效会使视频显得有些不专业。当选择某种切换时，需要确保这种切换对项目来说是有意义的，而不是只是为了炫耀你所知道的众多编辑技巧。可以观看一些你喜欢的电影和电视节目以了解专业人员是如何使用切换的。

这并不是说切换特效在仔细策划的故事中就没有用处了，像电影《星球大战》中就有很多独具风格的切换特效，如明显的慢划像。这些特效每个都有它们的目的。George Lucas 有意识地创作出对老电影和电视节目的怀旧效果。尤其是他们给观众发送了一个明确的信息："请注意！我们正在穿越时空。"

7.3 编辑点和手柄

要理解切换特效，需要理解的两个关键概念就是编辑点和手柄。编辑点就是 Timeline 上一个剪辑结束而另一个剪辑开始的位置上的点。由于 Premiere Pro 在剪辑的末尾和开始出都绘制了垂直的线（很像两块砖彼此相连的样子），因此你可以很容易地看到这些点。

手柄理解起来会更加复杂一些。在编辑的过程中，你会以那些不想在项目中使用的剪辑部分作为结束。你首次将剪辑编辑到 Timeline 中时，会设置 In 点和 Out 点以定义每一个剪辑。位于剪辑的 Media Start（媒体开端）时间和 In 点之间的手柄称为头（head）材料，而位于剪辑的 Out 点和 Media End（媒体末尾）时间之间的手柄称为尾（tail）材料。

如果你在剪辑的右上角或者左上角看到出现小三角形。这表示你已经到达了剪辑的末端，如图 7-3 所示。

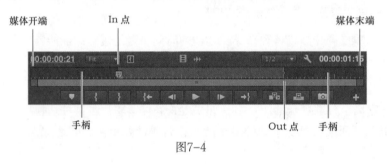

剪辑的开始和结尾之外没有任何其他帧。为了让切换特效更平滑，我们需要手柄，当剪辑具有手柄之后，其上角不再会显示出三角形。

图7-3

当应用切换时，会使用通常情况下不可见的剪辑中的某一部分。基本上来说，就是外向的剪辑与内向的剪辑交叠在一起以创建一个切换区域。例如，如果你在两个视频剪辑的中间应用一个两秒钟的 Cross Dissolve（交叉溶解）切换，需要在另个剪辑上具有一个两秒钟的手柄（还有一秒通常在 Timeline 面板中是不可见的），如图 7-4 所示。

媒体开端　　　In 点　　　　　　　　　　　　　　媒体末端

手柄　　　　　　　　　　　　　　　　Out 点　　手柄

图7-4

7.4　添加视频切换

Premiere Pro 中包含几种视频切换特效（以及三种音频切换特效）。你在 Premiere Pro 中看到两类视频切换特效。那些最普遍使用的切换特效位于 Video Transitions（视频切换）组内。这些特效根据各自的风格被组织在 7 个目录中。你还可以在 Effects 面板的 Video Effects（视频特效）组中看到更多的切换特效。它们可以应用到整个剪辑上，也可以用于显示素材（通常是位于开始帧和结束帧之间）。第二个目录可以很好地对文本和图形进行叠加处理。

> **Pr** **注意**：如果你需要更多的切换特效，可以访问 Adobe 网站 www.adobe.com/products/premiere/extend.html 并点击 Plug-in 标签。在这里为你提供了可以导出的第三方特效。

7.4.1　应用单面切换

最容易理解的切换是仅应用到单个剪辑上的切换。在序列的第一个剪辑上可以从黑暗中淡出或者溶解一个运动图像返回到屏幕原本状态。

我们现在就来尝试一下。

1. 使用已经打开的名为 01 Transitions 的序列。

该序列中有 4 个视频剪辑。这些剪辑中具有足够的可用于切换的手柄。

2. Effects 面板应该位于 Project 面板中。在 Effects 面板中，打开 Video Transitions> Dissolve bin，找到 Cross Dissolve 特效。

你可以使用位于面板上端的 Search 字段框通过输入名称来查找，也可以打开预设的文件夹。Film Dissolve 特效与普通的 Cross Dissolve 工作方式一样，只是不同的时长。

3. 将特效拖动到第一个视频剪辑的开始处。你可以针对第一个剪辑将特效设置为仅到 Start At Cut，如图 7-5 所示。

4. 拖放 Film Dissovle 特效到最后一个视频剪辑的末尾。

Dissovle 图标显示特效将在剪辑的末尾之前开始，在剪辑结尾结束，如图 7-6 所示。

图7-5

图7-6

由于你把 Film Dissovle 切换应用到了剪辑的结尾，那里没有内容剪辑，所以图片溶解到 Timeline 的背景中（它将是黑色的）。

Pr 注意：你可以将切换特效从一个序列部分复制到另一个序列部分中。只需使用鼠标选择切换并选择 Edit > Copy 命令，然后将播放头移动到另一个想要添加切换效果的编辑点上，并选择 Edit >Paste 命令即可。

因为切换没有超过剪辑的末尾，所以这种切换不会扩展剪辑（使用句柄）。

5. 回放序列几次以回顾切换特效。

你将在序列的开始处看到一个从黑色淡出的效果，然后在序列的末尾看到淡出为黑色的效果。

7.4.2 在两个剪辑之间应用切换

让我们开始在两个剪辑之间应用切换特效。出于探索的目的，我们会打破固有规则并尝试几个不同的选项。

1. 继续使用前面的名为 01 Transitions 的序列。

要使你将要应用的切换更容易被看到，需要对 Timeline 执行放大操作。

2. 将播放头放置在 Timeline 上剪辑 1 和剪辑 2 之间的编辑点上，然后按等号（＝）标志 3 次放大以近距离观察。

3. 将 Dissolve 目录中的 Dip to White 切换特效拖放到剪辑 1 和剪辑 2 之间的编辑点上，如图 7-7 所示。

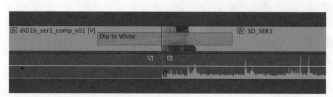

图7-7

4. 接下来，将 Slide 目录中的 Push 切换特效拖放到剪辑 2 和剪辑 3 之间的编辑点上，如图 7-8 所示。

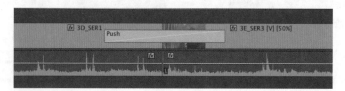

图7-8

5. 点击 Timeline 上的 Push 切换特效，在 Effect Controls 面板中，将剪辑的方向从西改为东，如图 7-9 所示。

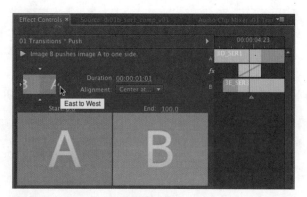

图7-9

6. 将 3D Motion 目录中的 Flip Over 切换特效拖放到剪辑 3 和剪辑 4 之间的编辑点上。

7. 从头到尾播放序列以查看效果。

看过序列之后，你便会明白为什么我们建议有节制地使用特效了。

让我们来替换一个已经存在的特效。

注意：当你将一个新的视频或者音频切换特效从 Effects 面板中拖动到一个已经存在的切换特效上时，它将替换已经存在的特效。它仍将保留上一个切换的对齐方式和时长。使用这种方式，可以轻松交换切换特效以进行尝试。

8. 将 Slide 目录中的 Split 切换特效拖放到剪辑 2 和剪辑 3 之间已经存在的特效上。新的切换替换了老的。

9. 选择 Timeline 上的 Split 切换，在 Effects Controls 面板中，将 Border Width（边框宽度）设置为 7，Anti-aliasing Quality（消除锯齿品质）设置为 Medium（中等），以创建一个与 Wipe 边缘在一起的较窄的黑色边框，如图 7-10 所示。

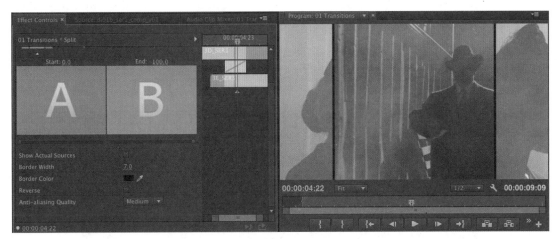

图7-10

在制作线条动画时，消除锯齿方法能够减少潜在的闪烁现象。

10. 观察播放的序列以查看切换特效的改变。

切换有一个默认时长，用于测量帧，不是以秒为单位。也就是说序列的帧速率将改变播放切换占用的时间。可以对默认的设置进行更改以使其与Preferences 的 General 选项卡中的序列设置相匹配。

11. 选择 Edit > Preferences >General 命令（Windows）或者 Premiere Pro> Preferences > General 命令（Mac OS），如图 7-11 所示。

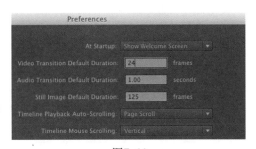

图7-11

12. 这是一个每秒 24 帧的序列，请在 Video Transition Default Duration（视频切换默认时长）框中输入 24 并单击 OK 按钮。因为它将匹配序列的帧速率，所以默认的时长是 1 秒。

已经应用的切换特效将与原来保持一致，但是任何在以后添加的切换都将具有新的时长。如果你使用的是 25 fps、30 fps 或者 60 fps 的序列设置，需要确保更新这个值以满足你的特别需要。需要记住的是由专业编辑人员创建的切换在时长上很少是全秒的。你将在本课的后面学习到更多有关自定义切换特效的知识。

7.4.3 同时对多个剪辑应用切换

到目前为止，我们向视频剪辑应用了切换特效。然而，你也可以向静态图像、图形、彩色蒙版以及音频应用切换特效，在接下来的章节中，我们将介绍这方面的内容。

编辑人员遇到的常见项目是照片合成。在两幅照片之间应用切换特效常常使这些照片合成效果看起来更好。向 100 幅图像一次应用一个切换不是一件轻松的工作，Premiere Pro 允许将默认切换（由你定义）添加到一组连续或者不连续的剪辑，从而简化该操作。

1. 在 Project 面板中，双击载入序列 02 Slideshow。

这个序列中有几个按顺序编辑的图像。

2. 按空格键播放 Timeline。

你将看到每个剪辑之间有一个硬切。

3. 按反斜杠键（\）缩小 Timeline 以显示整个序列。

4. 用 Selection 工具在所有剪辑周围绘制矩形框，以选择它们，如图 7-12 所示。

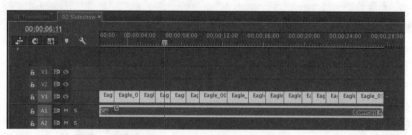

图7-12

> **Pr** **注意**：如果你使用的是具有音频和视频链接的剪辑，可以只选择视频或者音频部分。只需使用 Selection 工具，按下 Alt 键并拖动（Windows）或者按 Option 键并拖动（Mac OS）操作就可以只选择你想要处理的音频或者视频。然后选择 Sequences > Apply Default Transition to Selection 命令。该命令只适用于双面切换特效。

5. 在 Sequences 菜单中，选择 Apply Default Transition to Selection（向选区用默认切换特效）命令，如图 7-13 所示。

这将会在所有当前选择的剪辑之间应用默认的切换。标准切换一个持续一秒钟的 Cross Dissolve 特效。不过，你可以右键单击 Effects 面板中的特效，并选择 Set Selected as Default Transition 来更改默认选项。

图7-13

6. 播放 Timeline，注意 Cross Dissolve 切换在图像之间所产生的不同效果。

你也可以使用键盘复制已有的一个切换特效到多个编辑剪辑中。方法是，选择切换特效，按下 Control+C 组合键（Windows）或者 Command+C 组合键（Mac OS），然后在套索选择其他编辑剪辑时，按住 Control 键（Windows）或者 Command 键（Mac OS）。

当采用这种方式时，你选择的是编辑区域而不是剪辑。当编辑区域选中后，你可以按下 Control+C 组合键（Windows）或者 Command+C 组合键（Mac OS）粘贴特效到所有选中的区域。

这是在多个剪辑之间创建匹配切换特效的非常好的方法。

序列显示更改

向序列添加切换特效时，一条红色水平短线会显示在Timeline面板的上方。红色线指出序列的这部分必须经过渲染才能将它输出到磁带或创建最终的项目文件。

渲染是在导出项目时自动进行的，不过，你可以在任何时候选择只渲染序列一部分，使这部分序列在速度较慢的计算机上能比较流畅地显示。最简单的渲染方式是按下Enter键。也可以在选择的序列部分添加In和Out点，然后渲染——只有选中的部分才会渲染。当你有多个特效需要渲染，而现在只需要对其一部分渲染时，这种方法就非常有用。

Premiere Pro将为该段（在预览文件夹中是隐藏的）创建一个视频剪辑，并且把线改成红色、蓝色或者绿色。只要线是绿色的，回放就是平滑的，如图7-14所示。

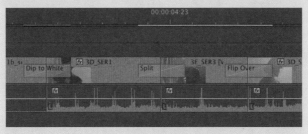

图7-14

要实现该操作，首先把查看区域条手柄拖动到红色渲染线的末端（它们会自动与这些点对齐）。你也可以使用 Sequences > Apply Video Transition（应用视频切换）命令或者 Sequences>Apply Audio Transition（应用音频切换）命令。按 Enter 键（Windows）或者 Return 键（Mac OS）开始渲染。

7.5 使用 A/B 模式微调切换

Effect Controls 面板的 A/B 编辑模式将单个视频轨道分割成两个子轨道。通常在单轨上是两个连续相邻的剪辑现在显示为独立子轨道上的单独剪辑，让我们可以选择在它们之间应用切换特效，处理它们的头、尾帧（或手柄），以及修改其他切换特效元素。

7.5.1 在 Effect Controls 面板内更改参数

所有 Premiere Pro 中的切换特效都可以进行自定义操作。有些特效具有很少的自定义属性（例如时长和起始点）。而其他的特效提供了更多与方向、色彩、边框等相关的选项。Effects Controls 面板的主要优势就是你可以看到从其中进出的素材。这使调整特效的位置或者设置裁剪源素材变得更加容易。

我们现在来修改一个切换特效。

1. 切换回到序列 01 Transitions。

2. 双击你在剪辑 1 和剪辑 2 之间添加的 Dip to White 切换。

这时将会打开已经载入了切换的 Effects Controls 面板。

3. 如果需要，选择 Show Actual Sources 选项以查看实际剪辑中的帧，如图 7-15 所示。

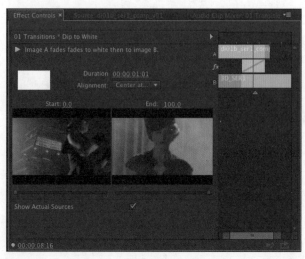

图7-15

现在，可以更容易判断你对切换的源剪辑所做的更改效果了。

注意：你可能需要扩展EffectsControls 面板的宽度，以使 Show/Hide TimelineView（显示 / 隐藏 Timeline 视图）按钮变得可见。同时 Effects Controls Timeline 可能也是可见的。在 EffectsControls 面板中单击 Show/Hide TimelineView 按钮可以将其开启或者关闭。

4. 在 Effect Controls 面板中，单击对齐菜单并将特效切换为 Start to Cut。

切换图标将显示一个新的位置。

5. 单击 Play the Transition（播放切换）按钮，以在面板中播放切换。

6. 单击时长字段框并为一个时长为 1.5 秒的特效输入 1:12。斜杆（通常称为斑马条纹）表明了冻结帧已经插入，如图 7-16 所示。

图7-16

播放了切换查看所做的变化。我们将对下一个特效进行自定义操作。

7. 单击 Timeline 上剪辑 2 和剪辑 3 之间的切换。

8. 在 Effects Controls 面板中，将指针悬浮在切换矩形中心的编辑线上。

这是两个剪辑之间的编辑点，出现的指针为 Rolling Edit（滚动编辑）工具。该工具可以让你改变特效的位置。

9. 将 Rolling Edit 工具向左右拖动，注意左边剪辑的正在改变的 Out 点与右边剪辑的正在更改的 In 点在 Program Monitor 面板中是如何显示的。 这也称为裁剪（trimming），你将在本书第 8 课中了解更多有关裁剪的内容，如图 7-17 和图 7-18 所示。

图7-17

10. 将指针略微向编辑线的左侧或者右侧移动，注意它将变为 Slide（滑动）工具，如图 7-19 所示。

图7-18

图7-19

使用 Slide 工具能够更改切换的起点和终点，同时不会改变切换的总长度。新的起点和终点将显示在 Program Monitor 中，但是与使用 Rolling Edit 工具不同，使用 Slide 工具移动切换矩形不会改变两个剪辑之间的编辑点。

11. 使用 Slide 工具将切换矩形向左右拖动。

7.5.2 头尾帧不足（或缺少）情况的处理

如果你尝试在一个没有足够帧作为手柄的剪辑上扩展切换特效，切换虽然会显示但是上面会出现对角线警告条。这意味着 Premiere Pro 正在使用冻结帧扩展剪辑的时长，而这通常是我们不想看到的情况。

你可以通过调整切换的时长和位置来解决这个问题。

1. 在 Project 面板中，双击序列 03 Handles。

2. 在序列中找到第一个编辑。

注意 Timeline 上的两个剪辑没有"头和尾"。因为剪辑的角上出现了小三角形图标，代表着剪辑的终点，如图 7-20 所示。

图7-20

3. 使用 Ripple Edit 工具（Tool 面板上），将第一个剪辑的右边缘向左拖动。拖动大约 1:10 以缩短第一个剪辑，然后释放，如图 7-21 所示。

编辑点后面的剪辑将会填充存在的间隙。注意，剪辑末尾的小三角形图标不再是可见的了。

4. 将 Film Dissolve 特效拖动到两个剪辑之间的编辑点上，如图 7-22 所示。

图7-21

图7-22

你可以只将切换拖动到编辑点的起始处，因为手柄的数量不足以在不使用冻结帧的情况下在剪辑中创建溶解特效。

5. 使用标准的 Selection 工具，单击切换已将其载入到 Effects Controls 面板中。你可能需要执行放大操作以便更容易地选择切换。

6. 将特效的时长设置为 1:12，如图 7-23 所示。

图7-23

7. 将切换的对齐方式改为 Center at Cut，如图 7-24 所示。

图7-24

在 Effects Controls 面板中，注意切换矩形上有平行的对角线，这表示缺少头帧。也就是你将看到特效部分的一个冻结帧。

8. 将播放头慢慢拖动穿过整个切换特效，并观看它的工作方式。

- 在切换的前半部分（编辑点的上方），剪辑 B 是一个冻结帧，而剪辑 A 继续播放。

- 在编辑点上，剪辑 A 和剪辑 B 开始播放。

- 编辑之后，使用了一个短的冻结帧。

9. 要解决这个问题，存在以下几种方法，如图 7-25 和图 7-26 所示。

- 你可以更改特效的时长或者对齐方式。

- 你可以使用 Rolling 编辑工具对重新定义切换的位置。

- 你可以使用 Ripple 编辑工具缩短剪辑。

 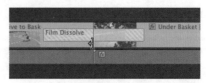

图7-25　　　　　　　　　　　　　　　　图7-26

Pr | **注意**：使用 Rolling Edit 工具可以进行左右移动，但是不会改变序列的整体长度。

你将在本书第八课中学习到更多关于 Ripple Edit 和 Rolling Edit 的内容。

7.6　添加音频切换

使用音频切换能够删除不想要的音频片段或者唐突的编辑部分，因而提高序列的音轨效果。在音频剪辑的末尾（或者音频剪辑之间）使用交叉消隐切换能够快速创建音淡入、淡出或者音频剪辑之间的变换效果。

7.6.1　创建交叉消隐

由于所有的音频都是不相同的，你可以选择 3 种类型的交叉消隐。要获得专业的音频合成效果，理解这些类型之间存在的细微差别是非常重要的，如图 7-27 所示。

- Constant Gain：正如其名称所示的那样，Constant Gain 通过在剪辑之间使用持续的音频增益（音量）来实现音频切换。一些人认为这种切换很有用，但是它会在外出的剪辑淡出和进来的剪辑淡入时创建出非常突然的音频切换效果。当你不想要在两个剪辑之间进行过多的混合而是要直接切换时，Constant Gain 是最佳选择，如图 7-28 所示。

图7-27

图7-28

- Constant Power：Premiere Pro 中默认使用的音频切换特效，它能够在两个音频剪辑之间创建出平滑渐变的切换效果。Constant Power 的工作方式与视频溶解类似。应用时，向外的视频会先慢慢淡出，然后越靠近剪辑的结尾，淡出的速度越快。而向内的剪辑的行为方式正好相反。内向剪辑在开始时声音活迅速增加，在切换的末尾会逐渐减速。当你想要混合多个剪辑时，交叉消隐在大部分情况下都是非常有用的，如图 7-29 所示。

- Exponential Fade：该特效与 Constant Power（交叉消隐）类似。Exponential Fade 能够在剪辑之间创建非常平滑的淡入淡出效果。它使用对数曲线淡出和淡入音频。这能够使各个音频剪辑自然地混合在一起。一些人更喜欢在执行单面滑动切换时使用 Exponential Fade 切换（例如节目的开始或者结尾处，剪辑从静音到引入声音），如图 7-30 所示。

图7-29

图7-30

7.6.2　应用音频切换

要对序列应用音频交叉消隐，存在几种方法。当然，你可以直接对切换进行拖放操作。但是可以使用一些能够加快操作过程的快捷方式。

音频切换有一个默认时长，以秒为单位计量。你可以通过选择 Edit>Preferences>General 命令（Windows）或者 Premiere Pro>Preferences>General 命令（Mac OS）更改这个默认时长。

我们来看一下 3 种音频切换可用的方法。

1. 双击载入序列 04 Audio。

该序列在 Timeline 上有几个不同的音频剪辑。

2. 在 Effects 面板的 Audio Transitionsbin 中，打开 Crossfade bin。

3. 将 Exponential Fade 切换拖动到第一个音频剪辑的起点。

4. 移动到序列的结尾。

5. 在 Timeline 上右键单击最终编辑点，并选择 Apply Default Transitions（应用默认切换），如图 7-31 所示。

Ripple Trim In
Ripple Trim Out
Roll Edit
Trim In
✓ Trim Out
Apply Default Transitions
Join Through Edits
图7–31

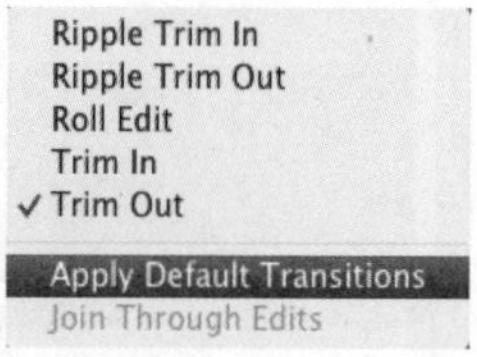

Premiere Pro 将添加一个新的视频和音频切换。要只添加音频切换，可以在执行右键单击时按住 Alt 键（Windows）或者 Option 键（Mac OS）。

Constant Power 切换将被添加到音频剪辑的末尾，进而在音频结束时创建平滑的混合效果。

6. 在 Timeline 中拖动切换的边缘可以改变它的长度。

现在拖动音频的长度使其更长，当播放 Timeline 时听听它的效果。

7. 要进一步美化项目，可以在序列的起点和末尾添加 Video Cross Dissolve 切换，方法是将播放头移动到起点附近并按下 Control+ D 组合键（Windows）或者 Command + D 组合键（Mac OS）添加默认的视频切换。

对剪辑的末尾重复相同的操作。这将在剪辑的开始和末尾创建淡入效果。现在，我们来添加一系列较短的音频溶解特效使背景声音变得更加平滑。

> Pr **提示**：要对所选音频轨道上播放头附近的编辑点添加默认的音频切换，键盘快捷键是 Shift+ Command 组合键（Mac OS）或者 Shift + Ctrl +D 组合键（Windows）。这是在音频轨道上添加淡入淡出的一个非常快速的方法。

8. 使用 Selection 工具，按住 Alt 键（Windows）或者 Option 键（Mac OS）并选择轨道 Audio 1 上的所有音频剪辑。Alt 键（Windows）或者 Option 键（Mac OS）允许你暂时断开音频剪辑和视频剪辑之间的链接以对切换进行隔离。在音频剪辑的下面拖动避免意外地选中视频轨道上的条目。

9. 选择 Sequences> Apply Default Transitions to Selection（对所选剪辑应用默认切换）命令，如图 7-32 所示。

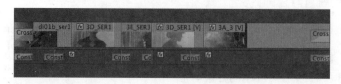

Cross
di01b_ser1
3D_SER1
3E_SER3
3D_SER1 [V]
3A_3 [V]
Cross
Const
Const
Const
Const
Const
图7–32

> Pr **注意**：剪辑的选择不必是连续进行的，你可以按住 Shift 键并单击剪辑以便只在 Timeline 上选择剪辑的一部分。

10. 在时间线上播放并对你所做的更改进行评价。

复习题

1. 如何向多段剪辑应用默认切换特效？

2. 如何按名称查找切换特效？

3. 如何用一个切换特效取代另一个切换特效？

4. 请解释改变切换特效时长的 3 种方法。

5. 使用什么方法可以轻松地在剪辑的开始或结束使音频消隐？

复习题答案

1. 选中 Timeline 上的剪辑并选择 Sequence>Apply Default Transition to Selection 命令。

2. 首先在 Effects 面板的 Contains 文本框中输入切换特效的名称。输入后，Premiere Pro 会显示所有名称中包含所输入字母组合的特效和切换（音频和视频）。输入字符越多，搜索的范围就越小。

3. 将替换切换特效拖拖放到要被替换的特效上，新的特效将会自动替换旧特效。

4. 拖动 Timeline 中切换特效矩形的边缘，在 Effect Controls 面板 A/B 时间线上进行同样操作，或在 Effect Controls 面板改变 Duration 的值。

5. 使音频淡入或淡出的一种简单方法是在剪辑的开始或结束处应用音频交叉消隐切换特效。

第8课 高级编辑技巧

课程概述

在本课中，你将学习以下内容：

- 执行四点编辑；

- 在 Timeline 上更改剪辑的速率或者时长；

- 使用新剪辑替换 Timeline 上的剪辑；

- 永久替换项目中的素材；

- 创建嵌套序列；

- 在媒体上执行基本裁剪以改进编辑效果；

- 执行滑行和滑动编辑改善剪辑的位置和内容；

- 使用键盘快捷键动态裁剪媒体。

 本课的学习大约需要 90 分钟。

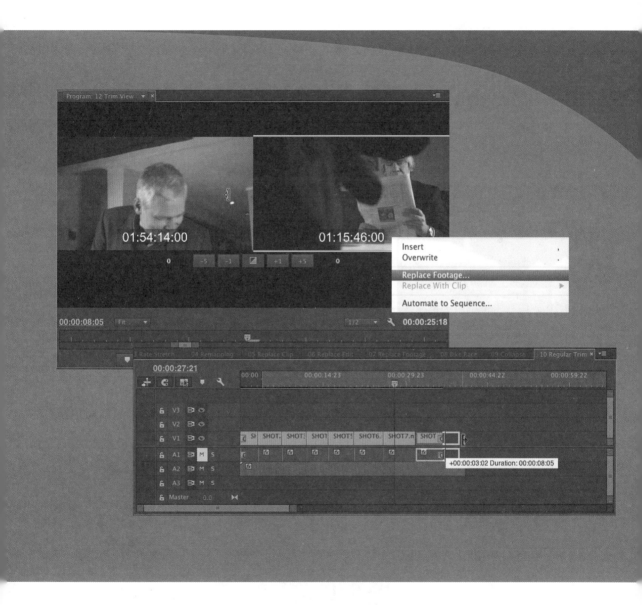

掌握 Adobe Premiere Pro CC 中的基本编辑命令相对比较容易。但是一些高级的技巧需要你花些时间进行学习。这些技巧可以加速编辑进程并提供一些专业的效果，这些效果会让你的付出物有所值。

8.1 开始

在本课中，我们将使用几个较短的序列探索一下 Adobe Premiere Pro CC 中的高级编辑概念。此处的目标是介绍一些将在高级编辑中用到的技巧。要达到这个目标，我们将使用几个较短的序列来对相关概念进行描述。

本课中，我们将使用一个全新的项目文件。

1. 启动 Premiere Pro，并打开项目 Lesson 08.prproj。

序列 01 Four Point 应该已经处于打开状态，如果没有打开，请现在打开该序列。

2. 选择 Window > Workspace > Editing 命令。

这会将工作区改为由 Premiere Pro 开发团队创建的预设模式。使我们能够更容易地使用切换和特效。

8.2 四点编辑

在前面的课程中，我们已经使用过三点编辑的标准技巧。我们使用 3 个 In 点和 Out 点（分散于 Source Monitor 面板和 Program Monitor 或者 Timeline 面板中）来描述编辑的源、时长和位置。

那么使用四点编辑时会产生什么结果呢？

简单地说，答案就是你需要面对一个不得不解决的不一致的问题。也就是你在 Program Monitor 中设置的时长与在 Program Monitor 或者 Timeline 面板中选择的时长不相同。此时，Premiere Pro 会针对这种不一致向你发出警告，并且请求你执行一个重要的决定。

8.2.1 四点编辑的编辑选项

如果你已经定义了一个四点编辑，Premiere Pro 会打开 Fit Clip（适合剪辑）对话框以警告你存在的问题。你需要从 5 个选项中进行选择以便解决冲突问题。你可以忽略四点编辑中的一点或者更改剪辑的速率，如图 8-1 所示。

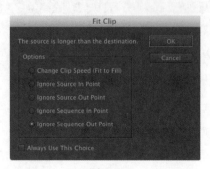

图8-1

提示：由于设置的点较多，因此四点编辑通常会导致错误的出现。当你想要定义源剪辑中的某个部分被使用，以及为素材定义不同的时长以便填充 Timeline 时，可以使用四点编辑。这时，你可以使用 Change Clip Speed（更改剪辑速率）选项，也称为 Fit to Fill（适合填充）。

- Change Clip Speed（Fit to Fill）：这是其中的第一个选项，该选项假设你故意设置了 4 个点。Premiere Pro 会保留源剪辑的 In 点和 Out 点，但是会调整它的速率以便与你在 Timeline 或者 Program Monitor 面板中设置的时长相匹配。

- Ignore Source In Point（忽略源剪辑入点）：如果你选择了该选项，源剪辑的 In 点将会被忽略并且能够有效地将编辑转换回三点编辑。当你在 Source Monitor 中使用 Out 点而不使用 In 点时，In 点时长将基于 Timeline 或者 Program Monitor（或者剪辑的尾部）。只有在源剪辑比序列中设置的范围更长时，才可以使用该选项。

- Ignore Source Out Point（忽略源剪辑出点）：当你选择该选项时，源剪辑的 Out 点将被忽略并且更改为三点编辑。当你在 Source Monitor 中只有 In 点而没有 Out 点，In 点时长将基于 Timeline 或者 Program Monitor（或者剪辑尾部）中设置的时长。同样，只有在源剪辑比序列中设置的范围更长时，才可以使用该选项。

- Ignore Sequence In Point（忽略序列入点）：该选项将告知 Premiere Pro 忽略你在序列中设置的 In 点并仅使用序列 Out 点执行三点编辑。时长采用 Source Monitor 中的配置。

- Ignore Sequence Out Point（忽略序列出点）：该选项与上一个选项类似，它将忽略你在序列中设置的 Out 点并执行三点编辑。同样，时长采用 Source Monitor 中的配置。

8.2.2　执行四点编辑

我们来具体执行一个四点编辑。本练习的目标是更改剪辑的时长以便与目标序列中设置的时长相匹配。

1. 如果还没有载入，请在 Project 面板中找到序列 01 Four Point 并载入该序列。

我们想要切入一个新的剪辑，该剪辑具有与我们需要的不同的时长。

2. 滚动序列并找到已经设置了 In 点和 Out 点的部分。你会在 Timeline 上看到一个高亮显示的范围，如图 8-2 所示。

图8-2

3. 找到 Clips to Load bin，将剪辑 Desert New 载入到 Source Monitor 面板中。

剪辑中 In 点和 Out 点应该已经设置好。

4. 检查 Source Track Selection 按钮在 Timeline 面板中，确保视频和音频轨道位于轨道 V1 上（如果需要，可以拖放 Source Track Selection 按钮改变它的位置），如图 8-3 所示。

图8-3

5. 单击 Overwrite 按钮创建编辑。

> **Pr** 提示：当进行四点编辑时，你可以选择设置一个默认行为。只需要选择想要的标准并选择 Fit Clip 对话框底部的 Always Use This Choice 选项。如果之后想改变它，打开 Premiere ProGenearl Preferences，选择 Fit Clip dialog opens for edit range mismatches 选项。

6. 在 Fit Clip 对话框中，选择 Change Clip Speed（Fit to Fill）选项，单击 OK 按钮。

Premiere Pro 将应用该编辑，在序列中的 Desert New 剪辑上，你将会看到新的播放速率的数值，如图 8-4 所示。

图8-4

7. 观看序列并查看你所编辑的特效以及速率的改变。

8.3　重新安排剪辑时间

由于技术上的需要和艺术层面的影响，你可能会改变剪辑的速率。Fit to Fill 编辑仅是一种改变剪辑速率的方式。

慢动作是一个在视频制作中经常使用的特效。它能够有效地为视频添加戏剧性，并给与观众更多的时间去理解和体会视频中的某个时刻。在本课中，你将了解静态速率更改、时间重映射功能以及其他一些能够改变剪辑时间的工具。

8.3.1　更改剪辑的速率／时长

虽然慢动作是改变时间最常使用的方式，但加速剪辑也是一种有用的特效。Speed/Duration 命令能够以两种非常不同的方式改变剪辑的时间。你可以精确改变剪辑的时长使其具有某个特定时间长度。你也可以改变播放的百分比数值。

例如，你用 50% 速率播放剪辑，那它将以一半的速率播放，25% 将是 1/4 的速率。Premiere Pro 允许播放速率达到两个小数位，如果你乐意，就可以以 27.13% 的速率播放剪辑。

我们来探索一下这个技巧。

1. 在 Project 面板中，载入序列 02 Speed/Duration。

2. 右键单击剪辑 Eagle_Walk 并从关联菜单中选择 Speed/Duration 命令。也可以在 Timeline 上选择剪辑并选择 Clip> Speed/Duration 命令。

3. 你现在已经有了几个用于控制剪辑播放的选项，考虑一下这些选项，如图 8-5 所示。

图8-5

- 让 Duration 和 Speed 关联在一起（它们之间会有一个锁链图标）。也就意味着更改其中一个会影响另外一个。

- 单击锁链图标，它将显示一个断开链路。现在，如果你为剪辑输入一个新的速率，那么时长不会更改。有一个例外：如果新的高速率降低了很多时长，被全部原剪辑媒体使用，并且时长短于 Timeline 剪辑，那么 Timeline 剪辑将会缩短适应改变。通过这种方式，在你的序列中不会出现空白视频帧。

- 只要配置没有关联起来，你也可以不改变速率而改变时长。如果在 Timeline 上在一个剪辑后面紧跟着另一个剪辑，缩短剪辑将会出现空缺。通常情况下，如果剪辑长于可用空间，改变速率不会造成什么影响，这是因为剪辑不能为新的时长移动下一个剪辑释放出多余的空间。如果你选择 Ripple Edit,Shifting Trailing Clips 选项，那么剪辑将能自动调整时长空间。

- 反向播放剪辑，请选择 Reverse Speed 选项。你将会在序列中看到一个负值符号显示在新速率旁边。

- 如果你改变速率的剪辑具有音频，考虑选择 Maintain Audio Pitch 复选框。这将会在新速率上保持剪辑的原始音高。如果禁用该选项，音高将会上升或下降。该选项对较小改变速率时非常有效，较大的重新采样将会导致不自然的结果。

4. 确保速率和时长关联在了一起（链图标打开），将 Speed 更改为 50%，单击 OK 按钮。

在 Timeline 上播放剪辑。按 Enter 键渲染剪辑以获得平滑的播放效果。注意,剪辑现在为 10 秒长,这是因为将剪辑的速率降低了 50%，一半的播放速率也就是它的时长是原来的两倍。

5. 选择 Edit>Undo 命令，或者按 Control +Z 组合键（Windows）或者 Command +Z 组合键（Mac OS）。

6. 在剪辑处于选择状态时,按 Control +R 组合键（Windows）或者 Command + R 组合键（Mac 不是 OS）可以打开 Clip Speed/Duration 对话框。

7. 单击链接图标（它表示 Speed 和 Duration 链接在一起），这样该图标显示取消设置间的链接，如图 8-6 所示。然后，将 Speed 修改为 50%。

图8-6

注意速率和时长没有关联在一起，时长仍然是 5 秒钟。

![Pr] **注意**：如果剪辑具有音频，Clip Speed/Duration 对话框中将显示一个选项，名为 Maintain Audio Pitch（保持音频音调）。选择这个选项后，无论剪辑以何种速率播放，都可以保持音频原来的音调不变。在我们对剪辑做小的速率调整，而又想保持音频的音调或者人物声音的原始音调时，这很有用处，即使降低或提升播放速率。

---

8. 单击 OK 按钮播放剪辑。

![Pr] **注意**：剪辑将以 50% 的速率播放，但最后 5 秒自动被裁剪，目的是保持剪辑为其原来的时长。

有时候，我们需要反转时间，这可以在同一个 Clip Speed/Duration 对话框内实现。

9. 再次打开 Clip Speed/Duration 对话框。

10. 保持 Speed 为 50% 不变，但这次还要选择 Reverse Speed（反向速率）选项，之后单击 OK 按钮。

11. 播放该剪辑，注意它以 50% 的慢动作反向播放。

![Pr] **提示**：Premiere Pro 能够同时改变多个剪辑的速率。只需选择多个剪辑并选择 Clip > Speed Duration 命令即可。在更改多个剪辑的速率时，务必要注意 Ripple Edit,Shifting Trailing Clips 这个选项，当速率被改变之后，该选项会自动关闭或者扩展所有被选择的剪辑的间隙。

8.3.2 使用 Rate Stretch 工具改变速率和时长

有时我们需要查找长度刚好能够填充 Timeline 上间隙的剪辑。有时可能找到理想的剪辑，即长度刚好合适，但大多时候，我们找到的剪辑可能会稍长或稍短一点。这种情况下，Rate Stretch 工具就派上用场了。

1. 在 Project 面板中，载入序列 03 Rate Stretch。

这个练习中所遇到的情况很常见。时间线与音乐同步，剪辑包含我们想要的内容，但剪辑时长太短。可以在 Clip Speed/Duration 对话框中用猜测法尝试插入合适的 Speed（速率）百分值，或者简单地使用 Rate Stretch 工具将剪辑拖动到剪辑的尾部添充空隙部分。

2. 选择 Tools 面板内的 Rate Stretch 工具（ ↔ ）。

3. 把 Rate Stretch 工具移动到第一段剪辑的右边缘上，拖动它，使其与第二段剪辑相接为止。

第一段剪辑的速率发生了改变，以填充我们拉伸它所产生的空间。由于内容没有变化，所以剪辑将会播放得慢一些，如图 8-7 所示。

图8-7

Pr **提示**：如果你改变主意，随时可以使用 Rate Stretch 工具将剪辑拉伸回到原来的状态，也可以使用 Speed/Duration 命令在速率框中输入 100% 保存自然的动作。

4. 将 Rate Stretch 工具移动到第二段剪辑的右边缘上，拖动它，直到其与第三段剪辑相接为止。

5. 将 Rate Stretch 工具移动到第三段剪辑的右边缘上，拖动它，直到其与音频结束点相匹配为止。

6. 在 Timeline 播放，观看 Rate Stretch 工具所产生的速率变化。

7. 按下 V 键或者单击 Selection 工具进行选择。

8.3.3 使用时间重映射更改速率和时长

时间重映射通过使用关键帧来改变剪辑的速率。这意味着同一段剪辑可以一部分是慢动作，而另一部分是快动作。

除了这种灵活性之外，变速时间重映射能够从一种速率平滑过渡到另一种速率，无论是由快变慢，还是从正向运动变为反向运动。

1. 在 Project 面板中，载入序列 04 Remapping。

该序列中只有一个需要进行修改的剪辑。我们将添加时间调整以改变剪辑的长度。

2. 将 Selection 工具定位到音频和视频轨道之间，调整 Video 1 轨道的高度。向下拖动以完整地查看视频轨道，如图 8-8 所示。

图8-8

增加轨道高度能够使在 Timeline 面板中向右调整剪辑关键帧变得更加容易。

3. 右键单击该剪辑，并在剪辑菜单中选择 Show Clip Keyframes（显示剪辑关键帧）> Time Remapping（时间重映射）> Speed 命令。选择该选项之后，一条黄色线将横穿剪辑，它表示播放速率，如图 8-9 所示。

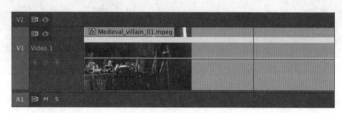

图8-9

4. 在 Timeline 中将当前时间指示器拖动到歹徒转身、开始在房间走动这个时间点上（大约为 00:00:01:00）。

5. 按住 Ctrl 键（Windows）或者 Command 键（Mac OS），把鼠标移动到白线上面。

鼠标指针将变为小十字形。

6. 单击黄线，创建关键帧，在该剪辑的顶部可以看到这个关键帧。

我们还没有改变速率，只是添加了控制关键帧。

7. 使用同样的技巧，在 00:00:17:00 处（就在歹徒恰好指着墙时）添加另一个速率关键帧。

添加两个速率关键帧后，该剪辑现在分为 3 个"速率部分"。我们将在关键帧之间设置不同的速率，如图 8-10 所示。

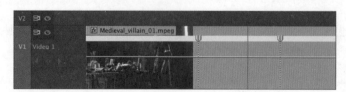

图8-10

8. 保持第一部分（剪辑的开始和第一个关键帧之间）的设置不变（Speed 设置为 100%）。

9. 将 Selection 工具定位到第一、二个关键帧之间的黄色线上，向下拖动到 30%。

剪辑长度现在被拉伸，以适应这部分速率的改变，如图 8-11 所示。

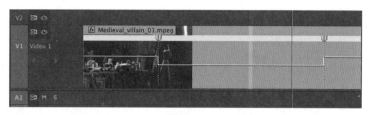

图8-11

Pr **注意**：如果在设置速率关键帧时遇到问题，则请打开 04 Remapping 的序列，以查看完成后的效果。

10. 选择 Sequence > Render Effects In to Out 命令渲染剪辑为最平滑。如果使能了 Timeline Work Area 选项，该菜单就变成了在 Work Area 中选择 Sequence > Render Effects（渲染特效）命令。

11. 播放剪辑。注意速率从 100% 变为 30%，之后在结束时又变回 100%。请渲染该剪辑。在剪辑上设置变速修改可以产生非常生动的效果。在前一节中，我们将一种速率立即改变为另一种速率。要创建更精细的速率变化，可以使用速率关键帧过渡，平滑地从一种速率过渡为另一种速率。

Pr **注意**：要删除时间重映射特效，需要先选择剪辑，然后查看 Effect Controls 面板。单击 Time Remapping 特效旁边的折叠三角将其打开。单击单词 Speed 旁边的 Toggle animation（切换动画）按钮（秒表）。这会将其设置为关闭状态。会出现一个警告对话框。单击 OK 按钮可将整个特效删除。

12. Speed 关键帧实际上有两部分，可以拖动分隔出来。将第一个速率关键帧的右半部分向右拖，创建速率过渡，如图 8-12 所示。

图8-12

白色线现在向下斜，而不是突然从 100% 变到 30%。

Pr **注意**：可能需要调整 Video 1 轨的高度，其调整方法是：将 Selection 工具放置在 Video 1 标签上，然后向上拖动该轨道的边缘。这能够让你更好地对关键帧进行控制。

13. 同样，拖动第二个速率关键帧的左半部分，创建速率过渡。

14. 右键单击视频剪辑，选择 Frame Blend，改变速率时，这样可以平滑播放。

15. 渲染并播放该剪辑，以观察其效果。

改变时间产生的下游影响

将多个剪辑汇集到项目之后，你可能决定要改变 Timeline 开始处的速率。重要的是要理解剪辑速率的改变对"下游"剪辑部分的影响。速率的改变可能导致以下问题。

- 由于播放速率提高了，剪辑变得更短，因此会产生不想要的间隙。
- 由于使用 Ripple Edit 选项，会导致整个序列时长不必要的更改。
- 速率上的改变可能导致潜在的音频问题。

当改变速率或者时长时，一定要注意查看对整个序列的影响。你可能需要放大 Timeline 面板以一次性查看完整的序列或者片段。另一种方法是将剪辑编辑到一个新的序列中并在那里对其进行调整。然后再将剪辑复制并粘贴到原来的序列中。这将用助于剪辑编辑。

Pr 提示：选中 Speed 关键帧后，你可以拖动蓝色的贝塞尔手柄改进映射，以进一步平滑过渡。

8.4 替换剪辑和素材

在编辑过程中，你可能经常想使用一个剪辑来替换另一个剪辑。可能是全局替换，例如使用一个更新的文件替换某个版本的动画 logo。你也可能想要使用某个 bin 中的剪辑替换 Timeline 上的剪辑。根据不同的任务，你可以使用几种用于替换剪辑和媒体的方法。

8.4.1 拖入替换剪辑

要替换剪辑，其中一种方法就是直接将新剪辑拖动到你想替换的剪辑上面。

下面让我们开始尝试。

1. 在 Project 面板中，载入序列 05 Replace Clip。

2. 播放 Timeline。

注意在两三个剪辑中，同一个剪辑作为画中画（PIP）被播放两次。该剪辑有一些运动特效，使它旋转到屏幕上，之后又旋转出去。在本书的下一课中我们将学习如何创建这些效果。

你想用一个名为 Boat Replacement 的新剪辑替换 Video 2 轨道上的第一段剪辑（SHOT4），但不想重新创建所有效果和时序。这种情况很适合使用 Replace Clip 功能。

3. 在 Clips to Load bin 中找到 Boat Replacement 剪辑，把它拖到第一段 SHOT4 剪辑上。不要放下它。

注意，它比 Timeline 上的剪辑长，如图 8-13 所示。

图8-13

> **提示**：在该图中两个剪辑上的紫色线表示是重复帧。如果在同一序列中有两个重复的快照，Premiere Pro 会发出警告。为查看这类有用的警告线，单击 Timeline 中的设置按钮（板手图标）并选择 Show Duplicate Frame Markers。

4. 按 Alt 键（Windows）或 Option 键（Mac OS），如图 8-14 所示。

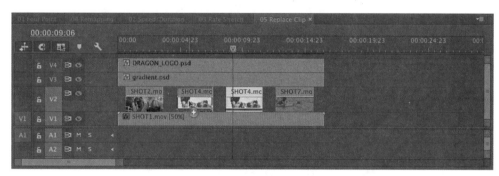

图8-14

替换剪辑现在变为与它要替换的剪辑长度完全相同。释放鼠标按钮，完成 Replace Clip 功能。

> **提示**：如果想要调整剪辑中用于第一个 PIP 的部分，可以使用 Slip 工具滑动其中的内容。你将在本课后面学习如何使用 Slip 工具。

5. 在时间线上播放。所有的 PIP 剪辑在不同的剪辑上具有相同的效果。新的剪辑继承了它替换剪辑的配置和特效。

8.4.2 执行替换编辑

当你拖放一个剪辑进行替换编辑时，Premiere Pro 将同步替换剪辑的第一段帧（或者 In 点）和序列中剪辑的第一段可视帧。通常是没有问题的，但是如果你需要同步行为中的一个特殊时刻，像鼓掌或者关闭门，这样结果会怎么样呢？

如果希望对替换进行更多的控制，可以使用 Replace Edit 命令。该命令可以同步替换剪辑一部分。下面我们试验一下。

1. 在 Project 面板中，载入序列 06 Replace Edit。

这与之前修改的剪辑是同一个序列，但是这次可以精确地定位替换剪辑的位置。

2. 将播放头放置在序列中大约 00:00:06:00 处，为编辑提供一个同步点。

3. 在 Timeline 上单击剪辑 SHOT4，使其成为替换目标，如图 8-15 所示。

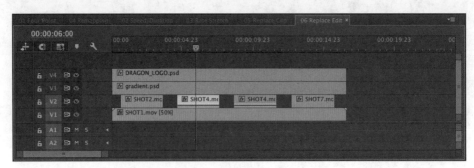

图8-15

4. 从 Clips to Load bin 中，将名为 Boat Replacement 的替换剪辑载入到 Source Monitor 面板中。

5. 在 Source Monitor 中拖动播放头，选择一个比较好的用于替换的动作片段。在剪辑上面有个指导标志，如图 8-16 所示。

图8-16

6. 确保 Timeline 处于激活状态，择中 SHOT4.mov 的第一个实例，然后选择 Clip > Replace With Clip（使用剪辑替换）>From Source Monitor, Match Frame（从 Source Monitor 中选择并与帧匹配）命令，如图 8-17 所示。

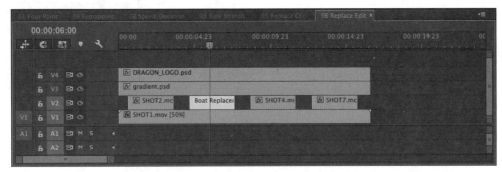

图8-17

该剪辑被替换了。

7. 观看刚刚编辑的序列，查看编辑结果。

你会看到 Source Monitor 和 Program Monitor 面板中播放头上的帧处于同步状态，序列剪辑的时长、特效、和配置都应用到替换的剪辑上了。这种方法节省了大量的时间。

8.4.3 使用 Replace Footage（替换素材）功能

Replace Footage 功能替换 Project 面板中的素材，所以剪辑可以关联到不同的媒体文件。这在需要替换一个或多个序列内多次反复出现的剪辑时非常有用。你可以使用它更新一个动核 logo 或者一块音乐。

在使用 Replace Footage 时，项目内所有序列中使用的原始剪辑都被修改为你替换的剪辑实例。

1. 载入序列 07 Replace Footage。

2. 播放序列。

我们用一个比较有趣的东西替换一个图片。

3. 在 Clip to Load bin 中，在 Project 面板选择 DRAGON_LOGO.pad。

4. 选择 Clip> Replace Footage 命令，如图 8-18 所示。

5. 导航到 Lessons /Assets/Graphics 文件夹，选择 DRAGON_LOGO_FIX.psd 文件，双击选择它，如图 8-19 所示。

6. 在 Timeline 上播放，图像已经在整个序列和项目中被更新了。甚至在 Project 面板中的剪辑名称为了匹配新的文件也做了更新，如图 8-20 所示。

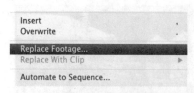

图8-18

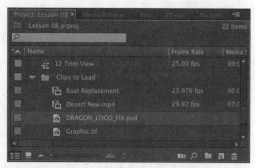

图8-19

图8-20

8.5　嵌套序列

　　嵌套序列是序列中的序列。可以通过以下方式把项目分成几个更容易管理的块：在一个序列中创建项目片段，然后把这个序列以及其所有剪辑、图形、图层、多个视 / 音频轨道和特效拖到另一个序列中——"主"序列。这样它看起来和操作起来就像是单个视 / 音频剪辑，不过在主序列中你可以编辑它们的内容，查看更新结果。

　　嵌套序列具有以下几种潜在用途。

- 通过单独创建复杂序列来简化编辑工作。这有助于避免冲突，防止因移动远离当前工作区轨道上的剪辑而造成误操作。

- 允许你对一组剪辑应用运动特效（你将在本书的下一课中了解更多与此相关的内容）。

- 允许你重复使用序列，使其作为多个序列中的源。你可以为多部分系列创建一个开场序列，添加到每个内部。如果你需要改变这个开场序列，你可以只做一次查看它嵌套的结果。

- 允许你采用与在 Project 面板中创建子文件夹的相同方法组织作品。

- 允许你将一组复杂的剪辑转换为一个单独的项目。

Timeline 面板有一个 Nest Source Sequence toggle 选项，选择在编辑序列嵌套另一个序列的两种方式。Toggle 选项在嵌套序列中打开，或者在添加序列内容时关闭。

例如，如果打开了 Toggle 选项 ![icon]，拖放一个序列到另一个序列上，将会发生嵌套，如图 8-21 所示。

如果关闭了 Toggle 选项 ![icon]，拖放一个序列到另一个序列上时，将添加把第一个序列作为内容添加到第二个序列中，如图 8-22 所示。

图8-21

图8-22

8.5.1 添加嵌套序列

使用嵌套的一个原因是对已经编辑好的序列重复使用。在这里，我们将一个已经编辑的开放字母添加到一个已经编辑好的序列中。

1. 打开序列 08 Bike Race 并确保打开了 Nest Source Sequence toggle。

这个序列中包含一个已经编辑了的自行车比赛，并且已经使用多摄像机编辑技巧（将在本书第 10 课介绍）进行了处理。

2. 在序列的开始处设置一个 In 点。

3. 确保轨道 V1 是 Timeline 面板中载入的序列的目标。

4. 在 Project 面板中，找到序列 08A Race Open。

5. 将序列 08A Race Open 拖动到 Program Monitor 上。

这时会出现一个工具提示，让你选择想要执行的编辑类型。

6. 按住 Control 键（Windows）或者 Command 键（Mac OS），进入插入编辑，如图 8-23 所示。

图8-23

7. 释放键盘键执行插入编辑并将图形添加到序列中。

8. 播放序列 08 Bike Race，查看结果。

你将会看到，即使 08 Bike Race 使用了多个视频和音频轨道，但是它是作为单个剪辑添加的。

8.5.2　嵌套序列中的剪辑

在前面的练习中，我们已经将整个序列嵌入到另一个序列中，也可以选择一组剪辑，把它们嵌入到新的序列内，在 Timeline 上找到合适位置。不必让所有剪辑都在一个序列上。将一组复杂的剪辑折叠到单个序列内很有用处，这样只需要处理单个剪辑。

1. 在 Project 面板中，载入序列 09 Collapse。

我们将在 Medieval_wide_01 和 Medieval_villain_02 剪辑之间的编辑点创建 Cube Spin 切换特效。我们需要在切换时分开这两个图层，由于它们在不同的轨道上，所以需要进行嵌套。

2. 按住 Shift 键并单击构成第一段的 3 段剪辑，选择它们：movie_logo.psd、Title 01 和 Medieval_wide_01，如图 8-24 所示。

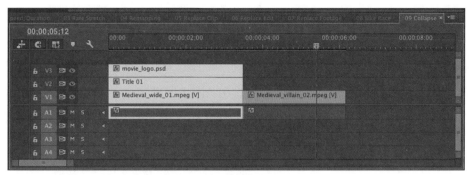

图8-24

3. 右键单击所选中的剪辑，并选择 Nest（嵌套）命令。

4. 重命名新的嵌套 Paladin Intro，然后单击 OK 按钮，如图 8-25 所示。

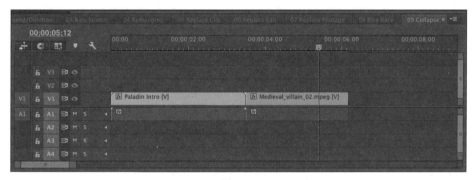

图8-25

3 段剪辑折叠到单个嵌套剪辑。请播放该剪辑，观察包含这 3 段剪辑的嵌套剪辑。

5. 在 Effects 面板中，单击打开 Video Transitions 文件夹，然后打开 3D Motion 子文件夹。

Pr | 提示：如果需要对嵌套序列进行更改，可以双击嵌套序列打开该序列。

6. 将 Cube Spin 切换特效拖放到两段剪辑之间的编辑点上。

7. 播放序列，查看你对其施加的影响。

如果有必要，可以渲染 Work Area 以获得更平滑的播放效果。

8.6 常规裁剪

你可以使用几种方法来调整剪辑的长度。这个过程一般被称为裁剪（trimming）。当你进行裁剪时，可以使编辑变得更长或者更短。一些裁剪类型只对单个剪辑产生影响，而其他一些裁剪类型则会调整关联剪辑之间的关系。

8.6.1　在 Source Monitor 中裁剪

如果你将序列中的某个剪辑从序列中载入到 Source Monitor 中，可以轻松对它的 In 点和 Out 点进行调整。将剪辑载入到 Source Monitor 中之后，可以使用以下两种基本方法对剪辑进行裁剪。

- 创建新的 In 点和 Out 点：添加新的 In 点和 Out 点非常简单。在 Timeline 上双击载入剪辑。剪辑被载入之后，只需按 I 键或者按 O 键设置 In 点和 Out 点即可。你也可以使用位于 Source Monitor 左下方的 Mark In 和 Mark Out 按钮。如果剪辑在 Timeline 上存在关联媒体，会使所选剪辑变短。裁剪之后将在一端留下间隙。

- 拖动 In 点和 Out 点：如果不想为载入的剪辑创建新的 In 点和 Out 点，可以通过拖动的方式改变 In 点和 Out 点。将光标放置在 Source Monitor 中迷你 Timeline 上的 In 点和 Out 点上，光标将变成红黑色的图标，这表示可以执行编辑。你可以向左或者向右拖动以改变 In 点或者 Out 点。如果在 Timeline 上剪辑关联了其他剪辑，你只能缩小时长，并且在裁剪之后将会出现间隙。

8.6.2　在序列中裁剪

另一种对媒体进行裁剪的方法是直接在 Timeline 面板中进行裁剪。使单个剪辑变得更长或者更短非常容易，这称为常规裁剪（regular trim）。

1. 在 Project 面板中，载入序列 10 Regular Trim。

2. 播放序列。

最后一个镜头已经被裁切掉，需要对剪辑进行扩展匹配音乐的结尾。

> **Pr** | **注意**：在其他的编辑应用程序中，常规裁剪也被称为单面裁剪或者覆写裁剪。

3. 选择 Selection 工具（V）。

4. 将指针放置在序列中最后一个剪辑的 Out 点上，如图 8-26 所示。

图8-26

指针将变为带方向箭头的 Trim In（裁剪入点）（头侧）或者 Trim Out（裁剪出点）（尾侧）工具。将鼠标放置在剪辑的边缘可以将其变为裁剪 Out 点（向左打开）或者 In 点（向右打开）。

5. 向右拖放边缘直到匹配音频文件的结尾，如图 8-27 所示。

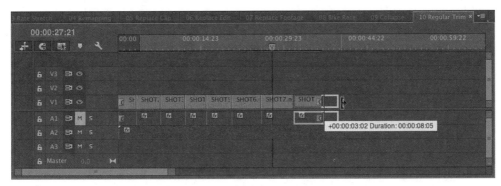

图8-27

这时，会出现一个时间码工具，显示对剪辑的裁剪量。

> **Pr** 注意：如果缩短剪辑，会在相连剪辑之间留下间隙。你将在本课后面学习如何使用 Ripple Edit（波纹编辑）工具自动删除间隙或者移动后面的剪辑，以避免进行覆写操作。

6. 释放鼠标按执行编辑。

8.7 高级裁剪

到目前为止，你学习到的裁剪方法都存在各自的局限。如果剪辑周围存在其他剪辑，缩短剪辑会在 Timeline 上留下不想要的间隙，也不能对剪辑执行延长操作。

幸运的是，Premiere Pro 提供了几种其他的裁剪选择。

8.7.1 波纹编辑

避免产生间隙的一种方法是使用 Ripple Edit 工具，它是 Tools 面板内众多工具中的一个。用 Ripple Edit 工具裁切剪辑的方法与在 Trim 模式下使用 Selection 工具一样。

使用 Ripple Edit 工具延长或缩短剪辑时，该操作会在整个序列中产生波纹。也就是说，编辑点后的所有剪辑都会往左移动填补间隙，或往右移动以便形成更长的剪辑。

> **Pr** 注意：执行波纹编辑时，可以锁定其他轨道上的项目以避免对其同步操作。在对序列使用波纹编辑时，务必要谨慎使用同步锁定。

下面我们开始练习。

1. 在 Project 面板中，载入序列 11 Ripple Edit。

2. 单击 Ripple Edit 工具（或按键盘上的 B 键）。

3. 将 Ripple Edit 工具悬停在第七段剪辑（SHOT7）的右边缘上，直至它变成一个黄色的向左的大方括号为止，如图 8-28 所示。

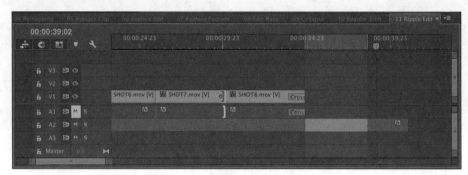

图8-28

剪辑太短，所以我们需要为它加上一定的素材。

4. 向右拖动，使时间码读数达到 +00:00:01:10，如图 8-29 所示。

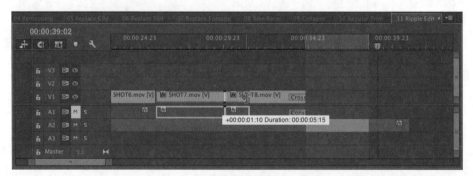

图8-29

请注意，在使用 Ripple Edit 工具时，Program Monitor 左边显示第一个剪辑的最后一帧，右边显示第二个剪辑的第一帧。观察 Program Monitor 左半部分上移动的编辑位置，如图 8-30 所示。

5. 释放鼠标按钮，完成编辑。

该剪辑进行了扩展，其右边的剪辑随其移动。请播放这部分序列，查看编辑效果是否平滑。该编辑有些细微的抖动，我们下一步再学习。

Pr 提示：如果使用的是标准的 Selection 工具，按住 Command 键（Mac OS）或者 Control 键（Windows）可以暂时切换到 Ripple Eidt 工具。

图8-30

8.7.2 滚动编辑

使用 Ripple Edit 会改变序列的总体长度。这是因为某个剪辑变长或者变短,而序列中的其他剪辑需要调整以填补产生的间隙(或者删除多余的部分)。

还存在一种可以改变编辑位置的方法。

使用滚动编辑时,序列的总体长度不会改变。相反,滚动编辑发生在两个剪辑之间的编辑点上,这种方法会同时编辑两个相邻的剪辑。

例如,如果你使用 Rolling Edit 工具扩展一个剪辑 2 秒种,那么将会缩短它后面相邻的剪辑 2 秒钟。

> **Pr** | **注意**:在其他编辑应用程序中,滚动编辑裁剪有时可以看作两个滚动剪辑。

1. 继续处理序列 11 Trimming Edit。

Timeline 上已经有个 3 个剪辑并具有足够的帧以供你进行编辑。

2. 在 Tools(工具)面板中选择 Rolling Edit Toll(N)(滚动编辑工具)命令。

> **Pr** | **注意**:在裁剪时,可能会裁剪出一个 0 时长的剪辑(从 Timeline 上移除它)。

3. 拖动 SHOT7 和 SHOT8（Timeline 上的最后两个剪辑）之间的编辑点。使用 Program Monitor 对屏幕进行拆分以获得更加匹配的编辑效果。

尝试将编辑点向右滚动到 00:17（17 帧）。可以使用 Program Monitor 时间码或者 Timeline 上的弹出时间码（如图 8-31 所示）找到该编辑。

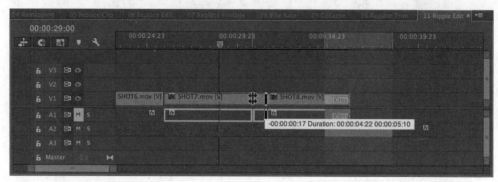

图8-31

Pr 提示：放大 Timeline，可以更精确地进行调整。

8.7.3 滑动编辑

滑动编辑是一种特殊的裁剪方法。它并不常用但是可以节省时间。使用 Slide Edit（滑动编辑）工具时，滑动剪辑的时长保持不变，而左边剪辑的 Out 点和右边剪辑的 In 点将以相同数量的帧进行改变。

在 Timeline 上向前或者向后滑动剪辑会改变相邻剪辑的内容。剪辑的 In 点和 Out 点保持不变。由于改变的其他剪辑时长是同样时长，所以序列的长度也不会发生改变。

下面动手尝试一下。

1. 继续使用序列 11 Trimming Edits。

2. 选择 Slide 工具（U）。

3. 将 Slide 工具放置在中间剪辑上。

4. 向左或者向右拖动第二个剪辑。

5. 执行滑动编辑时注意观察 Program Monitor。

顶部的两幅图像是 Clip B 的入点和出点，它们都没有改变。两幅较大的图像分别是相邻剪辑 Clip A 和 Clip C 的 Out 点和 In 点。这些编辑点会随着你在那些相邻剪辑上滑动被选择的剪辑而改变，如图 8-32 所示。

滑动工具将剪辑移动到两个相邻剪辑上方，如图 8-33 所示。

SHOT2 的 In 点（未改变）　　SHOT2 的 Out 点（未改变）

00:00:06:16　　　　　　00:00:08:10

SHOT1 的 Out 点　　　　　　　　　　　　　　　　SHOT3 的 In 点

图8-32

图8-33

8.7.4　滑行编辑

在剪辑位置上滚动可见部分，滑行编辑可以以相同的帧数，同时改变剪辑的开始帧和结尾帧。由于以相同的帧数向前或者向后编辑剪辑，所以它不会改变序列的时长。从该点上讲，滚动裁剪和滑行裁剪是一样的。

滑行裁剪只改变选中的剪辑，与其相邻的前面或后面的剪辑不会受不了到影响。使用 Slip 工具调整一点剪辑，就像移动的传送带：原始剪辑的可见部分改变了 Timeline 剪辑段内部，而没有改变剪辑或序列的长度。

下面动手尝试一下。

1. 继续使用序列 11 Trimming Edits。

2. 选择 Slip 工具（Y）。

3. 向左右拖动 SHOT5。

4. 执行滑行编辑时注意观察 Program Monitor。

顶部的两幅图像是 SHOT4 和 SHOT6 的入点和出点，它们都没有改变。两幅较大的图像分别是相邻剪辑 SHOT5 的 Out 点和 In 点。这些编辑点发生了改变，如图 8-34 所示。

图8-34

Slip 工具改变了剪辑的位置内容。

8.8　在 Program Monitor 面板中裁剪

如果你希望在进行裁剪时获得较多的视觉反馈，那么可以使用 Program Monitor 面板中的 Trim 模式。这种方法允许你在进行处理的同时看到所裁剪的外向和内向的帧。

在 Program Monitor 面板中，你可以执行 3 种类型的裁剪。你已经在本课的前面学习了这 3 种方法。

- 常规裁剪：这是一种基本的裁剪类型，它会移动所选剪辑的边缘。这种裁剪类型只裁剪编辑点的一个面。它会在 Timeline 上向前或者向后移动所选的编辑点，但是不会改变任何其他的剪辑。

- 滚动裁剪：滚动裁剪会移动剪辑的末尾以及相邻剪辑的开头。这可以使我们对编辑点进行更改（需要有手柄）。这种方法不会产生间隙，序列的时长也不会发生改变。

- 波纹裁剪：这种方法将在时间上向前或者向后移动所选的编辑点缘边。编辑后的剪辑要么消除了剪辑空隙，或者为长的剪辑预留足够的空间。

8.8.1　使用 Program Monitor 中的 Trim 模式

使用 Trim 模式时，Program Monitor 会切换到一些按钮和控件上以提供更多的裁剪功能。要使用 Trim 模式，首先要将其激活。可以通过选择两个剪辑之间的编辑点来达到这一目的。存在以下 3 种方法。

- 使用选择或者裁剪工具，在 Timeline 上双击某个编辑点。

- 按 T 键，播放位置将移动到最近的编辑点并且在 Program Monitor 面板会打开 Trim 模式。

- 使用 Ripple Edit 或者 Rolling Edit 工具拖放一个或多个编辑点进行选择。并打开 Program Monitor 的 Trim 模式。

当被激活时，Trim 模式会显示两个视频剪辑。第一个框中显示的外向的剪辑（也称为 A 侧）帧。第二个框中显示的内向的剪辑（也称为 B 侧）帧。在这些帧的下方有 5 个按钮和两个指示器，如图 8-35 所示。

A: Out Shift（出点改变）计数器：显示 A 侧中 Out 点更改的帧数量。

B: Trim Backward Many（向后裁剪许多）：单击该选项时，会将所选择的裁切向左移动多个帧。移动的数量由 Preferences 中的 Trim Preferences（裁剪首选项）上的 Large Trim Offset（大范围裁剪补偿）决定。

C: Trim Backward（向后裁剪）：该选项会选中剪辑，向前调整一帧。

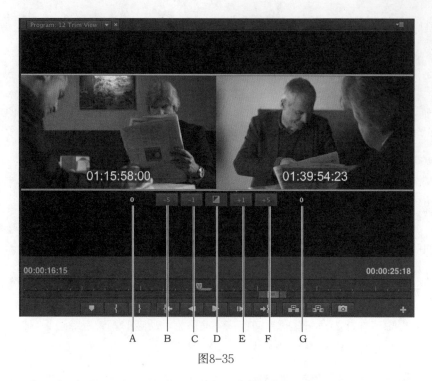

图8–35

D: Apply Default Transitions to Selection（多所选对象应用默认切换）：该选项将对其编辑点处于选择状态的视频和音频轨道应用默认的切换特效（通常为溶解特效）。

E：Trim Forward（向前裁剪）：该选项与 Trim Backward 相同，只是它会将所选择的编辑点向后移动一帧。

F: Trim Forward Many（向前裁剪许多）：该选项与 Trim Backward Many 相同，只是它会向后移动多个帧。

G: In Shift（入点改变）计数器：显示 B 侧中 In 点更改的帧数量。

8.8.2　选择 Program Monitor 中的裁剪方法

现在，你已经了解了 3 种可以执行的裁剪方法（常规、滚动和波纹裁剪）。你可以在 Timeline 面板中对每一种方法进行尝试。大多数时候，使用 Trim 模式能够使处理过程变得更加简单，因为它提供了丰富的视觉回馈。

1. 在 Project 面板中，载入序列 12 Trim Mode。

2. 使用 Selection 工具，按下 Alt 键（Windows）或 Option 键 (Mac OS)，并在 Timeline 上的剪辑 2 和剪辑 3 之间的编辑点上双击鼠标。该过程只对视频编辑而不对音频轨道修改。

3. 在 Program Monitor 中，慢慢拖动光标使其穿过 A 和 B 剪辑。

当你从左向右进行拖动时，会看到工具依次更新为 Trim Out（左侧）、Roll（中间）或者 Trim In（右侧）。

4. 在两个剪辑之间拖动时，将执行滚动编辑。

右侧时间显示的读数应该为 01:26:59:01，如图 8-36 所示。

图8-36

5. 按向下箭头键 3 次，对第 3 剪辑和第 4 剪辑之间进行编辑。

同于外出镜头太长，显示了主角坐下了两次。

6. 将裁剪方法更改为波纹编辑。

要更改裁剪方法，最容易的方式就是按键盘快捷键 Control + T 组合键（Windows）或者 Command+ T 组合键（Mac OS）在 Trim 模式中循环。有 5 个选项重复循环。按组合键一次可以循环到下一个快捷方式上。5 个选项会一直循环。当 Trim 工具显示为一个黄色滚轮时，说明你选择的是波纹编辑，如图 8-37 所示。

7. 将外向的剪辑（右边的）向左拖动以缩短编辑。时间显示应该为 01:54:12:18，如图 8-38 所示。

图8-37

图8-38

剪辑的其余部分将填充间隙，剪辑的裁剪现在已经生效。

> **注意**：默认情况下使用的裁剪类型看起来似乎是随机的，但其实不是。初始设置是由用于选择编辑的工具类型所决定的。如果你单击 Selection 工具，Premiere Pro 会选择常规的 Trim In 或者 Trim Out。如果使用 Ripple 工具单击，则会选择 Ripple In 或者 Ripple Out 工具。在以上两种情况下，循环滚轮将选择滚动裁剪类型。

修饰键

存在许多可以定义裁剪选择的修饰键。

- 按住 Alt 键（Windows）或者 Option 键（Mac OS）并单击以暂时解除音频和视频之间的链接。这会使只选择剪辑中的音频或者视频部分变得更加容易。
- 按住 Shift 键选择多个编辑点。可以同时裁剪多个轨道，甚至是多个剪辑。无论何时，出现剪辑的"句柄"，应用剪辑时将会进行调整。
- 结合以上两种快捷方式可以执行更高级的裁剪选择。

8.8.3　动态裁剪

裁剪时通常需要找到合适的编辑节奏，而在序列实时播放时更容易达到这个目的。Premiere Pro 可以使你在序列实时播放时通过使用键盘快捷键或者按钮来更新剪辑。

1. 继续使用序列 12 Trim Mode。

2. 按向下箭头键两次移动到下一个编辑点。将裁剪类型设置为滚动。你可以使用快捷 Shift+T 组合键（Windows）或者 Command+T 组合键（Mac OS）循环裁剪模式。

在编辑点之间进行切换时，仍然可以处于 Trim 模式，如图 8-39 所示。

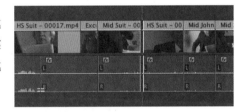

图8-39

> **Pr**　**注意**：要设置开始之前和开始之后的时间，打开 Preferneces 并且选择 Playback 目录。你可以以秒为单位设置时长，大多数编辑人员发现使用 2 秒到 5 秒的时长最有用。

3. 按空格键循环播放。

序列开始播放。在播放之前和之后，你可以看到几秒钟的剪辑循环。这能够帮助你感觉一下要编辑的内容。

4. 尝试使用你已经掌握的方法对裁剪进行调整。

Trim 模式视图下方的 Trim Forward 和 Trim Backward 按钮能够获得很好的效果，也可以在剪辑播放时对其进行编辑，如图 8-40 所示。

我们来尝试使用键盘快捷键获得更多的动态控制。用于控制播放的 J、K、L 播放键也可以用来控制裁剪。

图8-40

5. 按 Stop 停止播放循环。

6. 按 L 键向右进行裁剪。

按一次即可实现实时裁剪。可以多按几次 L 键提高裁剪的速度。

Pr | 注意：Timeline 剪辑时长会一直更新，直到你按下 K 键停止裁剪。

7. 按下 K 键停止裁剪。

我们来向前进行一些裁剪。

8. 按住 K 键并按 J 键会以慢动作形式向左导像。

9. 释放两个键可停止裁剪。

10. 要退出 Trim 模式，可以单击 Timeline 上的编辑取消编辑选择。

8.8.4 使用键盘进行裁剪

表 8.1 中列出了剪辑时最常使用的键盘快捷键。

表 8.1 在 Timeline 中剪辑

Mac	Windows
向后裁剪：Option + 左箭头	向后裁剪：Alt + 左箭头
向后裁剪许多：Option + Shift + 左箭头	向后裁剪许多：Alt + Shift + 左箭头

Mac	Windows
向前裁剪：Option＋右箭头	向前裁剪：Alt＋右箭头
向前裁剪许多：Option＋Shift+右箭头	向前裁剪许多：Alt＋Shift+右箭头
将所选剪辑部分向左滑动5帧：Option＋Shift+,（逗号）	将所选剪辑部分向左滑动5帧：Alt＋Shift+,（逗号）
将所选剪辑部分向左滑动1帧：Option＋,（逗号）	将所选剪辑部分向左滑动1帧：Alt＋,（逗号）
将所选剪辑部分向右滑动5帧：Option＋Shift+.（实心句号）	将所选剪辑部分向右滑动5帧：Alt＋Shift+.（实心句号）
将所选剪辑部分向右滑动1帧：Option＋.（实心句号）	将所选剪辑部分向右滑动1帧：Alt＋.（实心句号）
将所选剪辑部分向左滑行5帧：Command+Option＋Shift＋左箭头	将所选剪辑部分向左滑行5帧：Control+Alt＋Shift+左箭头
将所选剪辑部分向左滑行1帧：Command+Option＋左箭头	将所选剪辑部分向左滑行1帧：Control+Alt＋左箭头
将所选剪辑部分向右滑行5帧：Command+Option＋Shift＋右箭头	将所选剪辑部分向右滑行5帧：Control+Alt＋Shift+右箭头
将所选剪辑部分向右滑行1帧：Command+Option＋右箭头	将所选剪辑部分向右滑行1帧：Control+Alt＋右箭头

复习题

1. 将剪辑的速度修改为 50% 对剪辑长度有什么影响？

2. 什么工具用于拉伸剪辑时间以填充间隙？

3. 可以在时间线上直接进行时间重映射修改吗？

4. 如何创建从慢动作到正常速度平滑过渡？

5. 滑动编辑和滑行编辑之间的基本区别是什么？

6. Replace Clip 和 Replace Footage 之间的区别是什么？

复习题答案

1. 降低剪辑的速度导致剪辑变长，除非在 Clip Speed/Duration 对话框内解除 Speed 和 Duration 参数之间的链接，或者剪辑受另一段剪辑所限制。剪辑长度将变成原来的两倍。

2. Rate Stretch 工具常在需要填充小段时间时使用。

3. 时间重映射最好在 Timeline 上实现。因为它影响时间，所以最好（也最容易）在 Timeline 序列上使用和观察它。

4. 添加速度关键帧，拖动关键帧的一半拆分它，在两种速度之间创建过渡。

5. 将剪辑滑动到相邻剪辑上面时，会保留所选剪辑原始的 In0 点和 Out 点。将剪辑滑行到相邻剪辑的下方时，会改变所选剪辑的 In 点和 Out 点。

6. Replace Clip 会使用 Project 面板中的新剪辑替换 Timeline 上单个的目标剪辑。Replace Footage 会使用一个新的源剪辑替换 Project 面板中的剪辑。项目序列中的任何剪辑实例都将被替换。在这两种情况下，被置换剪辑的特效都将被保留下来。

第9课 创建剪辑的运动特效

课程概述

在本课中，你将学习以下内容：

- 调整剪辑的 Motion（运动）特效；
- 更改剪辑尺寸，添加旋转效果；
- 调整锚点以定义旋转；
- 使用关键帧插值；
- 使用阴影和斜面边缘增强运动效果。

 本课的学习大约需要 50 分钟。

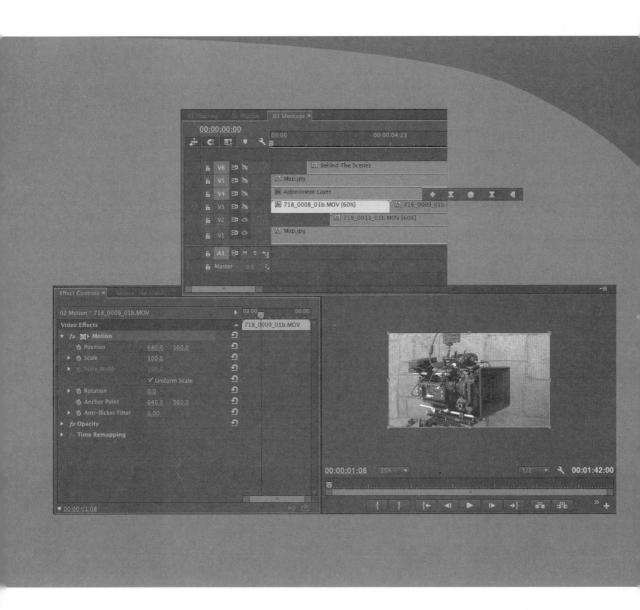

Motion 固定特效可以为整个剪辑添加运动效果。可以用于在帧范围内定义视频剪辑的尺寸并对其进行重新定位。你可以使用关键帧创建对象的位置动画,通过控制各值之间的插值增强动画效果。

9.1 开始

随着视频项目越来越比原始图像运动，将会经常看到多个镜头一起出现在屏幕上。它们通常是运动的。你可能会看到多个视频剪辑流经过一个浮动的盒子上，或者看到一个视频剪辑收缩，最后跑到一个摄像机器上。在 Adobe Premiere Pro 中，你也可以通过使用 Motion 固定特效或者几个基于特效的运动设置来创建这样（或者更多）的特效。

可以使用 Motion 特效在视频帧内定位、旋转或缩放剪辑。这些调整可以通过以下方法直接在 Program Monitor 中实现：拖动修改其位置，或拖动和旋转其手柄，来改变其尺寸、形状或方向。

关键帧可以将对象定义在时间上的某个具体点上。如果使用两个（或者更多）的关键帧，那么 Premiere Pro 会自动调整它们之间的设置。你可以使用高级 Bezier 控制对特效的时间或者配置做一些轻微调整。

9.2 调整 Motion 特效

在 Premier Pro 序列中的每个剪辑都自动把 Motion 特效应用作为一个固定的特效（有时称为本质特效）。要调整该特效，选中序列中的剪辑，在 Effect Controls 面板中，只需单击 Motion 特效名称旁边的小三角形即可。

你可以使用 Motion 特效调整剪辑的位置、比例以及旋转效果。接下来我们来探索一下该特效是如何对剪辑进行重新定位的。

1. 打开 Lesson 09 文件夹中的 Lesson-09.prporj。

2. 选择 Window>Workspace>Effects 命令，切换到 Effects 工作区。

然后选择 Window>Workspace>Rest Current Workspace，点击 OK 按钮，确保是默认图层设置。

3. 找到序列 01 Floating。该序列应该已经被载入了，如果没有，双击载入该序列。

4. 打开 Program Monitor 内的 Select Zoom Level（选择缩放级别）菜单，将缩放级别设置为 Fit（适合）。在设置可见特效时，能够看到所有整体非常重要，如图 9-1 所示。

5. 播放 Timeline 内的这段剪辑。

图9-1

该剪辑的 Position（位置）、Scale（缩放）和 Rotation（旋转）属性已经被修改了。也使用了关键帧，及其时在不同位置作了不同的配置，所以该剪辑已经动画了。

9.2.1 理解 Motion 设置

尽管该特效称为运动，但是剪辑不会默认进行动画。它会以 100% 的原始尺寸显示在 Program Monitor 的中央。

尽管如此，你可以选择调整以下属性。

- Position（位置）：该属性用于设置剪辑在 x 轴和 y 轴上的位置（基于它的锚点）。坐标是基于左上角的像素位置计算出来的。所以 1280×720 剪辑的默认位置在（640,360），这就是确切的中心位置。

- Scale（缩放。Scale Height，缩放高度，当取消选择 Uniform Scale（统一缩放）时才可用）：默认情况下，剪辑会被设置为完全尺寸（100%）。要缩小剪辑，可以将数值减小。你可以将尺寸增大到 600%，这时图像将会变得像素化并且很柔和。

- Scale Width（缩放宽度）：需要取消选择 Uniform Scale，才能使用 Scale Width。这样可以独立地改变剪辑的宽度和高度。

- Rotation（旋转）：可以将图像沿 z 轴进行旋转。这将会产生平旋效果（就像从上方俯视一个旋转的物体或者旋转木马一样）。我们可以输入旋转的度数和数值，例如 450° 或 1×90（1 表示一个完整的 360°）。正数代表顺时针方向，负数代表逆时针方向。

- Anchor Point（锚点）：旋转和位置调整都是基于锚点，默认情况下，Anchor Point 是剪辑的中心。可以将剪辑的旋转中心设置为屏幕上的任意点，包括剪辑的一角，或者是剪辑外的点。例如，当你调整旋转设置时，需要将锚点设置在剪辑的边角位置，剪辑将会以边角为中心进行旋转，而不是以图像的中心位置。移动锚点时，必须重新定义剪辑的位置以便对出现的偏移进行更正。

- Anti-flicker Filter（消除闪烁滤镜）：这个功能对具有丰富高频细节的图像特别有用，如很细的线、锐利的边缘、平行线（波纹问题）或旋转等。这些细节会导致在运动时出现闪烁现象。默认设置（0.00）不添加模糊，对闪烁没有任何影响。要添加一些模糊，消除闪烁，将参数改为 1.00。

我们来近距离观察一下动画的剪辑，如图 9-2 所示。

1. 继续使用序列 01 Floating。

2. 单击 Timeline 上唯一的剪辑，确保其处于被选中状态。

3. 确保 Effect Controls 面板可见。它在你重置 Effects 工作区时会出现，如果它没有出现，查找 Window 菜单。

4. 单击 Effect Controls 面板中单击 Motion 的展开小三角形，显示出其参数，如图 9-3 所示。

5. 在 Effect Controls 面板设置的右上角，序列名称的右边，会有一个小的三角选项显示 Timeline 的数值。确保 Timeline 可见，否则，点击该三角选项使其显示出来。Effect Controls 面板中的 Timeline 显示关键帧，如图 9-4 所示。

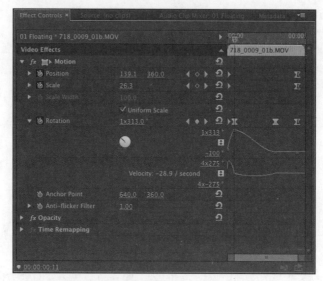

图9-2

图9-3

图9-4

注意：使用鼠标精确选择关键帧非常困难。使用上一个 / 下一个关键帧按钮可以防止添加不需要的关键帧。

6. 单击 Go to Previous Keyframe（移动到上一个关键这帧）或者 Go to Next Keyframe（移动到下一个关键帧）箭头可以在应用到剪辑上的关键帧之间跳跃。每个控制都有它自己的关键帧。

既然知道了如何查看动画，让我们重置剪辑。在本课的后面将会进行动画学习，如图 9-5 所示。

注意：当 Toggle 动画按钮打开后，单击 Reset 按钮不会影响存在的关键帧。相反，在默认配置里新加入一个帧。这在重置特效之前关闭动画非常有用，避免造成影响。

7. 单击 Position 的 Toggle Animation（切换动画）关键帧记录器图标，关闭其关键帧，如图 9-6 所示。

图9-5

图9-6

8. 当提示该操作将删除所有关键帧时，请单击 OK 按钮。

9. 对 Scale 和 Rotation 属性重复步骤 7 和步骤 8。

10. 单击 Reset 按钮（位于 Effect Controls 面板内 Motion 的右边），如图 9-7 所示。

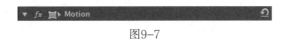

图9-7

这些操作将把 Motion 恢复其到默认设置。

> **Pr** 注意：每个控制管理都有自己的 Reset 按钮。如果你重置所有的特效，那么每个管理都将返回到它的默认配置。

9.2.2 检查 Motion 属性

Position、Scale 和 Rotation 属性都具有空间属性，这意味着任何你所做的更改都可以轻松被看见，因为对象的尺寸和位置将会发生改变。这些属性可以通过输入数值，可变文本或者使用 Transform（变换）控制进行调整。

要检查某些 Motion 设置，请执行以下步骤。

1. 在 Project 面板中双击序列 02 Motion 将其载入。

2. 在 Program Monitor 中打开 Select Zoom Level 菜单，确保缩放级别被设置为 25% 或者 50%（或者使缩放量达到可以看到框架周围的区域）。

缩放量设置的小，可以容易地在帧的外面定位条目。

3. 在剪辑中随意拖动播放头，你可以在 Program Monitor 中看到视频。

4. 在 Timeline 上单击剪辑，使其处于被选中状态，并且在 Effect Controls 中是可见的。

如果需要，单击小三角打开 Motion 属性。

5. 在 Effect Control 面板中单击 Transform 按钮（位于 Motion 旁边）。

当选择运动特效后，在 Program Monitor 面板中的剪辑周围会出现一个带十字准线和手柄的边界框，如图 9-8 所示。

> **Pr** 注意：部分特效（如 Motion 特效）中提供了 Transform 按钮，可以使用该按钮直接进行操控。请务必体验一下 Corner Pin（角定位）、Crop（裁切）、Garbage Matte（垃圾蒙版）和 Twirl（旋转）选项。

6. 单击 Program Monitor 中剪辑边界框的任意位置，四处拖动剪辑，如图 9-9 所示。

Effect Controls 面板中的 Position 数值会随着剪辑的移动而变化。

图9-8

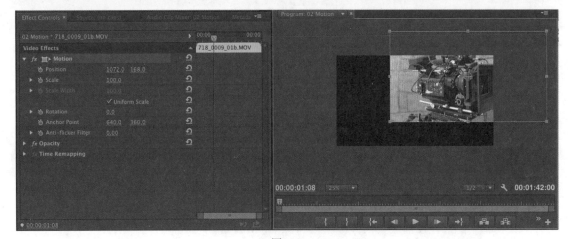

图9-9

7. 拖动剪辑使剪辑的中心位于屏幕的左上角。使用中心的圆圈和十字光标，使剪辑对齐到图片的边缘。

十字光标是一个锚点，它用于定位和旋转控制。观察 Effect Controls 面板中的 Position 数值应该是（0，0）（或者近似值，由剪辑中心所在的位置决定），如图 9-10 所示。

项目中使用的 720p 序列，所以屏幕的右下角应该是（1280，720）。

8. 单击 Reset 按钮将剪辑重新存储在其默认的位置。

9. 在 Effect Controls 面板中，单击并拖动 Rotation 属性的橙色数字。向左或者向右拖动旋转对象，如图 9-11 所示。

Pr　注意：Premiere Pro 使用坐标系统，屏幕的左上角是（0，0）。所有 x 和 y 值，位于该点左侧和上方的为负值，位于右侧和下方的为正值。

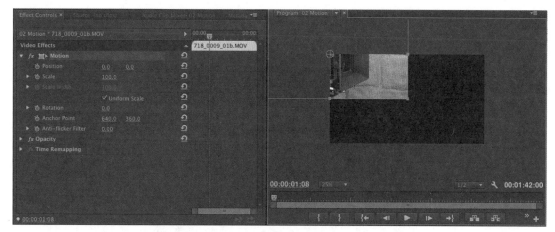

图9-10

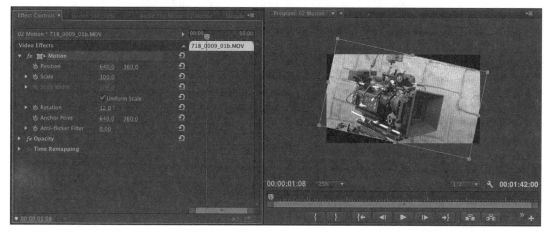

图9-11

10. 单击 Effect Controls 面板中的 Motion Reset 按钮，将剪辑重新存储在其默认的位置。

9.3 更改剪辑的位置、尺寸和旋转

剪辑仅仅使用了 Motion 特效的一小部分功能。Motion 最有用的功能是缩放和旋转剪辑。在这个示例中，我们将为一张 DVD 创建一个简单的幕后花絮。

9.3.1 更改位置

下面开始使用关键帧使图层的位置动画。在这个练习中，首先我们改变剪辑的位置，图片将移动到幕后，然后从右到左移动屏幕。

1. 在 Project 面板中双击序列 03 Montage 将其载入。

该序列中包含几个轨道，其中一些轨道现在还不可用，我们将在本章后面使用这些轨道。

2. 将播放头移动到序列的起点。

3. 将 Program Monitor 缩放级别设置为 Fit。

4. 选择位于轨道 Video 3 上的第一个剪辑。轨道高一些会比较容易看到。

剪辑的控件载入到了 Effects Control 面板中，如图 9-12 所示。

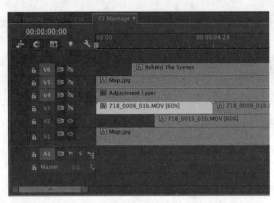

图9-12

5. 在 Effect Controls 面板中，确保 Motion 设置可见（如果需要，可以单击 Motion 设置折叠三角形）。然后单击 Position 的 Toggle animation（切换动画）按钮激活 Position 属性的关键帧，在播放开始位置自动添加一个关键帧。

从现在开始，当你更改设置时，Premiere Pro 将自动添加或更新一个关键帧。

6. 为 x 轴输入数值 -640 作为起始位置。

剪辑将向左移动幕后，如图 9-13 所示。

图9-13

7. 将播放头拖动到剪辑的末尾（00:00:4:23）。你可以在 Timeline 面板或者 Effect Controls 面板中执行该操作。

8. 为 x 轴输入一个新的位置数值。使用 1920 将剪辑推向屏幕的右侧边缘。

9. 播放序列并查看到剪辑从幕后左边移动到右边。

在 Video 2 突然弹出一个剪辑，下一步对该剪辑或者其他剪辑进行动画处理，如图 9-14 所示。

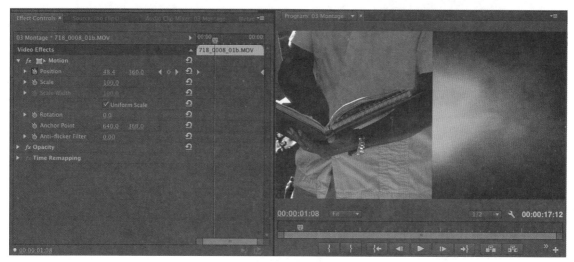

图9-14

9.3.2 重复使用 Motion 设置

对一个剪辑应用了关键帧和特效之后，可以对其他剪辑重复使用这些关键帧和特效以节省时间。在其他剪辑上重复使用特效很容易，就像复制和粘贴操作那样。在这个示例中，我们将对项目中的其他剪辑应用相同的从左到右的浮动动画。

要重复使用特效，存在几种方法，我们现在来尝试其中的一种。

1. 在 Timeline 面板中，选择想要创建动画的剪辑。应该选择的是 Video 3 上的第一个剪辑。

2. 选择 Edit>Copy 命令。

剪辑的属性现在已经在计算机的剪辑板上了。

> **注意**：作为选择 Timeline 上的剪辑的替换方法，可以在 Effect Controls 面板中选择一个或者多个特效。只需选择你想复制的第一个特效，然后按住 Shift 键并单击可选择更多的特效。Ctrl + 单击（Windows）或者 Command + 单击（Mac OS）选择多个非连续的特效。然后可以选择另一个剪辑（多个剪辑）并选择 Edit>Paste 命令，将特效粘贴到其他剪辑上。

3. 使用 Selection 工具（V），从左向右拖动 Video 2 和 Video 3 轨道上的其他 5 个剪辑（你可能需要缩小一点，以便能显示出所有剪辑）。你也可以按住 Shift 键选择 5 个剪辑的第一个和第五个进行选择，如图 9-15 所示。

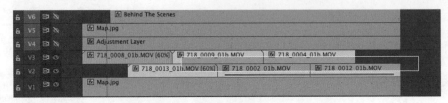

图9-15

4. 选择 Edit>Paste Attribute（粘贴属性）命令，如图 9-16 所示。

图9-16

5. 弹出的对话框，让你选择性地应用从其他剪辑复制过来的特效和关键帧。只选择 Motion 和 Scale Attribute Times 复选框，单击 OK 按钮。

6. 播放序列查看当前的工作成果，如图 9-17 所示。

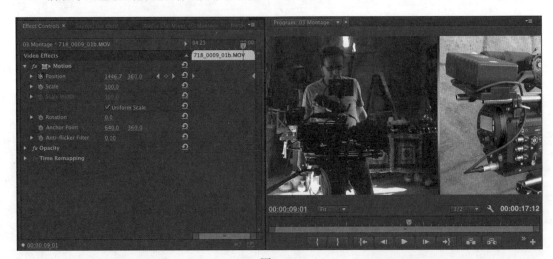

图9-17

9.3.3 添加旋转和改变锚点

虽然在屏幕上移动剪辑非常有效，但是使用另外两个属性会使得更加栩栩如生。现在让我们学习旋转。

旋转属性可以使剪辑绕 z 轴旋转。默认情况下，它将围绕对象的中央进行旋转，即它的锚点。不过，你可以改变锚点和图像之间的关系，使得动画更加有趣。

现在，我们来为剪辑添加一些旋转特效。

1. 开启 Video 6 的可视图标（点击眼睛图标），图层命名为 Behind The Scenes，如图 9-18 所示。

图9-18

2. 将播放头移动到字幕的开始处（00:00:01:13）。在拖放播放开始位置时按住 Shift 键。

3. 在 Timeline 上选择该标题。

它的控件将会出现在 Effect Controls 面板中。

4. 如果控件不可见，可以单击 Motion 属性旁边的三角形。在 Program Monitor 中选择 Motion 特效名，查看锚点和边界框控件。

现在，我们仅调整 Rotation 属性，查看它的特效。

5. 在 Rotation 字段框中输入数值 90.0°。

标题将在屏幕的中央进行旋转。

6. 选择 Edit>Undo 命令。

7. 拖放 Anchor Point 橙色数字调整锚点直到十字光标位置第一个单词字母 B 的左上角。

你将注意到改变锚点设置不会移动锚点位置，相反，它移动了图像！记住是 Position 设置控制着锚点。现在你改变的是锚点和剪辑帧之间的关系，如图 9-19 所示。

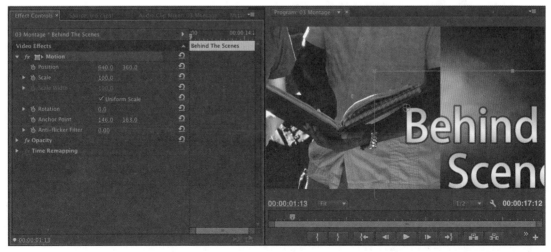

图9-19

8. 在 Program Monitor 中，单击字幕并将其拖动到屏幕的中央。可以使用边界框作为参考以帮助你对项目进行定位。同样，使用数值 155.0 和 170.0 可以使项目居中。

图像看起来和开始时一样。不同之处在于新的锚点将会改变旋转的效果。

9. 播放开始位置仍然是剪辑的第一个帧。单击停止观看按钮，Rotation 设置处理动画，这将自动添加一个关键帧。

10. 设置旋转 90.0°。这将更新你刚才添加的关键帧，如图 9-20 所示。

图9-20

11. 将播放头移动到 6:00 处并设置旋转 0.0°，这将自动添加另一个关键帧，如图 9-21 所示。

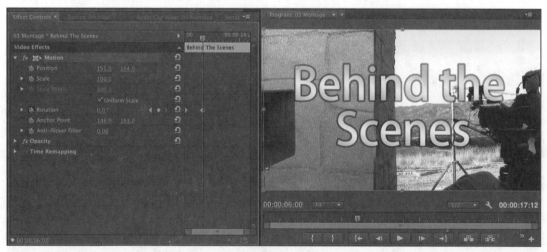

图9-21

12. 播放序列查看动画效果。

9.3.4　更改尺寸

要改变序列中项目的尺寸，你会发现存在几种方法。默认情况下，添加到序列中的项目是100% 的原始尺寸。但是，可以手动对其进行调整，或者让 Premiere Pro 自动来完成。

以下是 4 种可供选择的方法。

- 在 Effect Controls 面板中使用 Motion 特效的 Scale 属性。

- 右键单击序列剪辑并选择 Set To Frame Size 命令。这将自动调整 Motion 特效的 Scale 属性匹配剪辑帧尺寸和序列大小。

- 右键单击序列剪辑并选择 Scale To Frame Size（按尺寸缩放）命令（如果剪辑的帧尺寸与序列不同）。这会有相似的的结果，不过 Premiere Pro 会重新以新的分辨率（通常较低）取样图像。如果现在使用 Motion>Scale 设置按比例缩减，那么图像看起来比较柔和，即使原始剪辑有非常高的分辨率。

- 默认使用用户首选项选择 Scale To Frame Size。选择 Edit>Preferences>General 命令（Windows）或者 Premiere Pro>Preferences>General 命令（Mac OS）。然后选择 Default Scale To FrameSize（默认按帧尺寸缩放）选项并单击 OK 按钮。设置应用到导入的预设中。

为了获得最大的灵活性，仅使用第一种方法或者第二种方法就可以获得所需要的缩放效果，同时不会导致质量的丢失。我们来试一下这种方法。

1. 在 Timeline 上选择剪辑 Behind The Scene，将播放头移动到剪辑的起始处。

2. 单击 Scale 属性的停止观看按钮，打开动画。

3. 输入数值 0%，如图 9-22 所示。

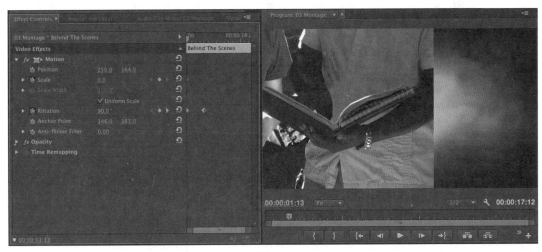

图9-22

4. 我们对齐下一个 Scale 关键帧到已存在 Rotation 关键帧，单击 Rotation 属性的 Go to Next Keyframe 按钮，如图 9-23 所示。

5. 为 Scale 属性输入数值 100%。

图9–23

"Toggle animation"属性被启用之后，Premiere Pro 会自动添加一个新的关键帧。

6. 开启 Video 4 轨道。

这是一个对所有素材应用全局特效的调整图层。在这个示例中，应用了 Black（黑）和 White（白）特效删除每个剪辑中的饱和度。第 13 课中将会详细介绍调整图层。

7. 开启 Video 5 轨道。

这是一个设置为 Overlay（叠加）混合模式的着色纹理图层。混合模式能够使你将多个图层中的内容混合到一起，如图 9-24 所示，第 15 课中将会介绍更多有关模式的内容。

图9–24

8. 播放序列，查看动画效果。

9.4　使用关键帧插值

在本课中，我们已经使用关键帧定义动画了。术语"关键帧（Keyframe）"是由传统动画创作中衍生出来的。在传统动画创作中，首席艺术家绘制动画中关键的帧（或者称为主要动作），然后助理动画师负责创建关键帧之间的帧，这个过程通常称为"补间动画（tweening）"。使用 Premiere Pro 创建动画时，你自己就是首席动画师，计算机负责完成其他的工作，它会在你设计的关键帧之间插入数值。

时间插值和空间插值

有些属性和特效会在关键帧过渡期间提供空间插值和时间插值方法。你会发现所有属性都有时间控件（与时间有关），有些属性还提供空间插值（与空间或者移动相关），如图9-25所示。

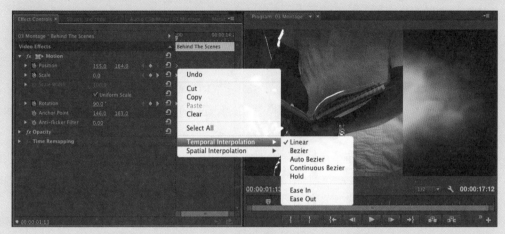

图9-25

下面是对每种方法的基本描述。

- 时间插值：时间插值用于处理时间上的改变。它可以决定对象穿过运动路径时的速度。例如，可以使用 Ease（缓入缓出）或者 Bezier（贝塞尔）关键帧加速或者减速运动路径。

- 空间插值：空间插值通常用于处理对象形状上的变化。这是控制对象通过屏幕时路径形状的有效方式。路径称为运动路径。例如，可以使带尖角的对象在关键帧之间进行跳跃运动，或者使圆角对象进行缓坡运动。

9.4.1 关键帧插值方法

尽管我们已经使用关键帧创建了动画，但是这只是对它强大的功能做了一个简单的了解。在使用关键帧的功能时，最有用的是使用它们的插值方法。简单说，就是如何从 A 点移动到 B 点。可以将其想象成运动员从起跑线上迅速起跑并在穿过终点线后逐渐减速的情形。

Premiere Pro 具有 5 种可控制插值过程的方法。使用不同的方法可以创建不同的动画效果。右键单击关键帧就可以轻松访问每种可用的插值方法。你会看到列出的 5 个选项（有些特效同时提供空间和时间目录）。

- Linear 插值：这是默认关键帧插值方法。它会在关键帧之间创建一致的变化速率。第一个关键帧会迅速改变并以相同的速度过渡到下一个关键帧。在第二个关键帧上，变化速率会立即切换到它与第三个关键帧之间的速率。这是有效的，不过这种方法看上去有一点机械。

- Bezier 插值：如果想获得对关键帧插值最大的控制，可以选择 Bezier 插值方法。该选项提供手动控制，因此可以在关键帧两侧调整数值图形的形状或者运动路径。通过拖动 Bezier 句柄，你可以创建平滑弯曲调整或者尖锐的角度。例如，有一个对象平滑地移动到屏幕位置上，然后在另一个方向大幅度起飞。

- Auto Bezier 插值：该选项能够在关键帧中创建平滑的变化速率，并且当你改变数值时，会自动执行更新。这是 Bezier 关键帧的快速修复版本。

- Continuous Bezier 插值：该选项与 Auto Bezier 选项类似，但是它同时还提供相同的手动控制。运动或者数值路径具有平滑的切换效果，但是你可以使用控制手柄调整关键帧两侧的 Bezier 曲线的形状。

- Hold 插值：这是一个附加的插值方法，它只能用于时间属性（基于时间的属性）。这种风格的关键帧允许关键帧一直保持它的值而不进行逐渐切换。如果你想要创建断开的移动或者使对象突然消失不见，这种方法很有用。使用这种方法时，第一个关键帧的数值将会一直保持，直到下一个保持关键帧被计算进来为止，然后数值会立即发生改变，如图 9-26 所示。

图9-26

9.4.2　为运动添加缓入缓出特效

要使剪辑的运动给人一种很缓慢的感觉，一个快速的方法就是使用 Ease（缓入缓出）预设。例如，你可以创建速度不断上升的特效。通过右键单击关键帧，可以选择 Ease In（缓入）或者 Ease Out（缓出）选项。Ease In 选项用于接近关键帧，而 Ease Out 用于离开关键帧位置。

1. 继续使用前面的序列，或者双击以在 Project 面板中载入 04 Montage Complete。

2. 选择轨道 Video 6 上的剪辑 Behind The Scenes。

3. 在 Effect Control 面板中，找到 Rotation 和 Scale 属性。

4. 单击 Scale 和 Rotation 属性旁边的显示三角显示控制手柄和速率图形。

你可能需要增加 Effect Control 面板的高度，为所有额外的控件留有空间。

不要被下一个数字和图形覆盖。一旦了解了其中一个，那么就了解所有内容，因为他们使用同样控件。

图形可以容易地查看关键帧插值的特效。直线意味着速度或者加速度没有发生本质改变，如图 9-27 所示。

5. 右键单击第一个 Scale 关键帧，显示在 Effect Control 面板中的迷你 Timeline 上，并选择 Ease Out 命令，如图 9-28 所示。

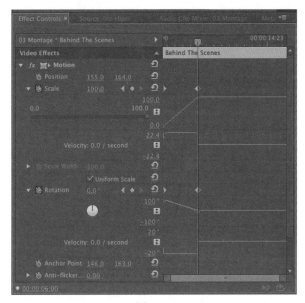

图9-27

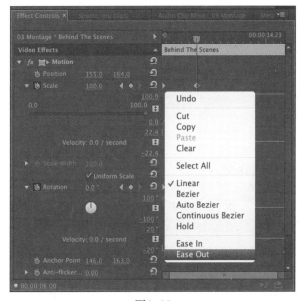

图9-28

6. 对 Rotation 属性的第一个关键帧重复以上步骤。

7. 仔细观察速率图形并查看逐渐发生的变化。

8. 对于下两个关键帧,右键单击并为 Scale 和 Rotation 选择 Ease In 方法,如图 9-29 所示。

9. 播放序列,查看动画效果。

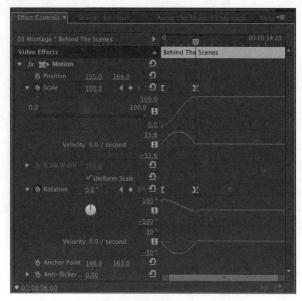

图9-29

> **Pr** 提示：如果想创建缓慢的运动（如火箭升空），可以尝试使用 Ease。右键单击关键帧，选择 Ease In 或者 Ease Out（分别针对接近关键帧和离开关键帧）。

10. 体验一下在 Effect Controls 面板中拖动 Bezier 手柄，查看速度上的效果。

11. 创建的曲线越陡峭，说明动画中的移动或者速度增加得越快。体验之后，如果不喜欢这些更改，可以选择 Edit> Undo 选项。

9.5 使用其他运动相关的特效

Premiere Pro 还提供了其他很多用于控制运动的特效。Motion 特效时最为直观，但是你有时候也想进一步增强这种特效。在这种情况下，可以使用倾斜的边缘或者投射阴影效果。

此外，Transform（变换）和 Basic 3D（基本三维）特效也能够获得更多对对象的控制（包括三维旋转）。

9.5.1 添加投影

投影通过在对象后面添加较小的阴影来创建透视效果。这种方法通常用于创建各个元素之间的距离感。

要添加投影，请执行以下步骤。

1. 继续使用前面的序列，或者双击在 Project 面板中载入 05 Enhance。

2. 确保 Select Zoom Level 菜单，将缩放级别更改为 Fit。

3. 选择轨道 Video 6 上的剪辑 Behind The Scenes。

4. 在 Effects 面板中（在工作区它应该在 Project 面板共享了帧），选择 Video Effects（视频特效）> Perspective（透视）命令，将 DropShadow（投影）特效拖动到顶层剪辑上。

5. 在 Effect Controls 面板中，单击 Motion 特效旁边的三角形，以便看到 Drop Shadow 选项，如图 9-30 所示。

6. 按照下面的步骤体验一下 Effect Controls 面板中的 Drop Shadow 参数。

- 将 Distance（距离）修改为 15，以便使阴影离剪辑更远一些。

- 将 Direction（方向）值拖动到 320°，查看阴影角度的变化。

图9-30

- 将 Opacity（不透明度）修改为 85%，使阴影变暗。

- 将 Softness（柔和度）设置为 25，使投影边缘变柔和。通常，Distance 参数越大，应用的 Softness 值也应该越大，如图 9-31 所示。

图9-31

> **Pr** | **注意**：如果要使阴影远离某个具体的光源，可以从光源方向上增加或者减少 180°，以便获得正确的阴影投射方向。

7. 播放序列，查看动画效果。

9.5.2　添加斜面

另一种能够增强剪辑边缘效果的方法是添加斜面。这种类型的特效对于画中画特效或者文本非常有用。有两种可供选择的斜面。当对象是一个标准的视频剪辑时，BevelEdges（斜面边缘）特效很有用。而对于文本或者 Logo 来说，Bevel Alpha 能够获得较好的效果，因为它能够在应用倾斜的边缘之前对复杂的透明区域进行探测。

我们进一步增强风格。

1. 继续使用前面的序列 05 Enhance。

2. 选择轨道 Video 6 上的剪辑 Behind The Scenes。

3. 在 Effect 面板中，选择 Video Effects> Perspective 命令，将 Bevel Alpha 特效拖动到顶层剪辑上。文本的边缘将会出现略微的倾斜。

4. 在 Effect 面板中，将 Edge Thickness（边缘厚度）增加到 10，使边缘效果更加明显。你可能需要向下滚动 Effect Control 面板查看所有的配置。

5. 将 Light Intensity（光照强度）增加到 0.8，增加边缘特效的亮度。

特效看上去很好，但是现在它同时被应用到了文本和投影上。这是因为该特效在 EffectControls 面板中位于投影的下方（堆栈顺序问题），如图 9-32 所示。

图9-32

> **Pr** **注意**：相对于 Bevel Alpha 来说，Bevel Edges 生成的边缘会更锐利一些。对于矩形剪辑来说，这两种特效都能够获得很好的效果，但是 Bevel Alpha 更加适合用于文本和 Logo 上。

6. 在 Effect Control 面板中，将特效拖动到 Drop Shadow 的上方，你将看到特效位置的黑线，这改变了渲染顺序，如图 9-33 所示。

图9-33

7. 将 Edge Thickness（边缘厚度）的量减少到 8。

8. 检查斜面上细微的差别，如图 9-34 所示。

图9-34

> **Pr** | **注意**：当对剪辑应用多个特效时，如果没有获得自己想要的外观，可以四处拖动以改变顺序并查看是否能够生成自己想要的结果。

9. 播放序列，查看动画效果。

9.5.3 变换

Transform（变换）是一个可以替代 Motion 特效操作的特效。这两种特效提供相同的控制。Transform 和 Motion 之间存在 3 个主要区别。Transform 能够在对其他标准特效进行渲染之前，先对任何与剪辑的锚点、位置、缩放或者不透明度有关的更改进行处理。这意味着一些元素将会有不同的行为方式。

Transform 特效还会添加倾斜和倾斜轴属性以创建可视的剪辑角变换效果。最后，Transform 特效并不是 Mercury Engine GPU 加速特效，因此需要更长的处理时间，也不能提供很多实时播放性能。

我们现在通过检查一个预构建的序列来比较一些这两种特效。

1. 打开序列 06 Motion and Transform。

2. 播放序列并观看几次。

两组视频中，画中画从左向右移动时，都会在背景剪辑上旋转两周。请仔细观察阴影与每对剪辑的关系。

- 在第一个例子中，阴影跟随 PIP 的底边，因此在旋转时阴影出现在剪辑的所有 4 个侧面，这显然不逼真，因为光源产生阴影，而光源没有移动，如图 9-35 所示。

- 在第二个例子中，阴影保持在 PIP 的右下角，这显得很逼真，如图 9-36 所示。

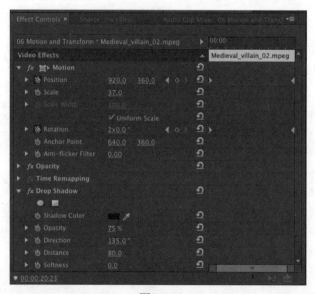

图9-35

3. 单击 Video 2 轨道上的第一个剪辑，查看 Effect Controls 面板中应用的特效：Motion 固定特效和 Drop Shadow 特效。

4. 现在点击 Video 2 轨道上的第二个剪辑，你将看到 Transform 特效产生运动效果，Drop Shadow 特效又产生出阴影。

Transform 特效具有许多和 Motion 固定特效功能相同的参数，但同时增加了 Skew（倾斜）、Skew Axis（倾斜轴点）和 Shutter Angle（快门角度）参数。正如刚才所看到的，Transform 特效与 Drop Shadow 特效的配合将比采用 Motion 特效效果更逼真。

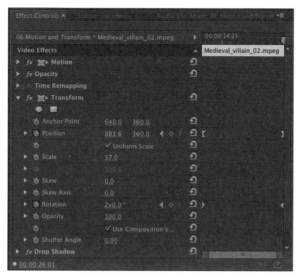

图9-36

5. 如果你的系统具有与 Mercury Engine 兼容的图形卡，则会发现 Timeline 上方的渲染条对于第一个剪辑是黄色的，而对于第二个剪辑是红的。

这表明 Motion 特效支持 GPU 加速功能，这将使预览和渲染更加高效。而 Transform 特效不支持该功能。

9.5.4 Basic 3D

另一个可以创建移动效果的选项是 Basic 3D 特效，该特效可以在三维空间中操控剪辑。基本上讲，你可以绕水平和垂直方向的轴旋转图像，也可以使图像向前或者向后移动。你还会发现一个能够启用镜面高光（Specular Highlight）的选项，可以创建光线从旋转的表面反射的效果。

我们来使用一个预构建的序列体验探索一下这个特效。

1. 打开序列 07 Basic 3D。

2. 拖动播放头到序列的 Timeline(scrub) 上方，快速查看其中的内容，如图 9-37 所示。

跟随运动的光线被称为镜面高光，镜面高光总是从上方和后面投射到观赏者的左侧。因为光线来自于上方，因此只有当图像向后倾斜捕捉到反射光时，你才能看到该特效。镜面高光能够增强三维特效的真实感。

存在以下 4 个可以增强 Basic 3D 特效的主要属性。

• Swivel（旋转）：该属性用于控制围绕垂直的 y 轴上的旋转。如果旋转超过 90°，图像的后面将会被渲染，成为图像前面的镜像图像。

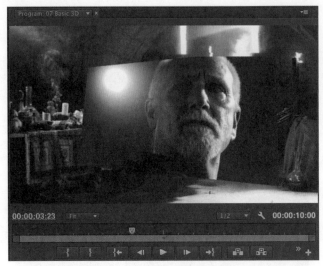

图9-37

- Tilt（倾斜）：该属性用于控制围绕水平的 x 轴上的旋转。如果旋转超过 90°，图像的后面将是可见的。

- Distance to Image（图像距离）：该属性可以使图像沿 z 轴移动并模拟深度效果。距离值变得越大，图像移动的距离就越远。

- Specular Highlight（镜面高光）：该属性会添加从旋转的图像表面反射的亮光，就好像来自上方的光照在表面上一样。可以开启或者关闭该选项。

3. 体验各种可用的 Basic 3D 特效的选项，如图 9-38 所示。

图9-38

复习题

1. 哪种固定特效可以移动帧中的剪辑？

2. 如果想让剪辑满屏显示几秒钟后旋转消失，如何使 Motion 特效的 Rotation 功能从剪辑内启动，而不是在起始处启动？

3. 如何使对象开始慢慢旋转，再慢慢停止旋转？

4. 如果想要为一个剪辑添加投影，除了 Motion 固定特效外，为什么还需要使用其他运动相关的特效？

复习题答案

1. Motion 参数允许你为剪辑设置一个新的位置。使用关键帧时，会创建该特效的动画。

2. 将播放头定位到想要旋转开始的地方，单击 Add/Remove Keyframe 按钮。然后移动到想要旋转结束的地方，并修改 Rotation 参数，此时就会出现另一个关键帧。

3. 使用 Ease Out 和 Ease In 参数改变关键帧插值，让它们开始慢慢旋转，而不是突然旋转。

4. Motion 固定特效是应用到剪辑的最后一个特效。Motion 使在它之前应用的所有特效（包括 Drop Shadow）生效，将它们和剪辑作为一个整体进行旋转。要在旋转的对象上创建逼真的投影效果，请使用 Transform 或 Basic 3D 特效，然后在 Effect Controls 面板中将 Drop Shadow 放置在这些特效之一的下方。

第 10 课 多摄像机编辑

课程概述

- 在本课中，你将学习以下内容：
- 使用同步点同步剪辑；
- 向序列中添加剪辑；
- 创建多摄像机目标序列；
- 在多摄像机之间切换；
- 记录多摄像机编辑；
- 完成多摄像机编辑项目。

 　本课的学习大约需要 45 分钟。

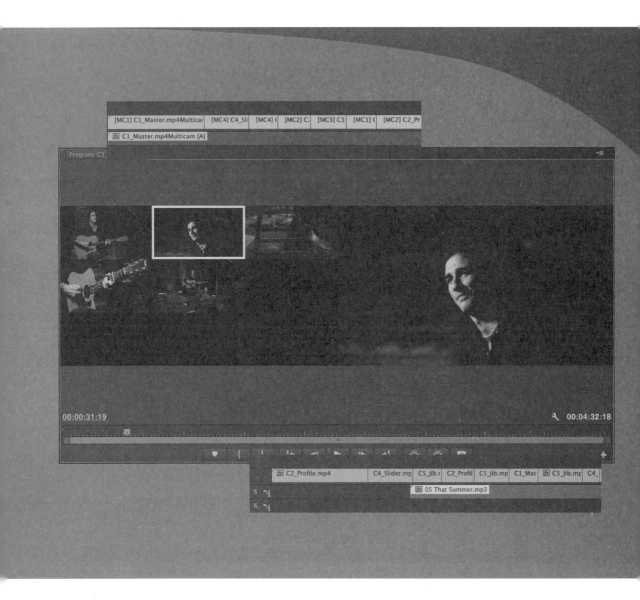

多摄像机编辑的过程以同步多个摄像机角度开始。可以使用时间码或者普通的同步点（如影音对号板合闭或者击掌的时刻）来完成这种操作。剪辑同步之后，可以使用 Adobe Premiere Pro CC 在多个角度上进行无缝裁切。

10.1 开始

在本课中，你将学习如何将同一时间拍摄的多角度素材编辑到一起。由于剪辑是在同一个时间拍摄的，Adobe Premiere Pro 能够实现从一个角度到另一个角度的无缝裁切。

在编辑素材，甚至是由多个摄像机捕捉的素材时，Adobe Premiere Pro 的多摄像机编辑功能能够极大地节省时间。

让我们着手开始。

1. 打开项目 Lesson10.prprroj。

该项目有 5 个演奏会摄像角度以及一个同步的音频轨道。

2. 选择 Window>Workspace>Editing 命令。

3. 选择 Window>Workspace>Reset Current Workspace 命令，以确保用户界面处于默认设置状态。单击 Yes 按钮应用更改。

何时使用多摄像机编辑？

随着高端摄像机价格的不断下滑，多摄像机编辑现在变得越来越普遍。很多情况下都可能用到多摄像机拍摄和编辑。

- 视觉和特效：由于很多特效的拍摄需要很高的成本，所以经常会从多个角度进行拍摄。使用多摄像机拍摄可以降低成本，同时在编辑时获得更大的灵活性。

- 动作场景：在拍摄包含多个动作的场景时，制作人员通常会使用多个摄像机进行拍摄。这样可以减少特技或者危险动作的拍摄次数。

- 不可重复的事件：有些事件，例如婚礼或者体育赛事，特别需要从多个角度进行拍摄，这样能够确保摄影师捕捉到事件中全部的关键元素。

- 音乐和戏剧表演：如果你观看过有关音乐会的视频，就会习惯其中使用的多个摄像机角度拍摄的方式。相同的编辑风格还能够提高戏剧表演的节奏感。

- 脱口秀类型：在采访类的视频中，经常需要在采访者和被采访者之间进行切换，有时还需要同时展现这两者。使用多摄像机编辑不仅能够增加视频的趣味性，还可以节省编辑所需的时间。

10.2 多摄像机编辑过程

多摄像机编辑有一个非常标准化的工作流程。一旦学会了它，它就相当简单。

有以下 6 个步骤。

1. 载入素材：要编辑素材，需要将其载入到 Premiere Pro 中。理想情况下，摄像机会与帧频率和帧尺寸十分匹配，但是你可以根据需要进行调整。

2. 确定同步点：该步骤的目的是使多个角度保持同步运行，这样就可以在它们之间进行无缝切换。你需要找到一个在时间上存在于所有角度的点进行同步，或者使用匹配的时间码。当然，如果所有的轨道具有相同的音频，可以自动同步操作。

3. 创建多摄像机源序列：各个角度必须被添加到一个特殊的序列类型上，这个序列类型称为多摄像机源序列（multi-camera source sequence）。基本上说，它就是一个包含多个视频角度的特殊的剪辑。

4. 创建多摄像机目标序列：多摄像机源序列需要被添加到一个新的序列中以便进行编辑。这个新的序列就是多摄像机目标序列（multi-camera target master sequence）。

5. 记录多摄像机编辑：Multi-Camera Monitor（多摄像机监视器）是一个特殊的面板，它允许你在摄像机角度之间进行切换。

6. 调整和细化编辑：编辑基本成形之后，可以使用标准的编辑和裁剪命令对序列进行细化操作。

10.3 创建多摄像机序列

编辑人员可以使用更多的摄像机角度，唯一的限制因素就是播放所选剪辑的计算能力。如果你的计算机和硬盘驱动运行足够迅速，那么可以实时播放多个视频。

10.3.1 确定同步点

要同步素材的多个角度，需要确定以何种方式构建多摄像机序列。在同步序列时，可以从以下 5 种方法中选择一种。选择哪一种方法由个人的喜好以及素材的拍摄方式所决定。

- In 点：如果有通用的起始点，可以在想要使用的所有剪辑上设置一个 In 点。如果所有摄像机都在关键动作开始之前移动，那么这种方法非常有效。

- Out 点：这种方法与使用 In 点进行同步类似，只不过使用的是通用的 Out 点而已。当所有摄像机捕捉关键动作的结尾（如运动员穿过终点线）但摄像机在不同的时间开始记录时，使用 Out 点同步方法可以获得非常理想的效果。

- 时间码：很多专业摄像机可以在多个摄像机之间同步时间码。可以将多个摄像机连接到一个通用的同步源上，也可以仔细配置摄像机并同步记录过程。很多时候，小时位置上的数字用于代表摄像机编号，例如，摄像机 1 将会在 1:00:00:00 上开始，而摄像机 2 则在 2:00:00:00 上开始。使用时间码同步时，可以忽略小时位置上的数字。

- 剪辑标记：In 点和 Out 点有时候可能会不小心从剪辑中删除。而在剪辑上添加标记则是一种更为可靠的方法。可以使用标记识别通用的同步点。相比之下，标记更不容易从剪辑中删除。它们也可以基于情节的任一部分——可以是一个部分贯穿所有摄像机记录的事件。

- 音频：如果每一个摄像机记录音频（即使是从小麦克风得到的质量差的音频），Premiere Pro 也会自动同步剪辑。该方法的结果依赖于音频足够清晰。

Pr   提示：如果你对视频同步的剪辑没有一个清晰的认识，那么查看一下音频轨道上的拍噪声或者嘈杂的声音。在声波中，通过查看普通峰值同步视频通常比较容易。在每个点上添加一个标记，然后使用标记同步。

使用标记同步

    在同一场自行车比赛中，如果使用4台摄像机拍摄了4个剪辑，而且每台摄像机都是从不同的时间开始记录的，那么第一个任务就是找到4个剪辑在时间上的某个相同点，这样它们才可以被同步。

    使用普通事件就可以完成（如发令枪的火焰或者相机闪光灯）。简单地把每个剪辑装载到Source Monitor中，并为事件的每个实例添加一个标记（M），你就可以使用这些标记同步这些剪辑了。

10.3.2   向多摄像机源序列中添加剪辑

当确定了想要使用的剪辑以及它们通用的同步点之后，就可以创建多摄像机源序列了。这是一个专门用于多摄像机编辑的特别的序列。

1. 选择 Multicam Media bin 中所有的剪辑。

剪辑的选择顺序，就是添加到序列中的顺序。通过按下 Control 键（Windows）或 Command 键（Mac OS），可以选择多个作为特殊的摄像角度。例如，如果你单击选择了剪辑 1、然后剪辑 2、剪辑 3，那么它们将成为摄像角度 1、角度 2 和角度 3。

如果你选择的是剪辑 1，然后剪辑 3、剪辑 2，那么它们将成为摄像角度 1、角度 3 和角度 2。以后也可以容易地更改，如图 10-1 所示。

2. 右键单击其中一个剪辑，打开关联菜单，选择 Create Multi-camera Source Sequences（创建多摄像机源序列）命令。也可以选择 Clip>Create Multi-camera Source Sequences 命令。

这时会出现一个新的对话框，询问你以何种方式创建多摄像机源序列，如图 10-2 所示。

3. 在同步点，选择音频方法。

图10-1

图10-2

4. 在 Audio Sequence Settings 菜单中，选择 Camera 1。实际上，由于其中一个剪辑只有音频，它将自动作为新创建多摄像机序列的音频。如果我们没有单独音频剪辑，Premiere Pro 将使用第一个选择的镜头。

5. 剪辑可以使用有用的名称，可以用来作为摄像角度的名称。在摄像名称中，选择使用剪辑名称，然后单击 OK 按钮。

Premiere Pro 分析剪辑，并新添加一个多摄像机源序列到 bin 中。

6. 双击该多摄像机源序列，将其载入到 SourceMonitor 面板中，如图 10-3 所示。

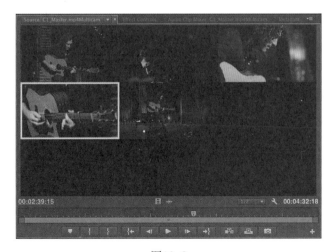

图10-3

> **提示**：在选择角度时，在 bin 中的第一个剪辑将成为多摄像机源序列的音频轨道（即使更改了角度），除非你添加了一个音频剪辑（Premiere Pro 会假定你要使用它）。另一个方法是置放一个专用的音频，位于另外的轨道上，同步它。第三个方式，伴随着视频的音频，从 Multi-Camera Monitor 视图（在面板的右上角）中选择同步音频，来改变视频。

7. 拖动剪辑的播放头，查看多个角度。

视频将显示在网格中，一次性显示出所有的角度。由于摄像机开始记录的时间不同，所以有些角度以黑色开始。

> **注意**：Premiere Pro 会自动调整多摄像机网格以适应角度的数量。例如，如果剪辑的数量时 4，那么网格为 2×2，如果剪辑的数量时 5 到 9，那么网格为 3×3，如果剪辑的数量时 16，则网格为 4×4，依此类推。

在这个例子中，使用了自动操作项目面板工作流，创建一个多摄像机序列。你也可以手动创建一个序列，在不同轨道上同步剪辑，嵌套到目标序列中，然后通过右键单击嵌套序列并选择 Multi-camera>Enable 命令，手动启用多摄像机编辑。

虽然手动创建多摄像机序列会花费很长时间，不过这比较灵活。

10.3.3　创建多摄像机目标序列

创建了多摄像机源序列之后，需要将其放置到其他的序列中。基本上讲，这与普通序列里的剪辑类似，但是这里的剪辑在编辑时可以选择多个素材角度。

1. 找到多摄像机源序列，并命名为 C1_Master.mp4Multicam。

2. 右键单击多摄像机源序列，并选择 New Sequence From Clip 命令，或者拖放剪辑到 Project 面板底部的 New Item 按钮菜单上。

现在就有了一个准备好的多摄像机目标序列，如图 10-4 所示。

图10-4

3. 右键单击嵌套的多摄像机序列，并选择 Multi-Camera 命令。

Multi-Camera 模式已经为嵌套序列使能，在创建序列时，就已经自动开启。可以在任何时候开启或关闭该选项。

4. 已经选择了其中一个摄像机角度。试着选择另一个角度查看 Program Monitor 更新和剪辑的名称，如图 10-5 和图 10-6 所示。

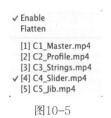

图10-5

图10-6

> Pr 提示：为查看多摄像机序列的内容，可以通过按下 Control 键（Windows）或 Command 键（Mac OS）并双击它。你可以像编辑其他内容一样编辑它的内容，所做的更改将更新到目标序列中。

10.4 切换多个摄像机

当构建了合适的多摄像机源序列并将其添加到多摄像机目标序列中之后，就可以准备进行编辑了。可以使用 Program Monitor 中的 Multi-Camera 视图，以实时的方式来执行这项任务。你可以通过鼠标点击 Program Monitor 或者使用键盘快捷键在不同的角度之间进行切换。

10.4.1 启用录制

在 Timeline 上通过选择当前剪辑的摄像机角度进行 Multi-camera 编辑工作。

如果停止了回放，你可以单击 Program Monitor 左侧的角度，当前序列中的剪辑将更新到匹配状态。

如果序列正在播放，当你单击 Program Monitor 中的角度时，序列剪辑将相应地更新。然而，此时还有一个编辑要应用到剪辑，在你点击新角度之前分开选中的角度。直到停止回放才能看到剪辑部分。

让我们执行一个多摄像机编辑。

1. 点击 Program Monitor 上的设置按钮菜单，并选择 Multi-Camera。该设置按钮菜单将呈现多个显示模式，显示正常视频的默认视图是 Composite Video，如图 10-7 所示。

图10-7

2. 播放序列，以便有个了解。

3. 如果你喜欢以不同的顺序显示摄像角度，这很容易更改。单击 Program Monitor Settings 按钮菜单并选择 Edit Cameras。你也可以拖放摄像角度到任意你喜欢的顺序。现在，单击 Cancel 按钮，如图 10-8 所示。

4. 在 Program Monitor 上面晃动你的鼠标，按下 `（重音符号）键最大化面板。

> **Pr** 注意：默认情况下，前 9 个摄像角度被分配 1 ~ 9 值，它们在键盘上面的位置（不是数字小键盘）。例如，使用数字 1 键选择 Camera 1，2 键选择 Camera 2，以此类推。

5. 设置播放头是序列的开始位置，并按下空格键开始回放。

前面的几秒钟是无声的，直到点击的轨道开始。你将听到在专业录制轨道上一系列短的蜂鸣。

6. 根据个人喜好在多个摄像机角度之间进行切换。可以使用键盘快捷键 1 ~ 5 键在你想切换的相对应角度上进行切换。

当序列播放完毕，它将有多个编辑。每个隔离开的剪辑标签都以【MC#】开始。数字代表了剪辑使用的摄像角度，如图 10-9 所示。

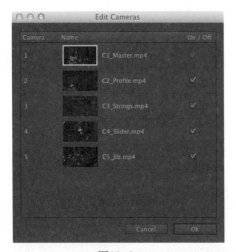

图10-8

图10-9

> **Pr** 注意：如果你向剪辑应用了特效，它们将正常显示在 Program Monitor 中。如果你应用了颜色调整匹配不同的角度时，这就会非常有用。

7. 按下 `（重音符号）键，使 Program Monitor 面板返回到正常的尺寸。

8. 播放序列查看编辑结果。

音频有点噪音。

9. 右键单击音频轨道，并选择 Audio Gain 命令。

打开一个新对话框。

10. 在 Adjut Gain By 字段中，输入 −8dB 并单击 OK 按钮，降低音频音量。

> **Pr** | **注意**：编辑完成之后，可以随时在 Program Monitor 上的 Multi-Camera 视图中或者 Timeline 上进行更改。甚至可以像其他剪辑一样，裁剪部分多摄像机序列。

10.4.2　重新录制多摄像机编辑

第一次录制多摄像机编辑时，你可能会丢失一些编辑。也许会对某个角度裁切得太晚（或者太早）。你也可以自己决定选择哪个角度，这很容易纠正。

1. 将播放头移动到 Timeline 面板的起点。

2. 单击 Multi-CameraMonitor 中的 Play 按钮开始播放。

Multi-CameraMonitor 中的角度将会切换到与 Timeline 中的编辑相匹配。

3. 当播放头到达你想要更改的点时，切换到活动摄像机。

你可以按键盘快捷键中的一个（本例中为 1 ~ 5 键），或者在 Program Monitor 的 Multi-Camera 视图中单击想要的摄像机预览，如图 10-10 和图 10-11 所示。

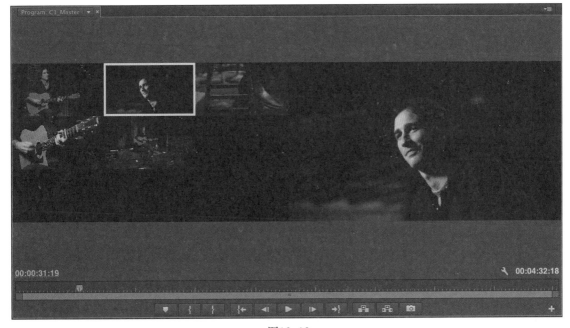

图10-10

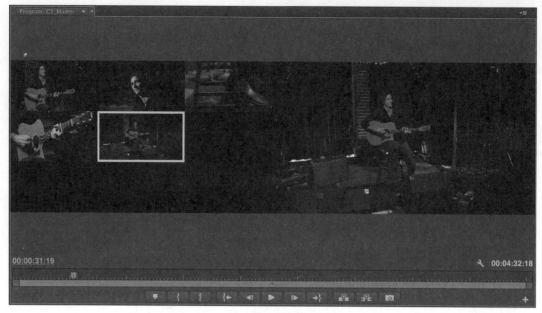

图10-11

4. 完成编辑之后，按空格键停止播放。

5. 单击 Program Monitor Settings 按钮菜单，并选择 Composite Video 返回到正常视图模式。

10.5 完成多摄像机编辑

当在 Multi-Camera 中完成多摄像机编辑之后，可以对其进行细化处理，进而完成最终编辑。所产生的序列与你创建的其他序列相同。因此可以对其执行你到目前为止学到的任意编辑或者裁减技巧。同时，也可以使用其他一些专用选项。

10.5.1 切换角度

如果你对编辑的裁剪结果比较满意，但是不喜欢所选择的角度，可以随时选择其他的角度。这里有几种方法。

1. 右键单击剪辑，选择 Multi-Camera 命令，指定角度。

2. 使用 Program Monitor 中的 Multi-Camera 视图（就像你在本课之前所做的那样）。

3. 如果使能了纠正轨道或者选择了嵌套多摄像机序列剪辑，那么可以使用键盘快捷键 1 ~ 9。

10.5.2 合并多摄像机编辑

你可以合并多摄像机编辑减少回放需要的处理功耗数量和简化序列。当合并编辑时，嵌套的多摄像机序列剪辑将被原始选择的摄像机角度剪辑替换。

处理过程相当简单，如图 10-12 所示。

图10-12

1. 选中所有你要合并的多摄像机剪辑。

2. 右键单击任一剪辑并选择 Multi-Camera（多机位）>Flatten（合并）命令，如图 10-13 所示。

图10-13

一旦剪辑被合并，处理过程不可逆转（除非选择了 Edit>Undo 命令）。

复习题

1. 描述 5 种为多摄像机剪辑设置同步点的方法。

2. 说出两种实现多摄像机源序列和多摄像机目标序列匹配设置的方法。

3. 说出两种在 Multi-Camera 视图中切换角度的方法。

4. 关闭了 Multi-Camera 视图之后如何修改角度?

复习题答案

1. 5 种方法分别为 In 点、Out 点、时间码、音频和标记。

2. 可以右键单击多摄像机源序列并选择 New Sequence from Clip,或者将所摄像机源序列拖动到一个空的序列中,使其与现有设置自动保持一致。

3. 要切换角度,可以单击以便在监视器中预览角度,或者为每个角度使用对应的键盘快捷键(1 ~ 9)。

4. 可以使用 Timeline 中的任何标准裁剪工具调整角度的编辑点。如果想要更改角度,可以在 Timeline 中单击右键,从关联菜单中选择 Multi-Camera 并选择想要使用的角度。

第11课 编辑和混合音频

课程概述

在本课中，你将学习以下内容：

- 使用 Audio 工作区；
- 理解音频特性；
- 调整剪辑音量；
- 调整序列的音频等级；
- 使用 Audio Mixer。

本课的学习大约需要 60 分钟。

在本课中，你将学习如何使用 Adobe Premiere Pro CC 提供的强大的工具来处理音频混合。不管你相信与否，好的声音有时候能够使图像看上去更好。

到现在为止，我们讨论的基本都是与视觉处理相关的内容。毫无疑问，图像非常重要，但是专业的编辑人员通常认为声音与屏幕上的图像具有同等重要的作用，有时甚至比图像更加重要！

11.1 开始

由摄像机录制的声音很少好到可以直接作为最终的输出声音来使用。在 Premiere Pro 中处理声音时，你可能需要执行以下几个任务。

- 告知 Premiere Pro 如何使用与摄像机使用的不同方法来解释所记录的音频信道。例如，可以将立体声解释为单独的单声道音轨。

- 清除背景声音。无论是系统自身的杂音还是外界声音（如空调的声音），都可以使用相关工具对音频进行调整。

- 使用 EQ 特效调整剪辑中不同音频频率（不同的音调）的音量。

- 调整文件夹中剪辑或者序列中某一部分的音量等级。你在 Timeline 上所做的调整会随着时间的变化而不同，进而创建出完整的声音混合效果。

- 添加音乐。

- 添加现场效果，如爆炸、关门声或者大气中的环境音。

想象一下，在看恐怖电影时，将声音关闭会怎么样。如果没有令人感到不安的声音，恐怖时刻之前的画面就如同喜剧一样。

音乐可以对我们的感官功能产生影响，也能够直接影响我们的情绪。事实上，无论是否愿意，我们的身体都会对声音做出一定的反应。例如，我们的心率会受到音乐节奏的影响。节奏感强的音乐会加速我们的心率，而节奏感弱的音乐这回减小我们的心率。这非常神奇！

在本课中，你首先会学习如何使用 Premiere Pro 中的音频工具，然后学些如何对剪辑和序列进行调整。你还将会学习使用 Audio Mixer 在序列播放的过程中对轨道音量进行更改。

11.2 设置音频处理界面

在 Premiere Pro 中，可以通过 Window 菜单访问大部分的界面。通过进入相关菜单并进行选择，可以打开每一个用于进行音频处理的工具。但是还存在一个更为快速的方法。

1. 打开 Lesson 11.prproj。

2. 选择 Window > Workspace > Audio 命令。

3. 选择 Window> Workspace > Reset Current Workspace 命令。

4. 在 Reset Workspace 对话框中单击 Yes 按钮，如图 11-1 所示。

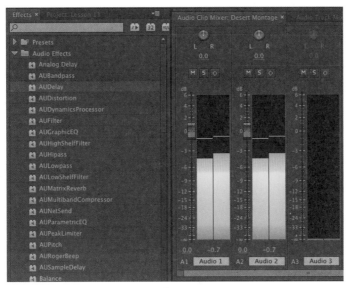

图11-1

11.2.1 Audio 工作区

接下来，你将了解 Audio 工作区中的大部分组件。一个明显的区别是 Audio Mixer 会显示在 Source Monitor 所在的位置。Source Monitor 仍然在该窗口中，只是隐藏起来而已，它与 Audio Mixer 被归组在同一个窗口中。

你将会注意到音量表也不见了。这是因为 Audio Mixer 拥有自己的音量表。

可以修改 Timeline 轨道头出现的方式，包括每个轨道的音频音量，连同轨道等级和面板控件。

下面，添加音频音量到轨道中。

1. 单击 Timeline Settings 按钮，并选择 Customize Audio Header 命令。

Audio Header Button Editor 如图 11-2 所示。

图11-2

2. 拖动 Track Meter 按钮到音频头部之上，并单击 OK 按钮，如图 11-3 所示。

查看新的音量，你可能需要重置音频头部的水平和垂直尺寸大小。

理解 Audio Clip Mixer 和 Audio Track Mixer 之间的区别非常重要，如图 11-4 所示。

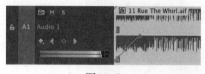

图11-3

图11-4

它们看起来非常相似，不过它们应用不同的调整方法。

- Audio Clip Mixer：提供了调整音频等级和剪辑 pan 的控件。在播放序列时，可以进行调整，Premiere Pro 将会向剪辑添加关键帧。

- Audio Track Mixer：工作方式比较相像，它调整的是音频等级和轨道 pan。剪辑调整和轨道调整结合在一起形成最终输出。因此，如果你降低剪辑音频等级 -3dB，并也降低轨道音频等级 -3dB，那么你总共降低了 -6dB。Audio Track Mixer 也提供了基于轨道的音频特效和子混合器，它允许结合多个轨道输出结果。

你可以应用基于剪辑的音频特效，并在 Effect Controls 面板中调整它的设置。虽然音频调整应用了基于剪辑的特效和 Audio Track Mixer 特效的结合，但是基于剪辑的特效是首先应用的。

11.2.2　主轨道输出

当创建序列时，我们通过选择音频 Master（主）设置来确定它所生成的音频信道的数量。最简单的方式是把序列看作是一个媒体文件，它有帧速率、帧大小、音频采样速率和信道配置，如图 11-5 所示。

图11-5

音频主设置是序列拥有的音频信道数目。

- Stereo（立体声）：输出两个音频信道：Left（左）和 Right（右）。

- 5.1：输出 6 个音频信道：Middle（中）、Front-Left（左前）、Front-Right（右前）、Rear-Left（左后）、Rear-Right（右后）以及 Low Frequency Effects（低频特效，LFE）。

- Multichannel（多通道）：输出 1 到 6 个音频信道（可选择）。

- Mono（单声道）：输出一个音频信道。

创建序列之后，无法对音频 Master 设置进行更改。这意味着，除了多通道序列之外，无法对序列将要输出的通道数量进行更改。

可以在任何时候添加或者删除轨道，但是音频 Master 设置是不变的。如果要更改音频 Master 设置，可以将剪辑从一个序列中复制并粘贴到另一个具有不同设置的序列上。

什么是音频信道？

你可能会认为左（Left）和右（Right）两种音频信道具有很大的区别，但实际上它们都是专用于 Left 和 Right 的单声道音频信道。在进行声音录制时，标准的配置就是具有 Audio Channel 1 Left 和 Audio Channel 2 Right。之所以 Audio Channel 1 是 Left 通道，这是因为以下几个原因。

- 它是使用指向左侧的麦克风录制的。
- 它在 Premiere Pro 中解释为 Left。
- 它被输出到位于左侧的扬声器中。

无论以上哪一种因素，都无法改变它是单声道通道这一事实。它们只不过是一个集合。

如果你对由指向右侧的麦克风录制的音频（Audio Channel 2）执行相同的操作，可以获得立体声音频效果，但是它们仍然只是两个单声道音频信道。

11.2.3　音量表

音频表的主要功能是为序列提供一个总混合输出音量。在播放序列时，你将看到音频表等级动态的改变影响音量。

要使用音量表，请执行以下步骤。

1. 选择 Window > Audio Meters 命令。

在默认的 Audio 工作区中，音量表的尺寸很小，在使用时需要将它的尺寸变得更大。

2. 略微拖动面板的左侧边缘使其加宽，以便可以看到位于面板底部的按钮。在本课的学习中，我们将一直在屏幕上保持该面板，如图 11-6 所示。

右击音频表，可以选择不同的显示范围，默认范围是 0dB~60dB。

你也可以在静态和动态峰值之间选择：当你在音频等级中有一个低的"峰值"，那么你听到的声音在音频表中将一闪而过。使用静态峰值，最大的峰值标记和维持在音频表中，因此你可以看到在播放期间最低的等级点。

你可以单击音频表重置峰值，使用动态峰值时，峰值等级将持续更新，注意观察查看等级变化，如图 11-7 所示。

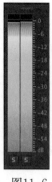

0
-6
-12
-18
-24
-30
-36
-42
-48
-54
dB
S
S
图11-6

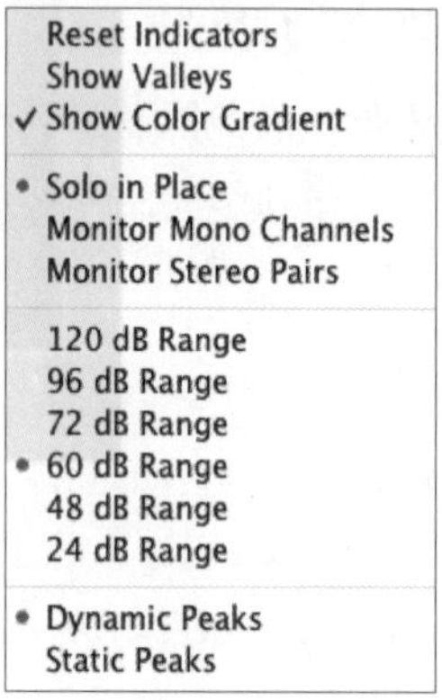
Reset Indicators
Show Valleys
✓ Show Color Gradient
• Solo in Place
Monitor Mono Channels
Monitor Stereo Pairs
120 dB Range
96 dB Range
72 dB Range
• 60 dB Range
48 dB Range
24 dB Range
• Dynamic Peaks
Static Peaks
图11-7

关于音频等级

音频表的单位是分贝，表示为dB。分贝单位有一点不同寻常，最高的音量用0表示，较低的音量由绝对值更大的负数来表示，直到负无穷大。

如果要录制的声音很小，可能会淹没在背景的杂音中。背景杂音可能是环境音，比如空调运行的声音，也可能是系统噪音，比如声音播放时你在扬声器中听到的滋滋声。

当增加音频的整体音量时，背景杂音也会随之增大。当降低整体音量时，背景噪音会随之变小。因此，在录制音频时，最好使用比需要的音频等级更高的音频等级（避免过度驱动），这样稍后可以移除（或者移除大部分）背景杂音。

根据音频硬件的不同，可能会获得大的或者小的信号噪音比，这个值代表你希望听到的声音（信号）与不希望听到的声音（系统噪音）之间的比值。信号噪音比通常用SNR来表示，单位为dB。

11.2.4 查看采样

我们来看一个采样。

1. 在 Source Monitor 里的 Music 文件夹中，在 Source Monitor 中打开音乐剪辑 11 Rue The Whirl.aif。

由于剪辑没有视频，Premiere Pro 将会显示两个音频信道的波形。

在 Source Monitor 和 Program Monitor 的底部，有一个可以显示剪辑全部时长的时间标尺。

2. 单击 Source Monitor 面板菜单，并选择 Time Ruler Numbers（时间标尺数值）将它们激活。

这个时间标尺显示时间标尺上的时间码指示器。尝试使用导航器放大时间标尺。当最大化时，会显示为一个独立的窗口，如图 11-8 所示。

图11-8

3. 再次单击 Source Monitor 面板菜单，并选择 Show Audio Time Units（显示音频时间单位）。

这一次，你将看到时间标尺上的单独的采样。尝试放大一点——现在可以放大到独立的音频采样，此处的示例中为 1/44100 每秒。

> **Pr** **注意**：音频采样率表示每秒钟对要录制的声音源的采样次数。专业音频的采样率通常为 48000 次每秒。

4. 在 Timeline 面板的面板菜单中，可以找到相同的用于查看音频采样的选项。现在，使用 Settings 按钮菜单切换到 Source Monitor 中的 Time Ruler Numbers 选项。

11.2.5 显示音频波形

当在 Source Monitor 中打开仅有音频（没有视频）的剪辑时，Premiere Pro 会自动切换并显示音频波形。

当使用 Source Monitor 或者 Program Monitor 中的波形显示选项时，你将看到每个通道都有一个额外的导航器缩放控件，这些控件的工作方式与面板底部的导航器缩放控件类似。可以重新设置竖直的导航器，以便使波形变得更大或者更小，当音频非常安静时，这个功能非常有用，如图 11-9 所示。

使用面板 Settings 按钮菜单，可以为任何具有音频的剪辑选择显示音频波形。SourceMonitor 和 Program Monitor 中具有相同的选项。

图11-9

> **Pr** **注意**：如果想要找到某些具体的对话并且不需要考虑视频，那么这个选项非常有用。

1. 在 Source 面板中，打开 Theft Unexpected bin 文件夹中的剪辑 HS John。

2. 单击 Settings 按钮菜单按钮，并选择 Audio Waveform（音频波形）选项。

3. 再次单击 Settings 菜单按钮，并选择 Composite Video（合成视频）命令再次查看视频。

也可以在 Timeline 上开启或者关闭剪辑片段的波形显示。

4. 打开 Master Sequence bin 中的 Theft Unexpected 序列。

5. 单击 Timeline Settings 按钮菜单，确保选择了 Show Audio Waveform。

6. 重置 Audio 1 轨道的大小，直到看到波形。注意在该序列中一个音频轨道上显示了两个音频信道——该剪辑具有立体声音频，如图 11-10 所示。

图11-10

11.2.6 标准音频轨道

标准音频轨道类型可以同时容纳单声道音频剪辑和立体声音频剪辑。Effect Controls 面板上的 Audio Clip Mixer 和 Audio Track Mixer 控件可以处理这两种类型的媒体。

当处理既有单声道音频又有立体声音频的剪辑时，使用标准轨道类型比传统的单声道和立体声轨道互相分离的类型更加方便处理，如图 11-11 所示。

图11-11

标准音频轨道显示音乐剪辑的立体声波形和某些对话的单声道波形。

11.2.7 监视音频

当监视音频时，可以选择你想听到的音频信道。

首先，我们用一个序列尝试操作。

1. 打开 Desert Montage 序列。

2. 播放剪辑并且在播放时尝试单击音量表底部的每一个 Solo 按钮。

每个 Solo 按钮可以让你只收听所选通道中的音频。在处理由不同麦克风录制的具有不同轨道的声音时，这个功能非常有用。专业人员在录制位置声音时通常使用这种方法，如图 11-12 所示。

信道和关联的 Solo 按钮的数目，你将看到是基于当前序列的音频主设置。

图11-12

你也可以为单独音频轨道使用轨道头的 Mute 按钮或者 Solo 按钮。

什么是音频特性？

想象一下，当扬声器表面振动时，它会对空气进行撞击，进而产生高压和低压的声波，声波在空气中移动，直到到达我们的耳朵为止。很大程度上讲，这与水面上扩散的涟漪非常相似。

当压力声波撞击我们的耳朵时，会产生很小的移动，这种移动会转换成电子能量并进入我们的大脑，然后被解释为声音。这是一个非常细微的过程，因为我们有两只耳朵，我们的大脑会经过复杂的工作过程平衡这两个声音信息，最终生成我们获得的听觉效果。

很多时候，我们接受声音的方法都是主动的，而不是被动的。也就是说，我们的大脑会持续过滤它认为无关紧要的声音而使我们的注意力集中到重要的内容上。例如，你可能有过这样的体验，在一个很多人交谈的房间中，你并不会觉得房间里其他人的声音很乱，只有远处有人呼唤你的名字，你才会意识到房间里的噪音其实很大。你可能意识不到自己的大脑其实一直在收听房间内的其他交谈，只是因为你的注意力一只放在收听身边的人的声音而已。

这属于心理声学的研究范围，在本书中，虽然我们要关注的是声音机制的问题，而不是心理学问题，但是这是一个很值得进一步了解的议题。

电子记录设备中不存在这样的现象，这也是我们为什么要使用耳机收听声音以便获得最佳录制效果的一个原因。在录制声音时，常见的做法是完全舍弃背景声最佳录制效果的一个原因。在录制声音时，常见的做法是完全舍弃背景声，然后在后期制作过程中再添加合适的背景声音以及大气声音，但同时不能使其淹没对话的声音。

11.3 检查音频特性

当在 Source Monitor 中打开剪辑并查看波形时，可以看到所显示的每一个通道。波形越高，该通道上的音频的音量就越大。

只存在 3 种能够改变你所听到的音频的方式。我们结合电视机的扬声器来对这 3 种因素进行讨论。

- 频率（frequency）：扬声器移动的速度。扬声器表面每秒撞击空气的次数用赫兹（Hz）来表示。人类的听力范围大约为 20Hz ～ 20000Hz。很多因素，包括年龄因素，可以改变人类的听力范围。

- 振幅（amplitude）：扬声器移动的距离。移动的距离越大，声音就越大，因为这能够产生高压声波，可以将更多的能量带入到你的耳朵中。

- 相位（phase）：扬声器表面向外和向内移动的精确时间。如果两个扬声器同步向外和向内移动，那么它们就是在"相位内"。如果两个扬声器不同步，则是"相位外"，后者可能会导致声音复制问题。一个扬声器减少空气压力，而另一个扬声器在同一时间试着增加空气压力。这可能导致你无法听到某个部分的声音。

我们使用扬声器表面这个简单的示例来说明声音的生成方式，当然，这一规则同样适用于其他一切声源。

11.4　轨道配音

如果拥有一个麦克风，你可以使用音频轨道头的 Audio Track Mixer 或者特殊的 Voice-over Record 按钮，直接录制音频到 Timeline 上。采用这种方式录制音频，检查 Audio Hardware 首选项设置为允许输入。

我们尝试一下 Voice-over Record 按钮。

1. 在 Master Sequence bin 中打开 Voice Over 序列。

2. 单击 Timeline Settings 按钮菜单，并选择 Customize Audio Header。

3. 拖动 Voice-over Record 按钮到 Audio 1 轨道头上面。你可能需要重置头部大小为按钮留下足够的空间。

4. 在录制 Voice-over（配音）时为避免麦克风回音，使扬声器或者头戴耳机处于静音状态。

5. 定位到序列开始的播放头，并单击 Voice-over Record 按钮。Program Monitor 将提供一个短的倒计时，然后就可以开始了，如图 11-13 所示。

图11-13

在录制时，Program Monitor 会显示录制的内容，Audio Meter 会显示输入的等级。

6. 完成录制后，按下空格键或者单击 Voice-over Record 按钮停止。

新的音频将出现在 Timeline 上，并且相关联的剪辑出现在 Project 面板中。一个新的音频文件也会在项目文件的相同位置创建出来。

录制的质量可能不会太令人满意，除非你使用专业的麦克风，不过录制粗糙的导轨音频，可以进行编辑而不是等待一个专业配音。

11.5 调整音量

要在 Premiere Pro 中调整剪辑的音量，存在几种方法，并且这些方法都是无损的，也就是说不会对原始文件进行任何更改。

11.5.1 在 Effect Controls 面板中调节音量

我们已经使用了 Effect Control 面板对序列中剪辑的尺寸和位置进行了调整。也可以使用该面板对音量进行调整。

1. 从 Master Sequence bin 中打开 Excuse Me 序列。

这是一个非常简单的序列，其中只有一个剪辑。但是该剪辑已经两次被添加到序列中。一个版本被设置为 Stereo（文件夹中），另一个版本被设置为 Mono。

2. 选择第一个剪辑，并进入到 Effect Controls 面板。

3. 展开 Effect Controls 面板中的 Volume（音量）、Channel Volume（通道音量）Panner（声像）控制，如图 11-14 所示。

下面介绍的是这些控制的用途。

- Volume：调整所选剪辑中的所有音频信道的合成音量。

- Channel Volume：可以调整所选剪辑中单个通道的音频等级。

- Panner：对所选剪辑进行整体的立体声左 / 右平衡控制。

注意，单个通道上的音量调整与整体音量叠加的关系，也就是说可能会导致音量的突然升高或者出现不想要的音频变形问题。注意，所有控制的计时器图标会自动开启。这意味着任何所作的更改都将会自动添加一个关键帧。

图11-14

尽管如此，如果只对音频级别添加一个关键帧，那么会自动调整整个剪辑的音频级别。

4. 将 Timeline 播放头放置在想要添加关键帧的位置（也可以只进行一个更改）。

5. 单击 Timeline Settings 菜单，确保选中 Show Audio Keyframes。

6. 增加 Audio 1 轨道的高度，以便看到声波和关键帧的橡皮条。

7. 在 Effect Controls 面板中，向左拖动橙色数字设置音量等级。

Premiere Pro 会添加一个关键帧，橡皮筋线条会向下移动以显示被降低的音量，如图 11-15 和图 11-16 所示。

8. 在序列中，选择 Double Identity 剪辑的第二个版本。

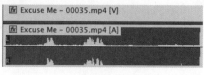

图11-15

你将在 Effect Controls 面板中注意到有相似控件，不过现在没有 Channel Volume 选项。这是因为每个信道都是它自己的剪辑段，所以每个信道 Volume 控件已经是一个单独的，如图 11-17 所示。

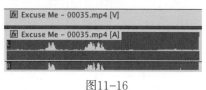

图11-16

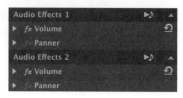

图11-17

注意：单独信道的音量调整，都会累积总音量级别调整。这意味着，你可以通过累积添加突发或者导致意外的音频失真。

9. 使用这两个单独剪辑分别实验音量的调整。

11.5.2 调整音频增益

大多数音乐文件在录制时都会尽可能地使用最大的信号，以便使信号和背景杂音之间的区别最大化。而对于大部分视频序列来说，这个声音有些过大。为了解决这个问题，需要调整剪辑的音频增益。

1. 在 Source Monitor 中打开 Music 文件夹中的剪辑 11 Rue The Whirl.aif。

2. 在文件夹中右键单击该剪辑，并选择 Audio Gain（音频增益）命令，如图 11-18 所示。

这里，我们需要关注的是 Audio Gain 面板中的以下两个选项。

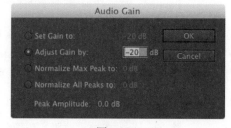

图11-18

- Set Gain to（设置增益为）：使用该选项对剪辑进行具体音量的调整。

- Adjust Gain by（增益调整）：使用该选项可以指定剪辑音频的调整增量。例如，如果应用 −3dB，这会将 Set Gain to 的数量调整到 −3dB。当再次进入该菜单并再次应用 −3dB 调整时，Set Gain to 的数量将会变为 −6dB，依此类推。

3. 将增益设置为 −20dB，并单击 OK 按扭。

你会立即在 Source Monitor 中看到波形的改变。

> **Pr** 注意：对剪辑音量所进行的任何更改都不会对原始媒体文件产生影响。除了在 Effect Controls 面板中所做的更改之外，我们在文件夹或者 Timeline 上针对整体增益所做的更改，都不会改变原始媒体文件。

诸如以上这类更改，也就是在文件夹中对音频增益所做的调整，不会相应地对序列中的剪辑进行更新。但是，你可以右键单击序列中的一个或者多个剪辑并对其进行相同的更改。

11.5.3 规格化音频

规格化音频与调整增益非常相似。事实上，规格化音频的结果就是对剪辑增益的调整。区别是规格化是一个自动的分析过程，而不是我们主观上的判断。

当对剪辑进行规格化操作时，Premiere Pro 会对音频进行分析以便找到单一的最高峰值，也就是音频中声音最大的部分。然后，剪辑的增益会自动进行调整以便使最高峰值与你所指定的音频级别相匹配。

可以让 Premiere Pro 调整多个剪辑的音量，以便使其具有你想要获得的音量。

可以想象，有时候我们会遇到具有不同配音并且不是在同一天录制的多个剪辑。这些剪辑可能是使用不同的录制设置或者使用不同的麦克风录制的，因此会具有不同的音量。这时，可以一次性选择所有剪辑，然后让 Premiere Pro 自动对它们的音量进行设置。这与逐一对每个剪辑进行调整相比，能够极大地节省时间。

现在我们就来尝试一下。

1. 打开序列 Theft Unexpected。

2. 播放该序列并查看音量表上的级别。

配音级别非常好，但是导演希望 John 坐下的声音和他的衣服声音再小一点。

3. 选择序列中的全部剪辑，可以使用套索或者按下 Control+A 组合键（Windows）或 Command+A 组合键（Mac OS）。

4. 右键单击任何选择的剪辑并选择 Audio Gain 命令，或者按下 G 键。

> **Pr** 提示：也可以在文件夹中应用规格化。只需选择所有想要自定进行调整的剪辑，然后进入 Clip 菜单，并选择 Audio Options（音频选项）> Audio Gain 命令即可。

5. 将 Normalize All Peak（规格化所有峰值）设置为 −8dB，单击 OK 按钮并收听一下。

Premiere Pro 会对每一个剪辑进行调整以便使最大峰值为 −8dB。

如果选择的是 Normalize Max Peak，而不是选择 Normalize All Peak（规格化所有音频），
Premiere Pro 将会基于所有联合在一起剪辑的最大声，进行更改就像它们是一个剪辑，如图 11-19
和图 11-20 所示。

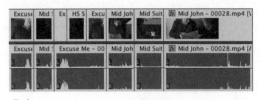

Before

图11-19

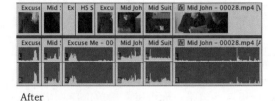

After

图11-20

将音频发送到Adobe Audition CC中

尽管Premiere Pro中提供的高级工具能够帮助你完成大多数的音频编辑任务，但是它仍然无法同Adobe Audition相提并论，因为后者是针对音频后期制作的专业应用程序。

Audition是Adobe Creative Cloud中的一个组件。当使用Premiere Pro执行编辑工作时，它能够很好地集成在你的工作流程之中。

可以将当前序列自动发送到Adobe Audition中。包括所有剪辑的序列中的视频文件，创建与图片相对应的音频混合效果。

要将序列发送到Adobe Audition中，请执行以下步骤。

1. 打开想要发送到Adobe Audition中的序列。

2. 进入到Edit菜单中，并选择Edit> Edit in Adobe Audition>Sequence命令。

3. 这是将会创建一个用于在Adobe Audition中使用的新文件以便不会对原始文件进行更改，因此需要为新文件选择一个名称和存储位置，然后根据个人喜好选择剩余的其他选项，最后单击OK按钮。

Adobe Audition中提供了用于处理声音的非常神奇的工具。该应用程序提供了能够消除你不想要的噪音的特别的光谱显示功能、高效的多轨道编辑器、高级音频特效和控制。要了解关于Adobe Audition的更多信息，可以访问www.adobe.com/products/audition.html。

11.6 创建分割编辑

分割编辑是一种为音频和视频设置裁切点的简单且典型的特效。一个剪辑中的音频可以与其他剪辑中的视频一同显示，使两者给人一种处于同一场景中的感觉。

我们现在使用剪辑 Theft Unexpected 来尝试一下这种方法。

11.6.1 添加 J 切换

之所以称为 J 切换，是因为它的编辑形状看上去有点像字母 J。较低的部分（音频切换）位于较高部分（视频切换）的左侧。

1. 播放序列的最后一部分。在最后两个剪辑之间连接的音频相当突然。我们通过音频切换调整它的时间提升效果，如果 11-21 所示。

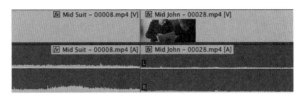

图11-21

2. 选择 Rolling Edit 工具（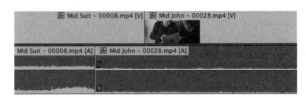）。

3. 按住 Alt 键（Windows）或者 Option 键（Mac OS），单击视频分段编辑（不是音频），稍稍向右进行拖动。恭喜！你已经完成了 J 切换操作，如图 11-22 所示。

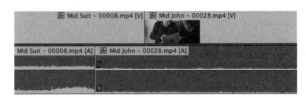

图11-22

4. 播放剪辑。

> **Pr** | 提示：如果按住 Control 键（Windows）或者 Command 键（Mac OS），可以使用 Selection 工具应用旋转编辑。

可能需要调整音频切换的时长以便获得更为平滑的连接效果，但就练习的目的来说，J 切换已经达到了这一目的。后期你可以使它平滑，提升音频的淡进淡出。

记住使用 Selection 工具（V）切换回来。

11.6.2 添加 L 切换

进行 L 切换与进行 J 切换的方式相同，只不过顺序是相反的。重复前面练习中的步骤，但是尝试使用 Alt 键（Windows）或者 Option 键（Mac OS）将视频片段编辑稍稍向左进行拖动。播放编辑并查看效果。

11.7 调整序列的音频级别

除了调整剪辑的增益，还可以使用橡皮筋控制更改序列中剪辑的音量。还可以更改轨道的音量，这两个音量调整将会结合在一起，进而产生整体的音量输出级别。

总之，使用橡皮筋调整音量比调整增益更加方便，因为可以在任何时间对增量进行调整，并且能够立即获得视觉上的反馈。

调整橡皮筋的结果与使用 Effect Controls 面板调整音量相同。

11.7.1 调整整体剪辑级别

要调整整体剪辑级别，请执行以下步骤。

1. 打开 Master Sequences bin 中的序列 Desert Montage，如图 11-23 所示。

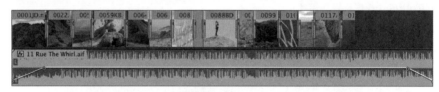

图11-23

音乐的音量在开始和结尾处已经被应用了渐强和渐弱特效。我们现在来适当增加两种效果切换之间的音量。

2. 使用 Selection 工具单击并向下拖动 Audio 1 轨道标头的底部，以便延长轨道的高度。这能够使对音量进行微调变得更加容易。

> **Pr** | 提示：你也可以在轨道头上方晃动鼠标，滚动更改它的高度。

3. 音乐声音有一点高。单击序列中音乐剪辑橡皮筋的中间部分，向下拖动一点。

在你拖放过程中，会出现一个提示工具，显示你所做的调整数量。

由于单击并并拖动"橡皮筋"与关键帧是相对的，因此我们所调整的是两个已存关键帧之间的片段的整体级别。如果剪辑开始时没有关键帧，这时调整的将是整个剪辑长度的整体级别。

11.7.2 使用关键帧更改音量

如果单击并拖动已经存在的关键帧，可以对其进行调整。这与使用关键帧调整视觉特效是一样的。

使用 Pen 工具能够为橡皮筋添加关键帧。也可以使用它对已经存在的关键帧进行调整，或者框选多个关键帧并对其进行调整。

也可以不使用 Pen 工具。如果想要在没有关键帧的位置添加关键帧，只需在单击橡皮筋的同时，按住 Control 键（Windows）或者 Command 键（MacOS）即可。然后在根据需要对关键帧进行调整。

在音频剪辑片段上添加关键帧并进行上下调整之后，橡皮筋的形状将会发生改变。与之前一样，橡皮筋越高，表示声音越大。

在音乐中添加几个关键帧并收听结果，如图 11-24 所示。

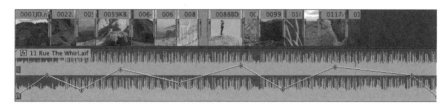

图11-24

Pr | 提示：调整音频增益所产生的效果将会与关键帧调整动态合并。我们可以随时对其进行更改。

11.7.3　平滑关键帧之间的音量

有些调整的幅度是非常大的，因此可能需要随时对这些调整进行平滑处理，这很容易就可以实现。

右键单击任意关键帧。

你会看到一系列的标准选项，包括 Ease In、Ease Out 和 Delete。如果你使用 Pen 工具，可以框选多个关键帧，然后右键单击其中一个以便对所有关键帧进行更改。

了解不同类型的关键帧的最佳方法就是对每一种都进行选择，然后进行一些调整并查看结果。在下面的示例中，所有的关键帧都被设置为 Continuous Bezier，其中包含进出关键帧的相同的曲线，如图 11-25 和图 11-26 所示。

图11-25

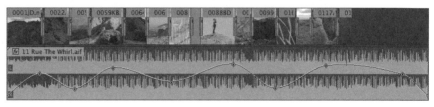

图11-26

11.7.4 轨道与剪辑关键帧

到目前为止，所有的调整都已经被应用到了剪辑片段上。Adobe Premiere Pro 具有针对整个轨道的一套相同的控制。基于轨道的关键帧具有与基于剪辑的关键帧相同的工作方式。当然，区别就是它们不会随着剪辑进行移动。

这就意味着你可以使用轨道控制为音频级别设置关键帧，然后再尝试使用不同的音乐轨道。每次向序列中放入进行音乐时，都会具有对轨道进行调整所产生的效果。

> **Pr** | **注意**：对剪辑所进行调整将会发生在对轨道进行的调整之前。

使用 Desert Montage 序列，尝试轨道关键帧的处理。

1. 选择 Sequences bin 的序列 Desert Montage，右键单击并选择 Duplicate（复制）命令。在尝试新内容时，使用序列的副本来进行是一个表较理想的方法，这样可以避免对原始文件进行不想要的更改。

2. 将副本重新命名为 Music Experiment 并双击打开它。

3. 在 Timeline Settings 菜单中，确认 Show Audio Keyframes 已被选中。

4. 使用 Selection 工具选择音乐剪辑并将其删除。

5. 使用 Audio 1 Show Keyframes 按钮菜单选择 Track Volume 命令，如图 11-27 所示。

图11-27

默认情况下，轨道音量的橡皮筋会显示出来。轨道上的菜单允许你选择声像关键帧。如果你应用了基于轨道的特效，那么它们也将出现在菜单中。

6. 向下拖动轨道橡皮筋降低轨道的整体音量，然后添加一系列关键帧以便在添加音乐时可以听到相关结果。事实上，需要添加关键帧以使音乐位于配音或者真人对话的下面，如图 11-28 所示。

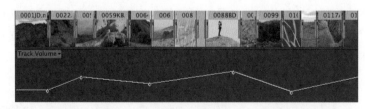

图11-28

7. 将剪辑 11 Rue The Whirl.aif 直接从 Music 文件夹中拖动到轨道 Audio 1 上。将剪辑放置在序列的开始处。播放序列，你会听到与轨道关键帧合并在一起的音乐效果。撤消操作以从序列上删除音乐剪辑。

8. 从 Lessons/Assets/Music 和 Audio Files、Music 文件夹中，导入新的音乐文件 Departure From Cairo.aif。

9. 把该音乐添加到 Audio 1 轨道上的序列中。再次播放序列，你会听到关键帧产生的结果。

虽然使用 Timeline 上的关键帧是一种很强大的方法，尽管需要花费一点时间进行规划，但是这种付出是非常值得的！它可以往我们尝试很多不用的音乐轨道并最终找到自己需要的那个。

注意你不能调整设置为显示轨道关键帧的轨道上的剪辑。如果你想更改新音乐剪辑的位置，需要切换回剪辑关键帧。现在就这样做吧。

Pr | **提示**：要继续对序列进行处理，确保切换回到剪辑的关键帧。查看轨道关键帧时，无法对剪辑进行选择。

11.7.5　使用 Audio Clip Mixer

Audio Clip Mixer 提供了直观的控件来调整剪辑的音量和平移器关键帧。

每个序列音频轨道代表了控件的一个集合。你可以使轨道静音或独奏，并且可以在回放期间通过拖动增益调节器，使能该选项向剪辑写入关键帧。

音量增益调节器，是基于真实世界中混音台的行业标准控制。向上移动调节器能够增加音量，向下移动则会减小音量。你也可以在播放序列的过程中使用音量调节器向轨道音频橡皮筋上添加关键帧（请参阅本课后面的"理解自动模式"小节），如图 11-29 所示。

下面自己动手实验。

1. 使用之前创建的序列 Music Experiment。确保对 Audio 1 轨道进行设置以使其显示轨道关键帧。

2. 将 Timeline 播放头放置在序列的开始处。

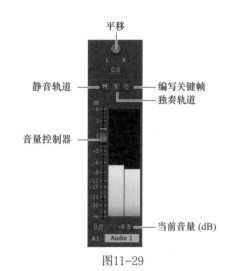

图11-29

Pr | **注意**：在停止播放之前，你无法看到关键帧。

3. 在 Audio Clip Mixer 中，启用 Audio 1 的 Write Keyframes 按钮。

4. 播放序列，并在播放时，对 Audio 1 增益调节器做一些调整。停止播放时，你将看到所添加的关键帧。

5. 如果重复该过程，那么你将会看到增益调节器会随着存在的关键帧，直到你手工做一些调整。

你可以按照创建的方式调整关键帧,就像调整使用Selection工具或Pen工具创建的关键帧一样。

在 Premiere Pro 中,有多种方式添加和调整关键帧。处理关键帧没有正确或错误的方法,它完全是个人喜好行为。

> **Pr** 提示:要对 Pan 进行调整,可以选择与使用 Audio Mixer 调整音量相同的方法。只需播放序列并使用 Audio Mixer 的 Pan 控制进行调整即可。

11.7.6 Audio Track Mixer 概述

Effect Controls 面板和 Audio Clip Mixer 提供了序列中的剪辑段控件,而 Audio Track Mixer 则提供了轨道的控件。前面你手工向 Audio 1 轨道添加的关键帧就是 Audio Track Mixer 添加并能响应的类型。

Audio Track Mixer 大体上分为 3 个部分,如图 11-30 所示。

- 特效和发送:可以使用此处的下拉菜单对整个轨道添加特效或者将音频从轨道上发送到子混合中(后面详解)。

- 平移:它与 Effect Controls 面板中和 Audio Clip Mixer 中的平移控件相似。

- 音量控制器:与 Audio Clip Mixer 音量控制器一样。

图11-30

什么是子混合（submix）？

子混合是音频轨道的中转机构。尽管通常情况下，音频轨道会直接将音频发动给Master输出。

你可以配置多个音频轨道并将其发送到子混合中。这种方法允许你使用一系列控制（子混合）对诸如音量和摇移这样的内容进行调整，或者对多个轨道应用同一个特效。

子混合会将音频发送到Master输出中，这与常规轨道的做法相同。主要区别是无法将任何的音频剪辑放置到子混合轨道中，它们仅仅能够对来自多个轨道中的输出进行合并。

例如，如果想记录暗室中5个人的音频，并且想获得与山谷中声音类似的效果，同时具有强烈的混响效果。每个原始音频源都位于序列中自己的轨道之上。

一个选择是在每个轨道上添加混响特效。这是一种可行的方法，但是系统在播放时需要进行大量的工作，同时，当你需要对特效进行更改时，也需要进行大量的工作，因为你必须对每个调整重复进行5次。

但是如果将5个轨道中每个轨道上的输出发送到一个子混合中，可以对该子混合应用混响特效。你可以通过该子混合收听5个轨道（将输出到主输出中），因此只需要对一个特效调整，系统也只需要对一个特效进行计算。

11.7.7　理解自动模式

使用 Audio Mixer，可以在序列播放的过程中向音频轨道添加新的关键帧。通过这种方法，可以创建"实时的"音频混合。只需播放序列并使用 Audio Mixer 调整轨道音量即可。

如果已经准备好一些关键帧，那么 Premiere Pro 需要知道你希望 Audio Mixer 音量调节器以何种方式与现有关键帧进行交互。在开始之前，你需要选择正确的自动模式（详见下面内容）。

在 Audio Clip Mixer 中，可以使用面板菜单选择模式，如图 11-31 所示。Audio Clip Mixer 只提供了 Latch 模式和 Touch 模式。

在 Audio Track Mixer 中，每个轨道都有一个菜单。

下面简单介绍每种模式的含义。

图11-31

- Off（关闭模式）：在该模式下，音量调节器会忽略任何的关键帧并保持在原有位置。你可以随意对音量调节器进行更改，更改之后将对整个轨道的播放音量产生影响。

- Read（只读模式）：在该模式下，音量调节器将跟随现有关键帧，动态更改轨道的播放音量。在这个模式下，无法使用音量调节器添加关键帧。

- Latch（插销模式）：在该模式下，音量调节器将跟随现有关键帧。但是如果按住音量调节器并进行调整，会对轨道应用新的关键帧并代替现有关键帧。当释放音量调节器时，它会停留在该位置。因此，如果序列保持播放状态，将会对轨道进行"平（flat）"级别的调整并继续替换现有关键帧，直到停止播放位置。

- Touch（触摸模式）：在该模式下，音量调节器将跟随现有关键帧，但是如果按住音量调节器并进行调整，会对轨道应用新的关键帧并代替现有关键帧。当释放音量调节器时，它会返回并继续跟随现有关键帧。

- Write（写入模式）：在该模式下，音量调节器完全不会跟随现有关键帧。当播放序列时，会在音量调节器的位置创建新的关键帧。在该模式下，释放音量调节器时，它将会停留在该位置并添加一个平级别的调整，直到停止播放为止。

使用Adobe Audition制作5.1混合音效

Premiere Pro中的一个高级音频特性就是提供对5.1音频的支持。甚至可以处理5.1音频的剪辑以及对5.1音频进行相关操控。但是，Adobe Audition具有更为专业的环绕立体声混合器，它能够轻松快速地制作出5.1混合音效。

如果你想在序列中使用环绕立体声，可以考虑先在Adobe Premiere Pro中完成对视频的编辑，然后再转换到Adobe Audition中进行混合。

复习题

1. 如何只播放单个的音频信道以便使听众只能听到该通道上的音频?

2. 单声道与立体声音频之间的区别是什么?

3. 如何在 Source Monitor 中查看具有音频的剪辑的波形?

4. 规格化和增益之间的区别是什么?

5. J 切换和 L 切换之间的区别是什么?

6. Audio Track Mixer 在哪里添加关键帧?

复习题答案

1. 可以使用音量表底部的 Solo 按钮,有选择地收听 Source Monitor 中剪辑的音频通道。

2. 立体声音频具有两个音频信道,而单声道音频只有一个音频信道。在记录立体声音效时,通用的标准是由左侧麦克风记录的音频为通道 1,而由右侧麦克风所记录的音频为通道 2。

3. 使用 Source Monitor 中的 Settings(设置)按钮菜单选择 Audio Waveform。你可以在 Program Monitor 中进行相同的操作,但是基本不需要这么做,剪辑可以在 Timeline 上显示波形。

4. 规格化会根据原始音量自动对剪辑的增益设置进行调整。你可以使用 Gain 设置手动进行调整。

5. 使用 J 切换时,下一个剪辑的声音在视频之前开始(有时称为"音频带领视频"),而使用 L 切换时,当视频开始时,仍然保留上一个剪辑中的声音(有时称为"视频带领音频")。

6. Audio Mixer 只对轨道(而不是剪辑)产生作用。使用 Audio Track Mixer 添加关键帧时,如果不将音频轨道设置为显示轨道关键帧,那么你无法看到关键帧(即使它们仍然具有特效)。使用 Audio Clip Mixer 处理剪辑上的关键帧。

第 12 课 美化声音

课程概述

在本课中，你将学习以下内容：

- 使用音频特效美化声音；
- 调整均衡器（EQ）；
- 使用 Audio Mixer 应用特效；
- 清除杂音。

 本课的学习大约需要 60 分钟。

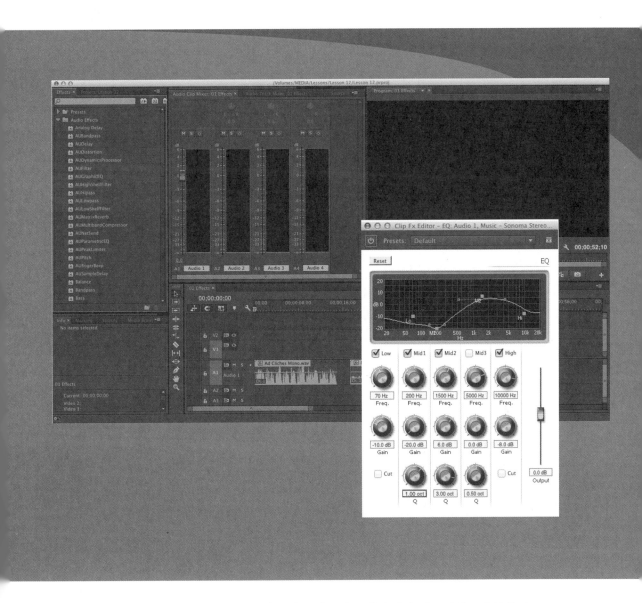

Adobe Premiere Pro CC 中的音频特效能显著地改变项目效果。要使你的音频达到更高的水平，需要利用 Adobe Audition CC 的强大功能。

12.1　开始

Adobe Premiere Pro CC 中提供了多种音频特效，可以改变音调、制造回声、添加混响和删除磁带的嘶嘶声。我们可以设置关键帧音频特效参数，使特效随着时间变化而调整。

此外，Audio Mixer 可以混合和调整项目中所有音频轨道上的声音。使用 Audio Mixer 可以将音轨组合成单个分组混音，并对这些分组以及各个轨道应用特效、摇移或音量修改。

在本课中，我们将使用一个新的项目文件。

1. 启动 Premiere Pro，并打开项目 Lesson12.prproj。

2. 选择 Window>Workspace>Audio 命令。

3. 选择 Window>Workspace>Reset Current Workspace 命令，并在打开的对话框中单击 Yes 按钮，如图 12-1 所示。

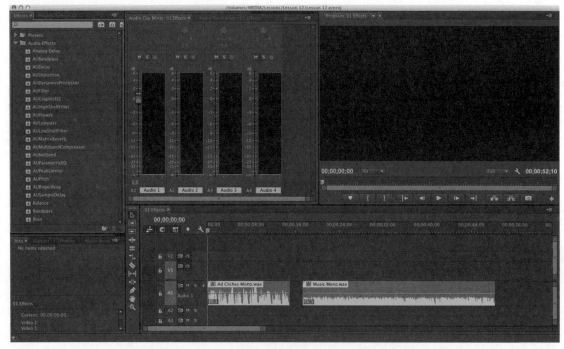

图12-1

12.2　使用音频特效美化声音

理想情况下，录制出来的音频都具有很好的效果；但不幸的是，视频制作并不是一个完全由理想情况所构成的过程。这时，我们需要使用音频特效来解决某些问题。在本课中，我们将尝试使用一些 Premiere Pro 中最为有用的特效。

并不是所有的音频硬件都能均匀地播放音频。例如，听笔记本电脑的重低音从来不像大的扬声器。

在听音频时使用高质量的头戴耳机或专业音响，可以避免在调整声音时声波播放偶然带来的缺陷补偿，这一点很重要。专业音频音响硬件要仔细校正，确保所有频率均匀，给听众一个一致的声音。

> **Pr** | **注意**：有必要了解更多关于 Premiere Pro 中音频特效的知识。你可以尝试体验各种不同的特效，因为它们都是无损的。这意味着不会对原始剪辑进行更改。你可以对单个的剪辑添加任意数量的特效，更改参数，然后删除这些特效并再次从头开始。

Premiere Pro 提供了多种有用的特效，包括下面的几个方面。

- DeNoiser（去噪）：该音频特效能够自动检测并移除音频中的嘶嘶声和杂音。

- Reverb（混响）特效：该特效能够为录制的音频增加"现场感"。使用该特效可以模拟较大房间内的声音效果。

- Delay（延时）：该特效能够为音频轨道添加轻微的（或者明显的）回音。

- Bass（低音）：该特效能够增加音频剪辑的低端频率。对于叙述性剪辑来说能够获得很好的效果，特别是在对男性声音的处理上。

- Treble（高音）：该特效用于调整音频剪辑中较高范围的频率。

12.2.1 调整重音

调整低频率的振幅能够从整体上改进男性声音的音效。在这个示例中，我们将对发声者的声音进行修改。

1. 播放 01 Effects 序列。

2. 播放序列中的第一个剪辑 Ad Cliches Mono.wav，熟悉其中的声音。听起来没有问题，不过频率更低一点会更好。

如果剪辑名称不可见，那么单击 Timeline Settings 按钮，并确保选中了 Show Audio Names。

3. 在 Effects 面板中打开 Audio Effects 文件夹，找到 Bass 特效。

4. 将 Bass 特效拖动到 Timeline 中的剪辑 Ad Cliches Mono.wav 上。注意剪辑变换颜色上的 Fx 图标，它代表了应用了哪种特效，如图 12-2 所示。

5. 打开 Effect Controls 面板。

图12-2

6. 增加 Boost 属性以添加更多的重音效果，如图 12-3 和图 12-4 所示。

图12-3 　　　　　　　　　　　　　　　　　　　　图12-4

　　尝试使用不同的数值来增加或者降低重音效果，直到找到自己喜欢的音效。务必要注意整体的音频级别，因为所作的调整可能会改变剪辑的音量。可以使用 Audio Clip Mixer 面板来使音频级别保持在合理的水平上。

12.2.2　添加延时

　　延时的使用是一种风格化的特效。它可以用于处理发声者的声音，为声音添加戏剧性的音效或者通过风格化的回音创建一种空间感。

1. 在 Effects 面板的 Audio Effects 文件夹中，找 Delay（延时）特效。

2. 将 Delay 特效拖动到剪辑 Ad Cliches Mono.wav 上。

3. 在 Effect Controls 面板右侧底部，有个播放剪辑的音频按钮，以及 Loop Play 按钮。打开 Loop Play 选项并单击 Effect Controls 面板播放按钮收听 Delay 特效。默认情况下，剪辑中存在一秒钟的回声，在继续试验时，可以保留该剪辑以这种方式播放。

4. 尝试对下面的 3 种参数进行调整。

   - Delay（延时）：回声播放前的时间。

   - Feedback（反馈）：添加到音频的回声百分比，用于创建回声的回声。

   - Mix（混音）：回声的相对强度。

5. 按下空格键停止播放。

6. 输入以下数值，创建一种典型的体育场中的声音效果，如图 12-5 所示。

   - Delay：250 秒。

   - Feedback：20%。

   - Mix：10%。

7. 播放剪辑，移动滑块，体验特效效果。

图12-5

　　较低的值产生的效果更好，对这段音频剪辑也是这样。记住，有些东西并不是越多才越好。一般来说，微妙的特效更加能够让听众感到愉悦。

12.2.3 调整音调

另一个可以进行调整的就是音调。这种方法可以改变声音的整体音调。通过对音调进行更改，可以将说话者表现为具有不同的音量、年龄，甚至种族。

1. 在 Effects 面板中，找到 PitchShifter 特效。

2. 将 PitchShifter 拖动到剪辑 Ad Cliches Mono.wav 上。

3. 在 Effect Controls 面板中，单击 Custom Setup 属性旁边的 Edit 按钮，显示该特效的参数。

Pr | 提示：只有少量的音频特效有这些额外接口元素。

出现了一个浮动面板，如图 12-6 所示。

4. 调整把手尝试不同的参数值。尝试使用从 −12 ～ +12 半音程间不同的 Pitch 设置，并切换 Formant Preserve 的开、关状态。Formant Preserve 选项维护了原始声音的音色，这可能会在一个特殊的剪辑中用到。

5. 回到 Effect Controls 面板，特效名称右边的按钮有点像常规的 Reset 按钮。它是一个特效预置列表的菜单，单击按钮查看选项，如图 12-7 所示。

图12-6

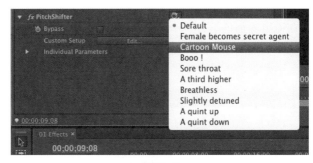

图12-7

6. 使用该预置时，不需要关闭浮动面板。现在尝试去做，并注意所做的对浮动面板设置的更改。完成这些之后，关闭浮动面板。

12.2.4 调整高音

之前，我们已经应用并调整了 Bass 特效来修改音频轨道中较低的频率。如果想进行反向修改，可以使用 Treble 特效。

Treble 并不是简单 Bass 反向操作。Treble 的功能是增加或减少高频部分（4000Hz 及以上），而 Bass 改变的是低频部分（200Hz 及以下）。

1. 拖动播放头，使其位于 Timeline 面板中的第二个剪辑上方（Music Mono）。

2. 播放第二个剪辑并熟悉其中的声音。

3. 在 Effects 面板的 Audio Effects 文件中，找到 Treble 特效。

4. 将 Treble 特效拖动到剪辑 Music Mono 上。

5. 增加 Boost 的属性值，添加更多的高音，如图 12-8 所示。

图12-8

尝试使用不同的数值来增加高音效果，直到找到自己喜欢的音效为止。

12.2.5　添加混响

Reverb 特效与 Delay 特效相似，但是更适合用于音乐轨道，它能够模拟不同类型房间中发出的声音。该特效可以用在各种类型的剪辑上，但是最适合用于某些声音，诸如强烈的吉他声。这是一个很强大的特效，它能为在"静寂"的房间内录制的音频添加某种效果，使它听起来像是在具有很少反射面的录音室录制的一样。

1. 在 Effects 面板的 Audio Effects 文件夹中，找到 Reverb 特效。

2. 将 Reverb 特效拖动到剪辑 Music Mono 上，如图 12-9 所示。

3. 在 Effect Controls 面板中，打开 Reverb 特效的 Edit 按钮，如图 12-10 所示。

图12-9

4. 在弹出界面的上方有个 Presets 菜单。尝试其中的一些预设并注意特效在控制旋钮下方的值，如图 12-11 所示。

图12-10

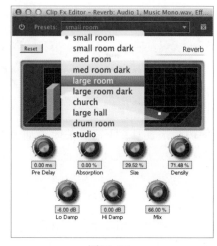

图12-11

5. 体验以下 7 个控件旋钮，可以用来进行下面的调整。

- Pre Delay：声音传播到反射墙再传回来的距离。

- Absorption：声音吸收（而不是反射）的程度。

- Size：房间的相对大小。

- Density：混响"尾部"的密度。Size的值越大，Density的范围就越大（从0%～100%）。

- Lo Damp：低频衰减部分，以阻止隆隆声或其他噪声产生混响。

- Hi Damp：高频衰减部分。较低的HiDamp值可以使混响听起来更柔和。

- Mix：混响量。

Pr 提示：Reverb特效是一个VST（VirtualStudioTechnology，虚拟演播室技术）插件。这些是符合Steinberg音频标准的自定音频特效设计。那些创建VST音频特效插件的人不懈地努力使插件具有独特的外观，并提供非常特殊的音频特效。互联网上有大量的VST插件可供下载使用。

12.3 调整EQ

对于比较高级的扬声器或者汽车立体声音响来说，可能会具备图形均衡器功能。EQ控件不仅仅只是简单地调整重音和高音旋钮，它还具有多个滑块，通常被称为band（频率范围），这些滑块可以对声音进行更多的控制。Premiere Pro中提供了两种类型的均衡效果：EQ特效（具有5个频率范围）和Parametric EQ（参数EQ）特效，后者通常只具有一个band，但是可以多次使用来选择多个频率。

Pr 注意：在下一个练习中，可以使用建议的数值作为参考。由于个人的品位以及说话者的声音可能有所区别，因此可以随意尝试各个数值进行试验。

12.3.1 标准EQ

Premiere Pro中提供的EQ特效与传统的三向EQ（能够控制低频、中频和高频）类似。但是它还提供了3个能过进行更精确控制的中频控件。这在平滑音效或者强调（或者降低）音轨中的某一部分音效来说非常有用。

1. 打开序列02 EQ，该序列中包含一个音乐轨道。

2. 在Effects面板中找到EQ特效（可以尝试使用窗口顶部的搜索框进行查找），并将其拖动到剪辑上。

3. 在Effect Controls面板中，单击EQ特效的Edit按钮查看弹出界面。

4. 播放剪辑并熟悉其中的声音。

5. 选择Low频率滤波器复选框将其激活。

6. 将 Low 频率设置为 70Hz 以改变受影响的区域，同时将增益降低到 −10.0dB。这将会降低中音区域的强度，如图 12-12 所示。

7. 播放序列并收听其中发生的变化。

查看 EQ 特效界面上方的图表，左侧代表振幅调整分贝，底部代表频率。注意线的形状，它表示了所有对音频做的调整。你不能调整 70Hz 频率，曲线表示调整到了其他频率，更加接近自然声音。

我们现在来对声音进行细化处理。

8. 选择 Mid1 频率滤波器复选框将其激活。

9. 将增益设置为 −20.0dB 并将 Q 因素调整到 1.0 以便获得更多的 EQ 调整变化，如图 12-13 所示。

Q 元素调整了曲线的形状，Q 越高，曲线越宽。

10. 播放序列并收听其中的变化。

11. 选择 Mid2 频率滤波器复选框将其激活。

12. 将频率设置为 1500Hz，并将增益调整至 6.0dB。将 Q 元素调整到 3.0 以便获得更多的 EQ 调整变化，如图 12-14 所示。

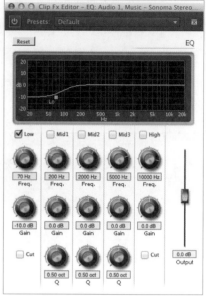

图12-12

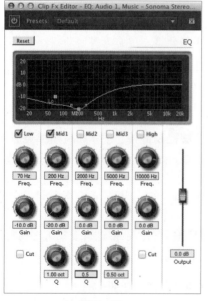

图12-13

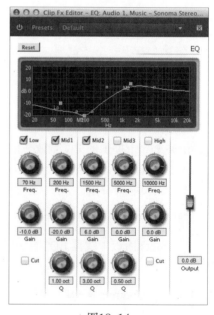

图12-14

13. 播放序列并收听其中的变化。

14. 选择 High 频率滤波器复选框将其激活，并将它的增益设置为 -8.0dB 以便降低最高频率，如图 12-15 所示。

整体音量仍然有一些过大，音量表也显示文件的声音级别过大。

15. 将特效的 Output（输出）滑块降低到大约 -3.0dB。这也调整了总的输出级别，如图 12-16 所示。

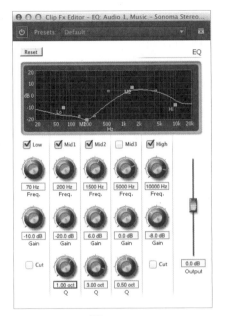

图12-15

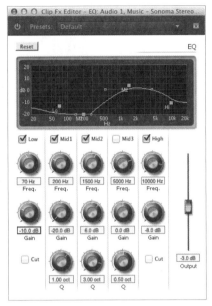

图12-16

> **Pr** **注意**：不要将音量设置得过大（音量过大时 VU 表将变为红色），因为这将会导致声音变形问题。

16. 播放序列并收听其中的变化。

12.3.2 Parametric EQ

如果想要对 5 个以上的频率范围进行控制，那么 Parametric EQ 能够满足你的这一需求。尽管使用 Parametric EQ 时只能选择一个频率范围，但是你可以多次使用以便选择多个频率。这个功能可以使你在需要时在 Effect Controls 面板中构建与均衡器一样的声音效果。

> **Pr** **提示**：另一种使用 Parametric EQ 特效的方法是选择一个具体的频率然后对其进行升高或者裁切操作。可以使用该特效裁切一个特定的频率，例如高频中的噪音或者低频中的嗡嗡声。

1. 在 Project 面板中，找到序列 03 Parametric EQ 并将其打开。

该序列中包含一个音乐轨道并且已经应用了 7 次 Parametric EQ 特效。每个特效当前都处于禁用状态，通过选择 Bypass（忽略）复选框来实现。

2. 播放剪辑并熟悉其中的声音。

虽然该音频中已经被应用了 7 个特效，但是它们都使能了 Bypass 选项，这就意味着当前没有特效起作用。这 7 个特效按照从低频（列表顶部）到高频（列表底部）的顺序进行排列。

3. 取消对第一个 Parametric EQ 特效的 Bypass 复选框的选择，如图 12-17 所示。

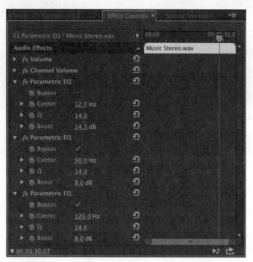

图 12-17

> Pr | 注意：由于讨论范围的限制，本书中不会列举处全部音频特效的参数，如果想了解更多有关音频特效参数的内容，可以搜索 Premiere Pro Help 文档。

4. 播放序列并收听其中的变化。

5. 继续每一次只取消对一个 Parametric EQ Bypass 复选框的选择，并且在每一次操作之后收听音频轨道中发生的变化。

12.4　在 Audio Track Mixer 中应用特效

当你在复杂混音中处理音频轨道时，很容易会不知所措。因为所有轨道上的每一个剪辑都将同时播放。在前面的章节中，我们已经学习了如何使用 Audio Clip Mixer 面板进行轨道音量混合以及 Audio Track Mixer 调整轨道的音量，因此，音频以一个统一的可理解的方式播放。

此外，还需要回忆一些有关子混合的知识。在本次练习中，我们将使用子混合处理音频混合。

12.4.1　创建初始混合

子混合能够允许你同时控制多个音频轨道的音量以及其他的特性。注意这个功能是对整个轨道而不是单独的剪辑。

尽管可以使用 Effect Controls 面板中的 Timeline 或者 Volume 特效中的音量表来调整每个剪辑的音量级别，但是使用 Audio Track Mixer 调整初始混合中的音量级别以及其他特性会更加容易。

通过一个与工作室中的混合硬件类似的面板，你可以移动轨道滑块来更改音量，旋转旋钮以向左或者向右摇移，为整个轨道添加特效以及创建子混合。子混合可以使你将多个音频轨道指向一个轨道上以便将同一个特效、声音应用到一组轨道当中，而不必对单个的轨道进行更改。

Pr | 注意：如果你为每个轨道保留音频源，Audio Track Mix 会运行得更好。

在这个练习中，我们将对一首在工作室中录制的合唱曲目进行混合操作。

1. 在 Media bin 中，双击 Music-Sonoma Stereo Mix.wav 文件，在 Source Monitor 中进行播放。收听该剪辑，这就是你最后的混合声音。

2. 打开 04 Submixes 序列。

3. 播放序列 04 Submixes，并注意相对于合唱团的声音来说，乐器的声音有一些过大。

4. 打开 Audio Track Mixer 面板，调整它的大小，以便看到所有 5 个轨道以及主轨道。可能还需要留出更多的空间以便容纳另外两个轨道，如图 12-18 所示。

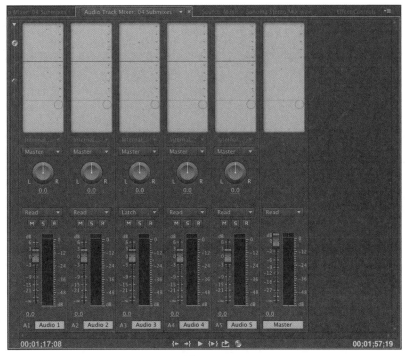

图12-18

5. 更改位于 Audio Mixer 底部的轨道名称，依次选择每一个名称并输入新名称：Left、Right、Clarinet、Flute 以及 Bass，如图 12-19 所示。

图12-19

更改后的这些名称同时也会出现在序列音频轨道的标题中。

6. 播放序列，并调整 Audio Track Mixer 中的滑块以创建你满意的混合效果，如图 12-20 所示。

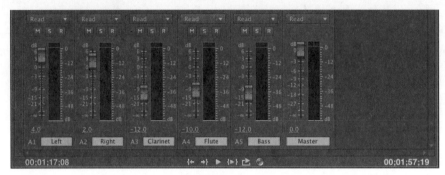

图12-20

一个比较好的设置起点是将 Left 设置为 +4，将 Right 设置为 +2，将 Clarinet、Flute 和 Bass 分别设置为 −12、−10 和 −12。

7. 在进行调整的同时注意观察主轨道 UV（音量单元）表，如图 12-21 所示。

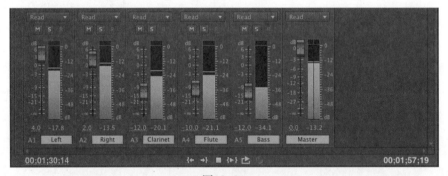

图12-21

音量表上方的小标志表示这一段中的最高音量。当你将音量表设置为 DynamicPeaks（动态峰值，默认设置）时，它们会保持一两秒钟，然后再随着音量的改变而移动。这些标志是观察左、右通道平衡程度的好办法。应该让它们在大部分时间里基本保持对齐。如果你想要更改为 StaticPeaks（静态峰值），可以右键单击音量表并选择该选项。此时，峰值将会在整个播放过程中一直保持。

8. 使用各个轨道顶部的旋钮调整它们的 Left/RightPan。完成后，参数应与图 12-22 中保持一致。

图12-22

- Left：最左边（-100）。

- Right：最右边（+100）。

- Clarinet：左中（-20）。

- Flute：右中（+20）。

- Bass：居中（0）。

12.4.2　创建子混合

将音频剪辑放到 Timeline 上的音频轨道上，我们可以逐个剪辑应用特效、设置音量和摇移，或者也可以使用 Audio Clip Mixer 对整个轨道应用音量、摇移和特效。无论使用哪种方法，在默认情况下 Premiere Pro 都会将音频从原来的剪辑和轨道上发送到 Master 轨中。

但有时在把音频发送到 Master 轨道上之前，我们可能想把它们发送到分组混音轨道。子混合轨道的目的是减少操作，并保证应用特效、音量和摇移方式的一致性。

在 Sonoma 录制示例中，在应用 Reverb 时可以对唱诗班的两条轨道使用同一组参数，对其他 3 种乐器使用不同的 Reverb 参数。之后，子混合可以把处理过的信号送到 Master 轨道，或者把信号送到另一个子混合中。

下面看一下它的工作方式。

1. 继续对上一个练习中的序列 04 Submixes 进行处理。

2. 选择 Sequence >Add Tracks 命令。

3. 将 Video Tracks（视频轨道）和 Audio Tracks（音频轨道）的 Add（添加）值设置为 0，Audio Submix Tracks（分组混音轨）的 Add 值设置为 2，Audio Submix Tracks 的 Track Type（轨道类型）设置为 Stereo，之后单击 OK 按钮，如图 12-23 所示。

这将向 Timeline 添加两条子混合轨道，同样向 Audio Track Mixer 添加两条轨道（它们的色调较暗）。

4. 调整 Audio Track Mixer 面板的尺寸，以便可以看到它的全部控件，包括新的子混合和 Master 轨道。

5. 单击 Left 轨道的 Track Output Assignment（轨道输出分配）弹出菜单（位于 Audio Mixer

的底部），并选择 Submix1，如图 12-24 所示。

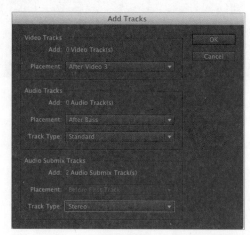

图12-23

图12-24

6. 对 Right 声道执行同样的操作。

现在 Left、Right 声道都被发送到 Submix1。它们各自的特性——摇移和音量——不会发生改变。

7. 将 3 个乐器轨道发送到 Submix2，如图 12-25 所示。

图12-25

从现在开始，轨道上的音频将不在输出到 Master 轨道，取而代之，将输出到 Submix 1 或者 Submix 2（取决于选择的配置）。Submix 1 和 Submix 2 仍然配置为输出到 Master 轨道，因此序列中的所有轨道音频仍将最终输出到 Master 轨道上。

不同之处在于，由于多轨道贯穿子混合，所以可以使调整联合的音频，较少的点击和更好的一致性。

12.4.3 对子混合应用特效

我们将使用本课前面所讨论的 Reverb 特效。

1. 如果需要，可以单击 Audio Track Mixer 面板顶部的 Show/Hide Effects and Sends 开合三角，显示 Audio Track Mixer 上部分。这有点像展开 Effect Controls 面板。

2. 单击 Submix 1 Track 的 Solo 按钮。

3. 单击 Submix 1 轨道的 Effect Selection（特效选择）按钮（面板右侧较小的下拉菜单），如图 12-26 和图 12-27 所示。

图12-26 图12-27

4. 从弹出菜单中选择 Reverb>Reverb 命令，如图 12-28 所示。

5. 双击 Reverb 特效名称查看特效编辑器。选择 Large Hall 预设，然后关闭编辑器，如图 12-29 所示。

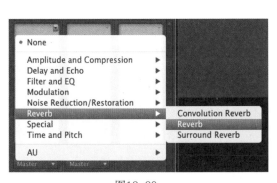

图12-28

图12-29

> **Pr** **注意**：Audio Track Mixer 显示的特效，可以在特效和子混合列表的底部访问它们的控件，然而一次只能访问一个配置。所以你可以经常双击特效访问它们的控件。

6. 单击Submix 2的Solo按钮，并禁用Submix 1的Solo开关，如图12-30所示。

7. 对Submix 2应用Reverb特效，并根据个人的喜好进行调整。尝试对参数进行设置以便创建出一种比歌声更低一些的声音效果。

8. 单击Submix 2上的Solo按钮将其禁用。

9. 播放轨道，并收听两个子混合作为一个混音时的声音效果。

10. 可以随意调整Volume和Reverb的设置。

图12-30

11. 播放序列并收听整体的混音效果。

音频插件管理器

很容易安装第三方插件：选择Edit>Preferences>Audio命令（Windows）或Premiere Pro> Preference>Audio命令（Mac OS），然后单击Audio Plug-in Manager按钮。

1. 单击Add按钮，添加包含AU或VST插件的额外目录。AU插件只在Mac系统中。
2. 如果需要，单击Scan for Plug-ins按钮，查找可用的插件。
3. 使用Enable All按钮或者单独使能复选框激活插件。
4. 单击OK按钮，提交更改。

12.5 清理杂音

当然，一开始就录制完美的音频是最好的。然而，有时我们无法控制音源，而又无法重新录制它，因此我们需要修理糟糕的音频剪辑。Premiere Pro中提供了用于解决一般音频问题的功能强大的工具。

12.5.1 Highpass 和 Lowpass 特效

Highpass（高通）和Lowpass（低通）特效通常用于提高剪辑的音效，它们可以结合在一起使用，也可以单独使用。Highpass特效用于所有低于特定频率的频率（可以将其想象成是一个阈值，只有高于这个阈值的事物才能通过）。Lowpass滤波器的功能正好与Highpass相反。它能够消除所有位于指定的Cutoff（截止）频率上方的频率。

1. 打开05 Noisy Reduction序列。
2. 播放序列并熟悉其中的声音质量。

如果仔细听，你可以听到电气照明和设备的背景嗡嗡声。

3. 在 Effects 面板中，找到 Highpass 特效，并将其拖放到剪辑上。

4. 播放序列。

由于阈值设置得过高，所以序列听上去可能有点处理过度。

5. 确保选中剪辑，在 Effect Controls 面板中，调整 Cutoff 滑块，将其数值降低。

可以在序列播放的过程中对其进行调整，这样就可以实时听到所应用的更改。调整数值尽可能降低背景中的低频杂音。大约 250.0Hz 左右的数值能够获得不错的效果。

6. 在 Effects 面板中，找到 Lowpass 特效，并将其拖动到剪辑上。

7. 播放 Lowpass 特效的 Cutoff 滑块，如图 12-31 所示。

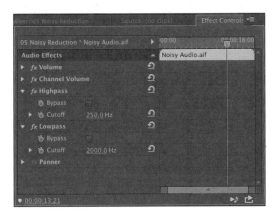

图12-31

尝试使用不同的数值，以便熟悉这两个特效时如何相互作用的。通过叠加设置这两个特效，有可能将所有的杂音都消除掉。消除一些能够使录音听上去过于尖细的高频率。

12.5.2 多频带压缩器

多频带压缩器特效提供了 4 个不同频率带单独控件。每个频带通常包含独特的音频内容，这对音频控制是一个很有用的工具。此外，你可以完善频带之间的交叉频率。这些允许你调整每个频带。

1. 继续处理 05 Noisy Reduction 序列。

在尝试一个新的特效时，清除原来的特效。

2. 在 Timeline 上右键单击音频剪辑并选择 Remove Effects。将打开一个新的对话框，采用默认值即可，单击 OK 按钮。

3. 在 Effect 面板中找到 Multiband Compressor 特效，并将它拖放到剪辑上。

4. 在 Effect Controls 面板中，单击 Multiband Compressor Edit 按钮，查看控件详情。新打开的窗口如图 12-32 所示。

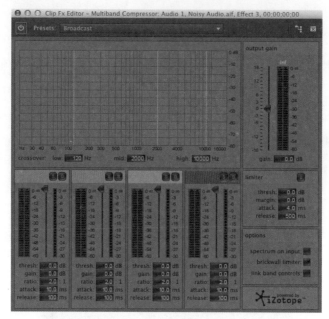

图12-32

Multiband Compressor 特效有多个预设。

5. 单击 Multiband Compressor 窗口上方的 Presets 列表，并尝试其中的预设，了解该窗口的工作方式。

6. 在 Presets 列表中，选择 De-Esser。它会自动降低高的频率，如图 12-33 所示。

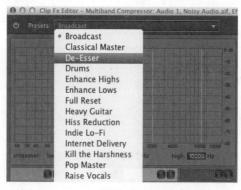

图12-33

7. 收听音频结果。

效果不错，但是完善一点会更好。

8. 单击 Band 4 的 Solo 按钮（洋红色的按钮），如图 12-34 所示。

9. 播放音频，收听结果。

图12-34

10. 在音频播放时，拖动白色的垂直音频 Crossover 标记完善高频率频带——也就是音频范围是由第四个频带控制着，如图 12-35 所示。

11. 在 Band 4 的底部，有一系列数字控件。可以单击拖动它们，就像单击拖动在 Premiere Pro 界面中的橙色数字一样。试着降低阈值和增益设置，减少高频噪音，如图 12-36 所示。

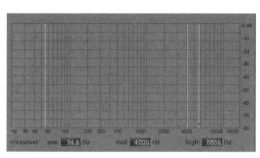

图12-35

图12-36

12. 禁用 Band 4 上的 Solo 开关。

13. 尝试处理交叉标记、阈值和增益控件。完成之后关闭面板，如图 12-37 所示。

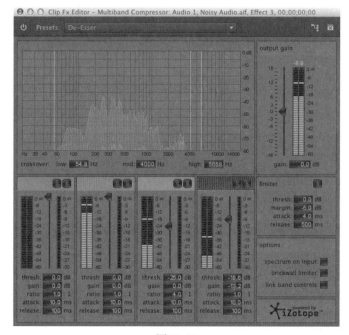

图12-37

12.5.3　Notch 特效

Notch（馅波）特效能够消除所有指定数值附近的频率。该特效可以瞄准某个频率范围，然后消除该范围内的所有声音。这个特效可以很好地消除电力线的嗡嗡声以及其他的电子干扰声音。在这个剪辑中，你将听到头顶的银光灯灯泡所发出的嗡嗡声。

1. 继续处理序列 05 Noisy Reduction。

在尝试一个新的特效时，清除原来的特效。

2. 右击 Timeline 上的音频剪辑，并选择 Remove Effects。将打开一个新的对话，默认值即可，单击 OK 按钮。

3. 播放序列并收听电子嗡嗡声。你可能需要增加扬声器的音量。

4. 在 Effects 面板中，找到 Notch Effect 并将其应用到剪辑上。

5. 调整 Center 设置确定要移除的频率。如果单击折叠的三角展开 Center 控件，那么你可以使用滑块。

电力线的嗡嗡声一般为 50Hz 或者 60Hz。

6. 调整 Q 滑块调整该特效处理的范围，如图 12-38 所示。

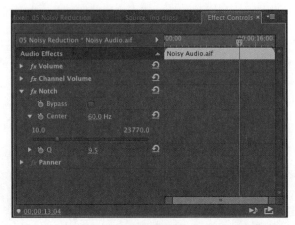

图12-38

较低的设置能够创建较窄的范围，较高的设置创建较宽的范围。

尽管这有些作用，不过让我们采用一个更强大的方式修复它。

> **Pr** **注意**：由电子问题或者线缆问题所导致的嗡嗡声以及设备本身的噪音的一般频率为 60Hz 或者 50Hz。由于世界范围所使用的电子系统各不相同，因此频率也会有所区别。

12.5.4　Dynamics

另一个比较容易使用的特效是 Dynamics（动态）特效。该特效可以对多个属性进行强有力的控制，这些属性可以结合使用以便对音频进行调节，也可以单独尽心使用。你可能会发现 Custom Setup 视图中的图形控制是最容易使用的，也可以使用 Individual Parameters 视图进行调整。

可以使用 Dynamics 特效中的以下几个属性来调整音频。

- AutoGate：当音频级别低于指定阈值时，该特效会阻断声音信号。这种方法可以用于去除不想要的声音（例如采访或者旁白中的背景杂音）。

- Compressor：该选项能够平衡动态范围并在整个剪辑时长中创建持续的音频级别。

- Expander：该选项能够用于减少所有指定阈值以下的信号。它与 AutoGate 控件类似，但是可以进行更加细微的调整。确保在播放剪辑时对阈值和比率进行调整，保证声音具有自然效果的同时还能够移除那些不想要的杂音。

- Limiter：使用 Limiter 选项可以减少音频剪辑中声音过高的部分。你可以将阈值设置在 −60dB 和 0dB 之前。Premiere Pro 会减少所有超出阈值的信号，使其保持在与阈值相同的级别上。

1. 继续处理序列 05 Noisy Reduction。

2. 从 Effect Controls 面板移除所选剪辑的其他全部特效。

3. 在 Effects 面板中，找到 Dynamics 特效，并将其应用到剪辑上。

4. 在 Effect Controls 面板中，单击 Dynamics 特效的 Edit 按钮。

5. 仅启用 AutoGate 选项，并收听剪辑，如图 12-39 所示。

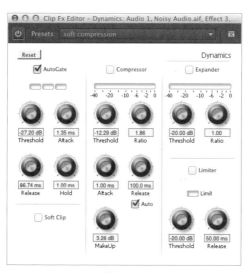

图12-39

背景噪音应该已经被极大地减少了。调整阈值并感受一下音效。

6. 确保 Compressor 选项处于启用状态，调整它的设置使声音更加饱满一些。播放剪辑并根据需要进行调整。

7. 禁用 AutoGate 选项并启用 Expander 选项尝试以不同的方式移除背景杂音。

8. 播放剪辑，并调整 Expander 选项的 Threshold 和 Ratio 的数值，提高声音质量。

9. 启用 Limiter 选项，并将其设置为 −12.00dB，这是音频操控中比较常用的级别，如图 12-40 所示。

图12-40

10. 播放剪辑，并观察音量表（如果不可见，可以在 Window 菜单下启用该选项）。

使用Adobe Audition移除背景杂音

Adobe Audition能够提供一些用于混合音频和特效的高级功能，进而从整体上改进声音效果。如果你已经安装了Adobe Audition，可以尝试进行以下操作。

1. 在PremierePro中，从Project面板打开序列06 Sendto Audition。

2. 在Timeline中右键单击Noisy Audio.aif剪辑，并选择Edit Clip in Adobe Audition。这将创建一个音频副本，并添加到项目中，如图12-41所示。

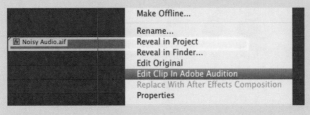

图12-41

Audition会打开，并包含一个新的剪辑。

3. 切换到Audition。

4. 该立体声剪辑在Editor面板中将变得可见。

Audition会呈现一个关于该剪辑的较大的波形。现在，需要选择剪辑中的杂音部分，然后减少个剪辑中的杂音，如图12-42所示。

图12-42

5. 播放剪辑。注意，开头的几秒钟播放的全部是杂音——正适合做一个选择。

6. 使用Time Selection工具（工具栏中的I形工具），单击并拖动使刚刚选择的杂音部分处于高亮显示状态，如图12-43所示。

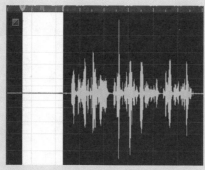

图12-43

7. 在所选择的内容处于激活状态时，选择Effects>Noise Reduction/Restoration>Capture Noise Print命令；也可以按Shift+P组合键。

如果出现一个对话框并通知你噪音已经被捕捉，单击OK按钮对消息进行回复。

8. 选择Edit>Select>Selectm All命令，选择整个剪辑。

9. 选择Effects>Noise Reduction/Restoration>Noise Reduction(process)命令；也可以按Shift+Control+P组合键（Windows），或者按Shift+Command+P组合键（Mac OS）。这时会打开一个新的会话框，你可以在其中对杂音进行处理，如图12-44所示。

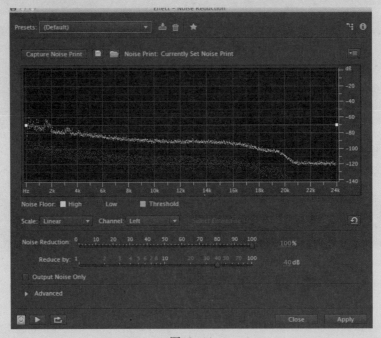

图12-44

10. 选择Output Noise Only（仅输出杂音）复选框。该选项可以是你只收听想要移除的杂音，这有助于使你不会不小心将想要保留的音频也一同移除。

11. 单击窗口底部的Play按钮，并通过滑块调整Noise Reduction和Reduce，以便移除剪辑中的杂音。尽量不要移除正常的声音。

12. 取消对Output Noise Only复选框的选择，并收听清理之后的音频，如图12-45所示。

13. 在Advanced选择区域中，可以进一步对杂音消减进行定义。如果音频中的声音听上去很像是从海洋地下传来的电话通话音，那么可以尝试使用Spectral Decay Rate（频谱衰减比率）选项，如图12-46所示。

14. 如果对声音效果感到满意，可以单击Apply（应用）按钮以便应用清除操作。

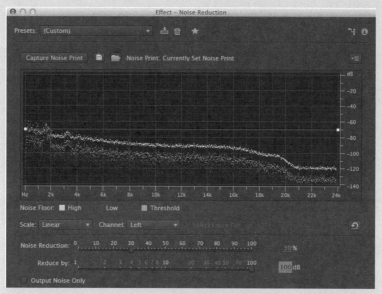

图12-45

图12-46

15. 选择File>Close命令，并保存所做的更改。

16. 切换回到Premiere Pro，可以在这里收听清理之后的音频轨道。

复习题

1. 如果要较大程度地改变音频剪辑的速度，同时又不会改变它的时长，可以使用哪种特效？

2. Delay 和 Reverb 特效之间有什么区别？

3. 如何将具有相同参数的同一个音频特效应用到 3 个音频轨道？

4. 说出 3 种移除剪辑中背景杂音的方法。

复习题答案

1. PitchShifter 特效能够在较大程度上修改剪辑的语调进而音量，同时还能够与视频剪辑保持同步。

2. Delay 创建的是清晰的单个回声，它可以重复，并逐渐地变弱。Reverb 创建的是模仿室内的回声混合。它具有多个参数，可以使我们在 Delay 特效里听到的回声变模糊。

3. 最简单的方法是创建分组混音轨道，把这 3 个轨道分配到分组混音轨道中，然后对分组混音应用特效。

4. 可以使用 Premiere Pro 中的 Highpass、Lowpass、Multiband Compressor、Notch 或者 Dynamics 特效，或者将剪辑发送到 Adobe Audition 中并使用该应用程序中提供的高级杂音减轻控件。

第 **13** 课 添加视频特效

课程概述

在本课中，你将学习以下内容：

· 使用固定特效；

· 使用 Effect 面板浏览特效；

· 应用和删除特效；

· 使用特效预设；

· 使用关键帧特效；

· 了解经常使用的特效。

 本课的学习大约需要 90 分钟。

Adobe Premiere Pro CC 提供 100 多种视频特效。大多数效果都带有一组
参数，这些参数都可用精确的关键帧控制进行动画处理，使它们随时间
而变化。

13.1 开始

很多时候，我们都需要用到视频特效，可以使用视频特效解决图像质量方面的问题（例如曝光和色彩平衡）；可以使用诸如色品键控（Chromakey）这类的技巧对特效进行合成，以便创建出复杂的图像效果；也可以使用特效来解决一些制作过程中遇到的问题，例如摄像机振动或者卷帘快门等相关问题。

特效还可以用于使对象更具风格化的目的，可以通过特效改变颜色或者使素材具有变形效果；可以在帧内创建剪辑的尺寸和位置动画。主要是要知道何时使用特性，何时显示限制。

标准特性局限于椭圆或者多边形蒙版，并且这些蒙版可以自动跟踪痕迹。例如，你可能模糊某人的脸隐藏它们的特点并且模糊他们在镜头的移动。

13.2 使用特效

Adobe Premiere Pro 可以轻松使用各种特效；可以直接将特效拖动到剪辑上，或者选择某个剪辑并在 Effects 面板中双击某个特效；可以在某个剪辑上任意合并多个特效，进而创作出令人惊奇的效果。此外，可以使用调整图层为一组剪辑添加相同的特效，如图 13-1 所示。

图13-1

当选择要使用的视频特效时，如何在 Premiere Pro 中进行选择是一件非常重要的事情。这个应用程序中提供了 100 多个内置特效；还可以选择使用几个来自第三方制造商提供的特效，可以通过付费或者免费下载的方式获得这些特效。

特效的使用范围和可以合成、应用、调整和删除特效的控件，总是重点内容。

13.2.1 固定特效

在将剪辑添加到序列中之后,该剪辑会被自动应用某些特效。这些特效被称为固定特效（Fixed Effect）,可以将这些特效看成是针对剪辑具有的某些属性的控件,例如标准几何图形、不透明度以及音频属性等。所有的固定特效都可以通过 Effect Controls 面板进行修改。

1. 打开 Lesson 13.prproj。

2. 打开序列 01 Fixed Effects。

3. 单击并选择 Timeline 上的第一个剪辑。

4. 选择 Window>Workspace>Effects 选项切换到 Effects 工作区。

5. 选择 Window>Workspace>Reset Current Workspace 命令,如图 13-2 所示。

图13-2

6. 在 Effect Controls 面板中,查看已经应用序列的固定特效。

固定特效会被自动应用到序列中的每一个剪辑上,但是只有修改配置之后,才会使剪辑发生改变。

7. 单击每个项目旁边的展开三角可以查看它们的属性，如图 13-3 所示。

图13-3

- Motion（运动）：使用 Motion 特效可以创建剪辑的动画、旋转或者改变剪辑的尺寸。还可以使用更为高级的防闪烁控制，降低动画对象边缘出现的发光问题。在缩放具有较高分辨率的源对象时，Premiere Pro 必须对数字图像进行重新取样，这时使用该特效是非常方便的。

- Opacity（不透明度）：可以使用 Opacity 特效控制剪辑的不透明度（或者透明度）。此外，你还可以使用用途广泛的混合模式创建特效和实时的合成效果。第 15 课会对此进行更多介绍。

- TimeRemapping（时间重映射）：该属性可以对播放执行减速、加速或者反向播放操作，甚至可以冻结某个帧。第 8 课对此进行了更为详细的介绍。

- Audio Effect（音频特效）：如果要编辑的剪辑中具有音频，Premiere Pro 将显示它的 Volume、Channel Volume 和 Panner 控件。第 11 课对此进行了更多介绍。

8. 单击并选择 Timeline 中的第二个剪辑，仔细观察 Effect Controls 面板，如图 13-4 所示。

这些特效都具有关键帧，这意味着可以随时对它们的值进行更改。这时，会在剪辑上应用一个较小的比例和相位以便创建数字缩放并对剪辑重新进行合成。

我们将在本章的后面详细对关键帧进行介绍。

9. 按播放键反复播放几次序列并进行观察，对两个效果进行比较。

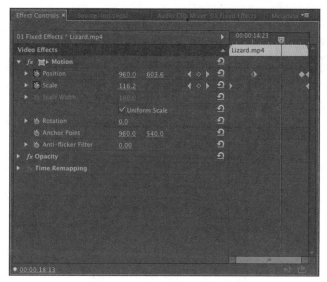

图13-4

13.2.2 特效面板

除了刚才已经介绍的固定特效之外，Premiere Pro 还具有一些标准特效。你可以使用这些标准特效改变剪辑中的图像质量和外观。由于可供选择的特效的数量很多，因此特效组织为 16 种类别。如果使用第三方特效，那么种类的数量可能更多。

特效按用途进行了分组，例如 Distort（变形）、Keying（键控）以 Time（时间）等。这使在需要时选择正确的特效变得更加轻松。

每个种类都有在 Effect 面板中拥有自己的 bin 目录。

1. 打开序列 02 Browser。

2. 在 Timeline 上单击并选择剪辑。

3. 打开 Effect 面板，你也可以按 Shift+7 组合键选择它。

4. 在 Effect 面板中，打开 Video Effect bin 目录，如图 13-5 所示。

5. 单击面板底部的 New Custom Bin 按钮。

New Custom bin 文件夹将会出现在 Lumetri Looks 下方的 Effects 面板中（可能需要往下滚动查看）。我们需要对该文件夹进行重新命名。

图13-5

6. 单击并选择该文件夹，如图 13-6 所示。

7. 直接在文件夹的名称上单击（Custom Bin 01）将其高亮显示并进行更改，如图 13-7 所示。

8. 将其改为如 Favorite Effects 这样的名称，如图 13-8 所示。

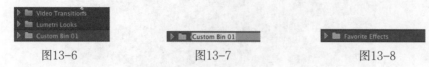

图13-6   图13-7   图13-8

9. 打开任意 Video Effects 文件夹，将某些特效推动到你自己的文件夹中。现在，可以只选择一些你觉得感兴趣的特效。可以在任何时候从自定义 bin 中添加或者删除特效，如图 13-9 所示。

图13-9

如图 13-10 所示，在浏览多个特效时，你会在很多特效的名称旁边看到几个图标。了解这些图标代表的含义，有助于更好地选择项目中需要使用的特效。

Pr 注意：特效将同时存在于它们的原始文件夹以及你的自定义文件夹中。可以在自定义文件夹中创建符合自己风格的特效目录。

Pr 注意：由于 Video Effects 的数量众多，因此有时候要找到需要的特效并不容易。但是如果你知道特效的完整或者部分名称，可以在 Effects 选项卡顶部的搜索框中输入名称，Premiere Pro 会立即显示包含这些字母组合的特效或者切换，输入的字母越多，搜索的范围就会越窄。

加速特效 ——————— ———— YUV 特效

32 位色彩

图13-10

1. 加速特效

加速特效图标表示可以使用图形处理单元（GPU）进行加速。记住，GPU（通常被称为视频卡）能够极大地增强 Premiere Pro 的性能。因此，尽可能地使用受 Mercury Playback Engine 支持的视频卡，这样的话，特写特效通常能够获得加速效果，甚至是实时性能，并且只需在最终输出时进行渲染即可。你可以在 Premiere Pro 的产品页中看到有关受支持加速卡的列表。

2. 32 位色彩（高位深）特效

32 位色彩特效，可以支持每通道 32 位模式，也被称为高位深（high-bit-depth）或者浮点处理（float processing）。

> **Pr** | **注意**：使用 32 位特效时，尽量全部都使用 32 位特效以便获得最佳的质量。如果对特效进行混合，那么它将变回到 8 位处理空间，这将降低图像的总体精确度。

处于以下任何一种情况时，需要使用高位深特效。

- 处理具有每通道 10 位或者 12 位的编码解码器的剪辑，例如 RED、ARRIRAW、AVC-Intra 100，以及 10-bit DNxHD 或 ProRes）。
- 当对素材应用多个特效时，想要保持更大的保真度。

此外，在每通道 16 或者 32 位色彩空间渲染的 16 位文件或者 Adobe After Effects 文件能够利用高位深特效。

要充分利用高位深特效，需要确保序列的 Maximum Bit Depth（最大位深）视频渲染选项处于选中状态。你可以在 Export Settings 对话框的 Video 标签中找到这个选项，如图 13-11 所示。

图13-11

3. YUV 特效

YUV 特效处理 YUV 中的色彩，如果需要使用能够处理图像颜色的特效，那么 YUV 特效似乎是非常合适的。不具有 YUV 标签的特效会在计算机的原始 RGB 空间中进行处理，而这可能降低针对曝光和色彩所做的调整的精确度。

YUV 特效会将视频划分到 Y 通道（亮度通道）以及另外两个包含颜色信息的通道（不包含亮度）。这也是大多数视频素材的原始结构。这些滤镜能够轻松调整素材的对比度和亮度，同时不会改变素材的颜色。

> **Pr** | **注意**：更多 YUV 特效有关内容，请参考 http://bit.ly/yuvexplained 中的文档。

13.2.3　应用特效

实际上，可以在 Effect Controls 面板中访问全部的视频特效参数，这使对这些特效的行为和强度所进行的设置变得更加容易。可以对每一个属性单独添加关键帧，这样可以随时对其行为进行更改（只需停止播放查看设置）。此外，还可以使用贝塞尔曲线调整这些更改的速率和加速。

1. 继续处理序列 02 Browse。

2. 如有需要，单击 Project 面板旁边的 Effects 选项卡使其变得可见。

3. 在 Effects 面板搜索字段中输入 black 以缩小结果。找到 Black&White（黑白）视频特效。

4. 将 Black&White 视频特效拖动到 Timeline 上的剪辑 Leaping_Frog 上，如图 13-12 所示。

图13-12

应用该特效之后，图像会立即由完全色彩转换为黑白色——确切的说，应该是灰度图像。

5. 确保剪辑 Leaping_Frog 在 Timeline 上处于被选中的状态。

6. 打开 Effect Controls 面板。

7. 可以通过在 Effect Controls 面板中单击特效名称旁边的 "fx" 按钮关闭和开启 Black&White 特效。确保当前时间指示器位于该素材剪辑上以便查看结果。

对特效进行开启和关闭切换可以很好地将其与其他特效进行比较。开启或者关闭时，切换的仅仅是 Black&White 特效的参数，如图 13-13 和图 13-14 所示。

On

图13-13

Off

图13-14

8. 确保该剪辑处于选中状态，以便它的参数能够显示在 Effect Controls 面板中，单击 Black&White 选择该特效，然后按 Delete 键。

这将删除特效。

9. 在 Effects 面板搜索框中输入 direction，找到 Directional Blur 视频特效。

10. 在 Effects 面板中双击 Directional Blur 特效并应用该特效。

11. 在 Effect Controls 面板中，展开 Directional Blur 特效的滤镜，注意，这里提供了一些 Black&White 特效不具备的选项：Direction（方向）和 Blur Length（模糊长度），每个选项旁边还有一个计时器（计时器图标用于激活关键帧，本章稍后会进行介绍）。

12. 将 Direction 设置为 90.0°，Blur Length 设置为 4，以便模拟电影中的慢镜头效果。

> **Pr** | **注意**：你不能总是使用可视特效创建生动的结果。有些特效本来就设计为摄像机中的查看结果。

13. 点击折叠三角形，展开 Blur Length 选项，并移动滑块。

当你更改设置时，结果会实时显示在 Program Monitor 中。

14. 打开 Effect Controls 面板菜单，并选择 Remove Effects（删除特效），如图 13-15 所示。

> **Pr** | **提示**：Premiere Pro 中的固定特效必须按照特定的顺序进行处理，这可能导致比例和尺寸发生变形的问题。尽管无法重新排列固定特效的顺序，但是可以忽略它们，使用其他相似的特效来代替。例如，可以使用 Transform（变换）特效代替 Motion 特效，或者使用 Alpha Adjust 特效代替 Opacity 特效。尽管这些特效并不相同，但是它们非常接近并且在行为上也很相似。当你需要重新排列执行任务的特效的顺序时，可以使用这些替代的特效。

15. 此时会弹出一个对话框并询问你需要删除哪些特效，单击 OK 按扭，移除全部特效。

图13-15

对于新手来说，这是一个简单的方法。

应用特效的其他方法

要更加灵活地使用特效，可以通过以下3种方法重复使用某个特效。

- 可以从 Effect Controls 面板中选中某个特效，选择 Edit>Copy 命令，然后选择目标剪辑的 Effect Controls 面板并选择 Edit>Paste 命令。
- 要复制某个剪辑上的所有特效以便将其粘贴到其他剪辑上，可以在 Timeline 上选择该剪辑并选择 Edit>Copy 命令，然后选择目标剪辑并选择 Edit>Paste Attributes 命令（粘贴属性）。
- 还可以创建特效预设以便存储某个具体的特效设置（或者多个特效），后期可以重新使用这些设置。本章的后面将会对此进行介绍。

Pr **注意**：可以通过在列表中上下拖动的方法重新排列标准特效，但是对固定特效进行重新排列。这将会导致某些问题的发生，因为当应用了其他特效之后，这些特效的比例会发生改变。

13.2.4 使用调整图层

有时候，我们可能想要对多个剪辑应用同一个特效。Premiere Pro CS6 为此提供了一个非常轻松的方法，称为调整图层（adjustment layer）。其中包含的概念非常简单：创建一个包含特效的新图层并将其放置在其他视频轨道的上面。任何位于调整图层下面的对象都将被应用该特效。

你可以容易地调整图层剪辑的持续时间和不透明度，就像你调整其他图像剪辑一样，使它容易控制其他片段通过它。由于你可以更改它（单个条目）的设置，影响其他多个剪辑，所以调整图层比使用特效更快。

我们现在为一个已经进行了编辑的序列添加一个调整图层。

1. 打开序列 03 Multiple Effects。

2. 在 Project 面板的底部，单击 New Item 按钮并选择 Adjustment Layer，如图 13-16 所示。

3. 单击 OK 按钮，创建与当前序列尺寸想匹配的调整图层，如图 13-17 所示。

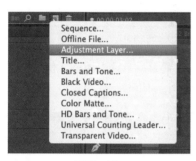

图13-16

图13-17

Premiere Pro 为 Project 面板添加一个新的调整图层。

4. 将调整图层拖动到当前 Timeline 上的轨道 Video2 上，如图 13-18 所示。

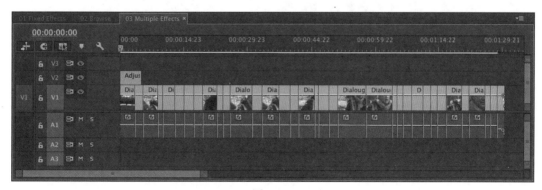

图13-18

5. 拖动调整图层的右侧边缘，使其延伸到序列的末尾。

调整图层将显示如图 13-19 所示。

我们使用滤镜并通过修改调整图层的不透明度来创建一个具有电影外观的特效。

6. 在 Effects 面板中，搜索并找到 Gaussian Blur 特效。

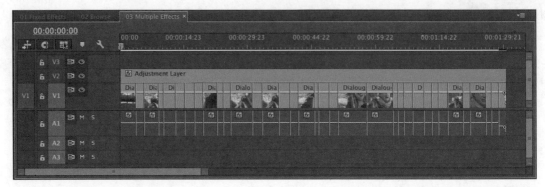

图13-19

7. 将该特效拖动调整图层上。

8. 将播放头放置到 27:00 处，以便获得一个适合该特效的特写镜头。

9. 在 Effect Controls 面板中，将 Blurriness（模糊度）设置为一个较大的值，例如 25.0 像素。确保选中 Repeat Edge Pixels（重复边缘像素）复选框以便均匀地应用特效，如图 13-20 所示。

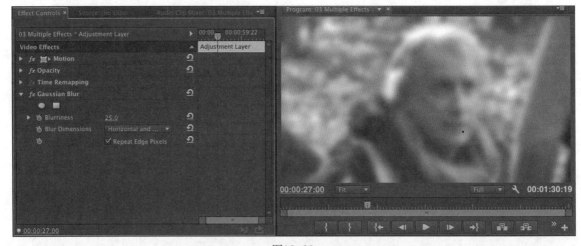

图13-20

我们现在使用混合模式混合特效，以便创建出电影的外观效果。混合模式可以基于亮度和颜色数值将两个图层混合在一起。本书第 15 课将会更为详细地对此进行介绍。

10. 单击 Effect Controls 面板中 Opacity 属性旁边的展开三角。

11. 将混合模式改为 Soft Light（柔光）以常见柔和的混合效果，如图 13-21 所示。

12. 将 Opacity 设置为 75%，以便使特效具有渐隐效果，如图 13-22 所示。

你可以通过单击 Timeline 面板中调整图层的可视性图标（Video2 旁边的眼球图标）来查看应用调整图层之前和之后的状态，如图 13-23 和图 13-24 所示。

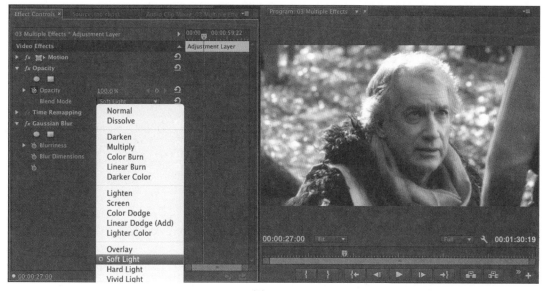

图13-21

调整图层应用之前

图13-23

图13-22

调整图层和混合模式

图13-24

13.2.5 将剪辑发送到 Adobe After Effects 中

如果你的计算机中已经安装了 Adobe After Effects，那么可以轻松在 Premiere Pro 和 After Effects 之间相互发送剪辑。由于 Premiere Pro 与 After Effects 之间具有非常亲密的关系，相对于其他编辑平台，可以更加轻松地将两种工具无缝整合在一起。这种方法可以极大地扩展编辑工作流中的特效能力。

我们在移动剪辑时使用的程序称为动态链接（Dynamic Link），有了 Dynamic Link，我们可以在不进行渲染的情况下实现剪辑的无缝交换。

尝试下面的练习。

1. 打开序列 04 Dynamic Link。

2. 右键单击剪辑，选择 Replace With After Effects Composition，如图 13-25 所示。

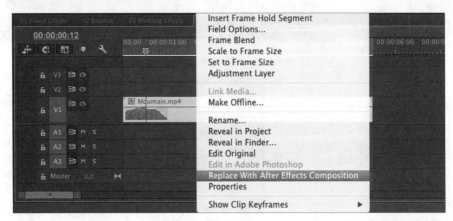

图13-25

3. 如果 After Effects 之前没有运行，则会立即开启。如果 After Effects 中出现 Save As（另存为）对话框，则为其输入一个名称并选择 After Effects 项目的存储位置，但后单击 Save（保存）。将项目命名为 Lesson 13-01.aep 并将其保存在 Lessons 文件夹中。

这时会创建一个新的合成图像并继承 Premiere Pro 中的序列设置。新的合成图像会基于 Premiere Pro 的项目名称进行命名，并且后面跟随"LinkedComp"字样。

After Effect 合成图像类似于 Premiere Pro 序列。

4. 如果合成图像已经打开，在 After Effect 项目面板中查找，双击载人 Lesson 13 Linked Comp 01。

在 After Effect 合成图像中，剪辑成了图层，所以比较容易地使用 Timeline 上的高级控件。

使用 After Effect 有多种方式应用特效，为使问题简单，我们使用动画预设。要了解更多特效工作流方面的内容，可以参见《Adobe After Effects CC 经典教程》一书。

5. 找到 Effects&Presets 面板，单击折叠三角形展开 Animation Preset。

After Effect 中的动画预设使用标准的内置特效完成深刻的结果。它们是生成专业作品的优秀的快捷方式。

6. 展开图像——Creative 目录。你可能需要重置面板大小，读取所有预设名称，如图 13-26 所示。

7. 双击 Colorize——乌贼预设，应用到选中的图层上，如图 13-27 所示。

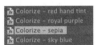

| 图13-26 | 图13-27 |

8. 选择 Timeline 上的剪辑，并按下 E 键查看已经应用的特效。可以单击每个特效的折叠三角形查看控件，如图 13-28 所示。

图13-28

9. 现在查看 Effect Controls 面板，同样的特效显示在这里，如图 13-29 所示。

图13-29

10. 双击每个颜色的色板，调整 Tint 和 Fill 特效的颜色。移动乌贼音调到稍微冷一点的音调上，如图 13-30 所示。

图13-30

11. 在 Preview 面板中，点击 RAM Preview 按钮预览特效，缓冲帧之后，文件将实时播放。

> **Pr** 提示：像 Premiere Pro 一样，After Effect 在 Window 菜单中列出了所有的面板，如果找不到面板，可以在这里查找。

12. 选择 File>Save 命令，保存所做的修改。

13. 切换回 Premiere Pro 并播放序列查看效果。

Premiere Pro 中 Timeline 上的原始剪辑已经被动态链接的 After Effect 合成图像取代。

从 After Effect 到 Premiere Pro，帧是在后台处理。你也可以选择 Timeline 中的剪辑，并选择 Sequence>Render Effect In To Out 命令。

你可以通过访问 Adobe 网站 www.adobe.com/go/learn_ae_cs3additionalanimationpresets，浏览和下载一些 After Effect 预设。上面的大多数预设都是免费的，从大的 After Effect 社区获得也是一个好的方式。

13.3 主剪辑特效

尽管所有的特效任务都已经应用到 Timeline 上的剪辑了，不过 Premiere Pro 仍然允许你应用特效到 Project 面板中的主剪辑上。使用相同的可视特效，工作方式也相同，但是对于主剪辑，添加到序列中的任何剪辑实例将继承已应用的特效。

例如，你可以向 Project 面板中的剪辑添加一个颜色调整，以便它匹配屏幕中的其他摄像角度。

每次使用剪辑或者序列中剪辑的一部分时，特效将被应用。

添加、调整和删除主剪辑特效，步骤如下。

1. 继续处理 04 Dynamic Link 序列。

2. 在 Project 面板中找到 River2.MP4 剪辑，添加到序列已有剪辑的后面。定位 Timeline 播放头到剪辑之上，以便在 Program Monitor 中看到，如图 13-31 所示。

图13-31

3. 在 Project 面板中双击 Reiver2.mp4 剪辑，在 Source Monitor 中打开。

现在在 Source Monitor 中打开的和在 Program Monitor 中显示的，都是同一个剪辑，所以在应用它们时，可以两个监视器中查看更改效果，如图 13-32 所示。

图13-32

4. 在 Effect 面板中，找到 Fast Color Corrector 特效。

5. 拖放 Fast Color Corrector 特效到 Source Monitor 中，添加到主剪辑中。单击 Source Monitor 确保它是激活面板状态。

6. 到 Effect Controls 面板中，查看 Fast Color Corrector 控件。

7. 从中心向蓝边缘拖放色彩旋转球，如图 13-33 所示。

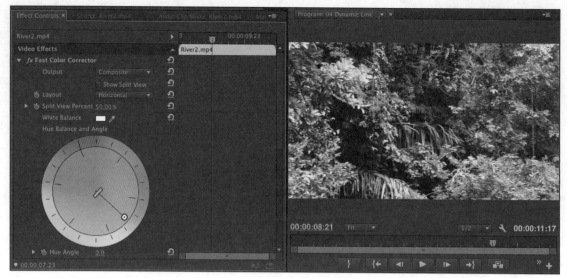

图13-33

在 Source Monitor 中调整剪辑，这意味着它应用到 Project 面板中的主剪辑上，而不是 Timeline 上的剪辑副本。同样，可以在 Project 面板中查看特效结果。

从现在开始，你任何时候使用序列中的该剪辑或者其中一部分，Premiere Pro 都将应用同样的特效。

弄清楚 Timeline 上的剪辑和 Project 面板中的剪辑之间的区别，非常重要。

8. 点击 Timeline 上的剪辑，并查看 Effect Controls 面板，它显示了没有 Fast Color Corrector 特效。

Effect Controls 面板显示了序列的名称，就在剪辑名称的后面，如图 13-34 所示。

这是因为，你没有应用特效到剪辑的 Timeline 实例上。

9. 点击回到 Source Monitor 中，然后查看 Effect Controls 面板。

再次看到特效，注意 Effect Controls 面板现在只显示了剪辑的名称，如图 13-35 所示。

图13-34

图13-35

10. 在 Effect Controls 面板中，选择 Fast Color Corrector 特效名称，并按下 Delete 键。特效被移除，并且 Program Monitor 更新了相应的更改。

在 Premiere Pro 中，处理主剪辑是管理特效的强有力的方式。你可能需要更多的实验掌握它。使用与 Timeline 相同的可视特效，所以本书上学习到的技能是同样的方式，只是计划有些不同。

13.4 屏蔽和跟踪视觉效果

所有标准视觉特效都可以限制为椭圆或多边形蒙版，这可以使用关键帧手工动画处理。Premiere Pro 也可以结合特定特效的行为，在光学上移动跟踪镜头动画创建的蒙版位置。

屏蔽和跟踪特效是隐藏详情的有力方式，比如模糊背后的人脸或 logo 标记。你也可以使用该技术应用微妙的创意效果或者修改镜头的光照。

1. 继续处理 04 Dynamic Link 序列。

2. 在 Project 面板中，找到 River.mp4，把该剪辑添加到序列中最后一个剪辑后面，如图 13-36 所示。

图13-36

虽然剪辑看上去不错，不过进行一点色彩处理会更好。

3. 在 Effect 面板中搜索 Fast Color Corrector 特效，应用该特效到 Timeline 上的 River1.mp4 剪辑中。确保剪辑被选中。

4. 在 Effect Controls 面板中国，更改 Fast Color Corrector Hue Angle 值大约为 80°。可以通过拖动色彩旋钮的边缘，或者输入 Hue Angle 设置的数值，更改 Hue Angle，如图 13-37 所示。

特效更改了整个图片成一个暖色调，不过我们需要只对一个植物做特效应用。

5. 在 Effect Controls 面板中的 Fast Color Corrector 特效名称下面，你将看到两个按钮，它允许你为特效添加蒙版。单击第一个按钮添加一个椭圆蒙版，如图 13-38 所示。

特效立即限制在你刚创建的蒙版中。你可以为一个特效添加多个蒙版。如果你在 Effect Controls 面板中选择了一个蒙版，那么你可以在 Program Monitor 中单击修改它的形状，如图 13-39 所示。

图13-37

图13-38

图13-39

6. 把播放头移动剪辑的开始处,使用蒙版处理复位位于图片中间的灌木区域的蒙版,如图 13-40 所示。

7. 羽化蒙版的边缘,设置 Mask Feather 大约为 120,如图 13-41 所示。

如果你取消选择了 Effect Controls 面板中的蒙版,那么你将看到更改的色相,而不是添加一个色偏校正,生成一个自然的结果。现在你只需要跟踪图片,如图 13-42 所示。

图13-40

图13-41

图13-42

8. 单击 Effect Controls 面板中的 Track Selected Mask Forward 按钮, 就在蒙版名称 Mask(1) 的下面。

9. 播放序列查看效果。

Premiere Pro 也可以后退跟踪, 因此你可以在剪辑中途选择一条目, 然后双向跟踪创建一个蒙版跟随的自然路径。

13.5 关键帧特效

关键帧的概念可以追溯到传统的动画制作中, 首席动画师负责绘制关键帧 (或者称为主要动作), 然后助理动画师则负责创建各个关键帧之间的帧, 这一过程被称为补间动画 (tweening)。现在，你自己就是负责设置主要关键帧的人，其他的工作则由计算机来完成，例如在你设置的关键帧之间插入数值。

13.5.1 添加关键帧

可以通过使用关键帧随时对视频特效中的大多数参数进行更改。例如，可以使特效逐渐淡出焦点，更改颜色，或者增强阴影的效果。

> **Pr** | **注意**：在应用处理时可以看到更改效果的特效时，确保播放头在该剪辑的上方。单独选择剪辑，将无法在 Program Monitor 中查看。

1. 打开序列 05 Key frames。

2. 观看序列，熟悉素材。

3. 在 Effects 面板中，找到 Lens Flare（镜头眩光）特效。将该特效应用到视频图层上。

4. 把播放头定位到剪辑的开始部分。

5. 在 Effect Contr 面板中，选择 Lens Flare 特效。该特效选中后，Premiere Pro 将在 Program Monitor 中显示一个小的控件句柄。使用该句柄，如图 13-43 所示，重新定位镜头光晕，所以特效的中心在瀑布的上方。

图13-43

> **Pr** | **提示**：你可能需要切换 Lens Flare 特效开关状态，查看控件句柄，它一般很小。

6. 确保 Effect Controls 面板 Timeline 可视化。否则，单击面板右上方的 Show/HideTimeline（显示/隐藏间线）按钮，切换显示状态。

7. 单击停止观看图标切换 Flare Center 和 Flare Brightness 属性的动画，如图 13-44 所示。

图13-44

8. 将播放头移动到剪辑的末尾处。

你可以在 Effect Controls 面板中直接拖动播放头。确保你能够看到视频的最后一帧并且不存在任何空白帧。

9. 调整 Flare Center 和 Flare Brightness，使眩光在摄像机摇移时移动到天空上并且变得更加明亮。可以使用下面的图片作为参考，如图 13-45 所示。

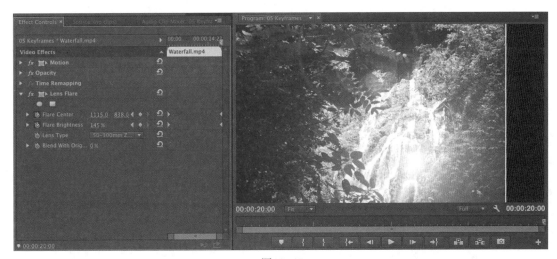

图13-45

> **Pr** **提示**：确保使用 Next Keyframe（下一关键帧）和 Previous Keyframe（上一关键帧）按钮在各个关键帧之间有效进行切换，这样能够保证添加不需要的关键帧。

> **Pr** **注意**：剪辑右边的彩色条纹，表示序列的最后一个帧。

10. 播放序列并查看不同时间上的特效动画。

13.5.2　关键帧插值和速度

当特效移近或离开关键帧时，关键帧插值会改变特效参数的变化方式。目前看到的默认变化方式都是线性的，换句话说，也就是两个关键帧间的速度是不变的。通常较好的变化方式是让它符合你的生活体验，或者更夸张一些。例如逐渐加速或减速，或快速变化。

Premiere Pro 提供两种变化控制方法：关键帧插值和 Velocity Graph（速度曲线）。关键帧插值最简单，只需单击两次。而调节 Velocity Graph 则更具有挑战性。掌握这种功能需要花时间做一些练习。

- 打开 06 Interpolation 序列。

- 将播放头放置在剪辑的开始处。

Lens Flare 特效已经应用到了这个剪辑，并且当前动画化。然而，移动发生在摄像机之前，这样看起来非常不自然。

- 通过单击 Effect Control 面板中特殊名称旁边的"fx"按钮，切换关闭打开 Lens Flare 特效。

- 在 Effect Controls 面板的 Timeline 视图中，右键单击 Flare Center 属性的第一个关键帧。

- 选择 Temporal Interpolation（时间插值）>Ease Out（淡出）方法创建一个从关键帧到移动的柔和切换效果，如图 13-46 所示。

图13-46

> **注意**：在使用与位置相关的参数时，关键帧的关联菜单将会提供两种类型的插值选项：空间插值（spatial）（以位置相关）和时间插值（temporal）（与时间相关）。你可以在 Program Monitor 以及 Effect Controls 面板中对空间进行调整。在 Timeline 和 Effect Controls 面板中对剪辑的时间进行调整。这些与运动相关的议题在第 9 课中进行了讨论。

- 右键单击 Flare Center 属性的第二个关键帧。选择 Temporal Interpolation（时间插值）>Ease In（缓入）方法，创建最后一个关键帧静态位置的柔和切换。

我们现在来修改 Flare Brightness 属性。

- 单击 Flare Brightness 的第一个关键帧，然后按住 Shift 键并单击第二个关键帧以便使二者都处于激活状态，如图 13-47 所示。

图13-47

- 右键单击其中一个 Flare Brightness 关键帧并选择 Auto Bezier（自动贝塞尔），创建两个属性之间的柔和动画效果。

- 播放动画并查看所做的更改。

我们来使用 Velocity 曲线进一步细化关键帧。

- 将鼠标指针放置到 Effect Controls 面板上方，然后按 ` 键使面板变成全屏模式。这可以更清楚地查看关键帧控件。

- 如有必要，单击展开 FlareCenter 和 FlareBrightness 属性的展开三角，显示可用的属性，如图 13-48 所示。

图13-48

Velocity 曲线用于显示关键帧之间的速度。突然的下落或者弹跳表示加速度的突然变化。点或者线距离中心的位置越远，速度越大。

- 尝试调整关键帧的手柄以便使速度曲线变得更加陡峭或者舒缓，如图 13-49 所示。

图13-49

- 按 ` 键重置 Effect Controls 面板。

- 播放序列并查看改变都带来了哪些影响。继续进行体验，直到是自己对关键帧和插值变得很熟悉为止。

理解插值方法

下面描述的是Premiere Pro中的关键帧插值方法。

- Linear（线性）：该方法为默认方法。它在关键帧之间创建一致的变化速率。
- Bezier（贝塞尔曲线）：这种方法让你手动调整关键帧任一侧曲线的形状，它允许在进、出关键帧时突然加速变化。
- Continuous Bezier（连续贝塞尔曲线）：创建通过关键帧的平滑速率变化。与Bezier不同，如果调节一侧手柄，关键帧另一侧的手柄会以相反的方式移动，确保通过关键帧时平滑过渡。
- Auto Bezier（自动贝塞尔曲线）：即使改变关键帧参数值，这种方法也能在关键帧中创建平滑的速率变化。如果选择手动调节其手柄，它变为Continuous Bezier点，保持通过关键帧的平滑过渡。Auto Bezier有时可能会产生不想要的运动效果，因此首先尝试使用其他方法。
- Hold（保持）：这种方法改变属性值，而没有渐变过渡（效果突变）。Hold插值关键帧后的曲线显示为水平直线。
- Ease In（缓入）：这种方法减缓进入关键帧的数值变化。
- Ease Out（缓出）：这种方法逐渐增加离开关键帧的数值变化。

13.6 特效预设

在执行重复的任务时，为了节省时间，Premiere Pro提供了特效预设功能。你可以在程序中看到一些针对某些特定任务而创建的预设，但是真正的强大之处在于你可以为那些重复的任务创建属于自己的预设。创建特效预设时，甚至可以存储动画的关键帧。

13.6.1 使用内置预设

你可以使用Premiere Pro中包含的特效。这些特效在执行某些任务时非常有用，例如倾斜、画中画特效以及风格化切换。

1. 打开序列07 Presets。

该序列中有两个剪辑，一个视频剪辑以及一个商标，我们将使用动画预设创建商标显示的动画效果。

2. 在Effects面板中，展开Presets和Mosaics文件夹。查找Mosaic In预设。

3. 将Mosaic In预设拖动到Video 2上的剪辑paladin-logo.psd上。

4. 播放序列并查看屏幕上的商标动画。

5. 单击 Video 2 上的剪辑 paladin-logo.psd，并在 Effects Controls 面板中查看它的控件，如图 13-50 所示。

图13-50

6. 尝试在 Effect Controls 面板中调整关键帧的位置以便对特效进行优化。

13.6.2　保存特效预设

尽管存在一些可供选择的特效预设，但是创建属于自己的特效预设不失为一个很好的主意。这个过程非常简单，还可以创建预设文件以便轻松在不同计算机之间转移。

1. 打开序列 08 Creating Presets。

Timeline 上有两个剪辑以及两个显示商标的实例。

2. 播放序列并观看最初的动画效果。

3. 选择 paladin_logo.psd 的第一个实例。

4. 选择 Effect Controls 面板，并选择 Edit>Select All 命令，以便选择所有应用到剪辑中的特效。

如果你只想存储特效的某个部分，也可以选择单个的属性。

5. 在 Effect Controls 面板中，右键单击选中的任一特效并选择 SavePreset（保存预设）命令，如图 13-51 所示。

6. 在 SavePreset 对话框中，将特效命名为 Logo Animation。

图13-51

7. 选择以下预设类型中的一个,以便告知 Premiere Pro 如何处理预设中的关键帧,如图 13-52 所示。

- Scale:按比例缩放到目标剪辑的源关键帧。任何已经存在于原始剪辑上的关键帧都将被删除。

- Anchor to In Point:保留第一个关键帧的位置以及剪辑中其他关键帧之间的关系。其他关键帧会相对于于它的 In 点被添加到剪辑中。在这个练习中,我们将使用这个选项。

- Anchor to Out Point:保留最后一个关键帧的位置以及剪辑中其他关键帧之间的关系。其他关键帧会相对于它的 Out 点被添加到剪辑中。

图13-52

8. 单击 OK 按钮,将受影响的剪辑和关键帧存储为一个新的预设。

9. 在 Effects 面板中,找到 Presets 文件夹。

10. 找到新创建的 Logo Animation 预设。

11. 将 LogoAnimation 预设拖动到 Timeline 上 paladin_logo.psd 文件的第二个实例上，如图 13-53 所示。

图13-53

12. 观察播放的序列并查看新应用的字幕动画。

使用多GPU

如果你喜欢加速渲染特效或者导出剪辑，考虑添加一个额外的GPU卡。如果使用的是tower（塔）或者工作站，你可能需要额外的支持第二个图像卡的插槽。Premiere Pro使用多GPU卡可以充分利用计算机大幅加快导出的时间。在Adobe网站可以找到支持图像卡的其他详细信息。

13.7 频繁使用的特效

在本课中，你已经了解了几个特效。尽管本书的讨论范围不允许对所有特效进行一一介绍，但是我们仍然会介绍以下 3 种特效，它们在很多编辑情况下都非常有用。通过这些介绍，你会事先对这些特效具有一个更好的认识。

13.7.1 图像稳定和卷帘快门问题减轻

Warp Stabilizer 是一个新添加到 Premiere Pro 中的特效。它能够消除由摄像机移动所产生的抖动问题（对于目前的轻量型摄像机来说，这种现象越来越普遍）。这个特效非常有用，因为它能够消除不稳定的视差式移动问题。此外，该特效还可以修复 CMOS 类型的传感器（例如 DSLR 摄像机上使用的传感器）普遍存在的视觉失真问题，还能够对卷帘快门问题进行补偿。

使用 CMOS 传感的摄像，或者水平移动对象时，垂直线条会出现无序问题。这是因为摄像机以水平线录制的图像，需要占用从帧开始到结束的时间。如果对象在这时间内移动，就会出现扭曲变形。

现在我们来了解一些这个特效。

1. 打开序列 09 Warp Stabilizer。

2. 播放序列查看画面的晃动程度。

3. 在 Timeline 面板中选择剪辑。

4. 在 Effect 面板中，找到 Warp Stabilizer 特效。双击该特效将其应用到所选择的剪辑上。立即执行分析该剪辑，如图 13-54 所示。

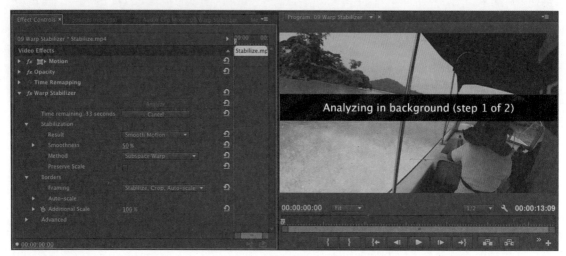

图13-54

分析过程分为两个步骤，分析素材时，你会在素材上看到一个条幅，提醒你处理该特效之前需要等待。还可以在 Effect Controls 面板中看到不断更新的进程。分析处理于后台进行，因此你仍然可以在等待完成时，对序列进行其他处理。

5. 一旦分析完成，你可以使用几种有用的 Stabilization 方法选项来增强特效，包括以下 3 种选项。

• Result（结果）：你可以选择 Smooth Motion（平滑运动）来保留一般的摄像机移动（即使图像是稳定的），或者可以选择 No Motion（无运动）尝试移除所有的摄像机移动。在这个练习中，我们选择 Smooth Motion。

• Method（方法）：存在 4 种可用的方法。其中的两种方法，即 Perspective 和 Subspace Warp，由于它们对图像的处理程度比较大，因此也是最为强大的。如果其中的一种方法导致了比较严重的变形问题，可以转换到 Position、Scale 和 Rotation，或者只转换为 Position。

• Smoothness（平滑度）：该选择用于指定为 Smooth Motion 保留多少原始摄像机移动的量。使用较高的数值能够获得更好的平滑效果。可以借助该剪辑进行试验，直到找到令自己满意的稳定程度。

> **提示**：如果你在图像中发现某些细节存在抖动的问题，那么可能需要对整体效果进行改进。在 Advanced（高级）菜单中，选择 Detailed Analysis（细节分析）选项。这将使 Analysis 部分执行更多的工作，以便发现需要跟踪的元素。你也可以使用 Advanced 目录下的 Rolling Shutter Ripple 里的 Enhanced Reduction 选项。这些选项在处理时比较慢，但是却能够创建出非常好的效果。

6. 播放序列。

13.7.2 时间码和剪辑名称

如果你需要为客户或者同事发送用于审查用的序列副本，Timecode（时间码）和 Clip 名称特效非常有用。你可以将 Timecode 特效应用到调整图层上并为整个序列生成一个可视的时间码。尽管你可以在导出媒体时使能类似 Timecode 的负载，不过特效有很多选项。

因为它允许其他人在某个独特的时间点上进行反馈，所以这非常有用。你可以控制 Position、Size 和 Opacity 的显示、时间码显示，以及它的格式和源。Clip Name 特效需要应用到每个剪辑。

1. 打开序列 10 Timecode Burn-In。

2. 在 Project 面板中，单击 New Item（新项目）列表，并选择 Adjustment Layer。单击 OK 按钮。这时会在 Project 面板中添加一个新的调整图层，设置将匹配你的当前序列。

3. 将调整图层拖动到当前 Timeline 上的轨道 Video 2 上。

4. 拖动调整图层的右侧边缘，使其延伸到序列的末尾。该调整图层应该覆盖所有的 3 个剪辑。

5. 在 Effects 面板中，找到 Timecode 特效。将其拖动到调整图层上以便应用该特效。

6. 在 Effect Control 面板中，将 Time Display（时间显示）设置为 24，以使其与序列的帧速率相匹配，如图 13-55 所示。

图13-55

7. 选择一个时间码源。在这个练习中，使用 Generate（生成）选项并将 Starting Timecode（开始时间码）选项设置为 01:00:00:00 以便与序列相匹配。

8. 调整特效的 Position 和 Size 选项。

可以对时间码窗口进行移动，以防止遮挡场景中的关键动作或者任何其他图形，这是一个好的主意。如果你打算将视频放置到网络中，需要确保调整时间码烧制的尺寸，以使其更容易阅读。

现在，我们向导出影片中应用特效显示每个剪辑的名称，获取客户或者拍档的反馈将会比较容易。

9. 序列中的前两个剪辑都已经应用了 Clip Name 特效，选择轨道 V1 序列中的最后一个剪辑。

10. 在 Effect 面板中，搜索 Clip Name 特效。

11. 双击 Clip Name 特效应用到选中的剪辑上，你可以使用这种工作流应用特效到多个剪辑上，如图 13-56 所示。

图13-56

12. 调整特效属性，尝试保证 Timecode 和 Clip Name 特效都是可读状态。

13. 清空 Effect 面板搜索框。

> **Pr** | **注意：**如果想显示原始剪辑的时间码，需要直接到序列中的每个剪辑应用时间码特效。

13.7.3 阴影 / 高光

阴影 / 高光特效是快速调整剪辑中反差问题的有用特效。它可以照亮黑暗中的阴影，也可以使过度曝光的区域变暗。该特效基于周围像素相当独立地进行调整，虽然特效的默认设置是修复逆光问题，但是你可以按需修改它的设置。

我们实验一下该特效。

1. 打开序列 11 Shadow/Highlight。

2. 播放序列评估镜头，光线有一点暗。

3. 在 Timeline 面板中选择剪辑。

4. 在 Effect 面板中，找到 Shadow/Highlight，应用到镜头上。

5. 播放序列查看特效结果，如图 13-57 所示。

图13-57

默认情况下，特效使用了 Auto Amount 模式，该模式停用了很多控件，但是它通常提供一个可用的结果。

6. 在 Effect Control 面板中，取消选择 Auto Amounts 复选框。

7. 展开 More Options 三角折叠，显示更多控件，优化特效。

调整阴暗和高亮的定义，然后对每个进行完善曝光。

8. 尝试调整如图 13-58 所示的属性（或者按图指导）。

• Shadow Amount（阴影数量）：使用它调整控制照亮多少个阴影。

• Highlight Amount（高亮数量）：使用这个控件变暗图像中的高亮。

• Shadow Tonal Width 和 Highlight Tonal Width（阴影色调宽带和高亮色调宽带）：使用这一范围定义什么作为高亮或阴影。使用大的值扩大范围，小的值缩小范围。这些控件用于按需隔离区域非常有用。

• Shadow Radius（阴影半径）和 Highlight Radius（高亮半径）：调整半径控件协调选中和非选中的像素，这可以为特效创建一个平滑混合，避免值太大或者非预期出现的光晕。

图13-58

- Color Correction（色彩校正）：在调整曝光时，图像的色彩可能会被冲洗到，使用该滑块使得调整素材区域显得很自然。

- Midtone Contrast（中间色对比度）：使用该控件向中间调区域添加多个中间色区域。如果需要图像中间更好地匹配调整的阴影和高亮区域，那么该控件比较有用。

13.7.4 删除失真镜头

Action 和 POV 摄像机，例如 GoPro，越来越受欢迎，特别是航空摄像越来越便宜。尽管结果很引诱人，但是这个流行的广角镜头也带来了很多非预期的失真问题。

Lens Distortion 特效被用来把出现的镜头失真作为创意外观。它也可以用来纠正镜头失真。事实上，Premiere Pro 有很多用于纠正主流摄像机失真的内置预设，在 Effect 面板中，Lens Distortion Removal 下面，可以查看这些预设，如图 13-59 所示。

要知道，可以把任何特效设置为预设，因此，如果摄像机没有预设，那么可以容易地添加自己的预设。

图13-59

13.7.5 渲染所有序列

如果有多个序列需要特效进行渲染，那么像批处理一样渲染它们，不需要单独对每个序列进行渲染。

在 Project 面板中，选择要进行渲染的序列，然后选择 Sequence>Render Effect In to Out 命令。

在所有选中序列中，所有需要渲染的特效都将进行渲染。

复习题

1. 对剪辑应用特效的两种方法分别是什么？

2. 列举 3 种添加关键帧的方法。

3. 将特效拖动到剪辑上会在 Effect Controls 面板上开启它的参数，但是却无法在 Program Monitor 中查看该特效，这是为什么？

4. 请描述如何对多个剪辑应用同一个特效。

5. 请描述如何将多个特效保存到同一个自定义预设中。

复习题答案

1. 将特效拖动到剪辑上，或者选择剪辑并在 Effects 面板中双击该特效。

2. 在 Effect Controls 面板中，将当前时间指示器移动到想要添加关键帧的位置，单击 Toggle animation 按钮激活关键帧键控；移动当前时间指示器，并单击 Add/Remove Keyframe 按钮；激活关键帧键控，将当前时间指示器移动到某个位置并对参数进行更改。

3. 需要将当前时间指示器移动到所选择的剪辑上以在 Program Monitor 中进行查看。单纯地选择某个剪辑不会将当前时间指示器移动到该剪辑上。

4. 在想要应用特效的剪辑上方添加一个调整图层。这样，在应用某个特效时会对该图层下方的所有剪辑记性修改。

5. 你可以单击 Effect Controls 面板并选择 Edit>Select All 命令。也可以按 Control 键并单击（Windows）或者按 Command 键并单击（Mac OS）Effect Controls 面板中的多个特效。选中之后，再从出现的菜单中选择 Save Preset（保存预设）命令。

第 **14** 课 颜色校正与分级

课程概述

在本课中，你将学习以下内容：

- 使用 Color Correction（颜色校正）工作区；
- 使用 Vectorscope（矢量示波器）和 Waveforms（波形示波器）；
- 使用 Color correction effects（颜色校正特效）；
- 解决 Exposure（曝光）和 ColorBalance（颜色平衡）问题；
- 使用特效；
- 创建显示效果；
- 利用 Adobe SpeedGrade 分享工作。

 本课的学习大约需要 60 分钟。

在本课中，你将学习到一些增强剪辑效果的重要技巧。行业内的专业人员每天都会使用这些技巧为观众呈现不同的电视节目和电影中的流行元素和气氛。

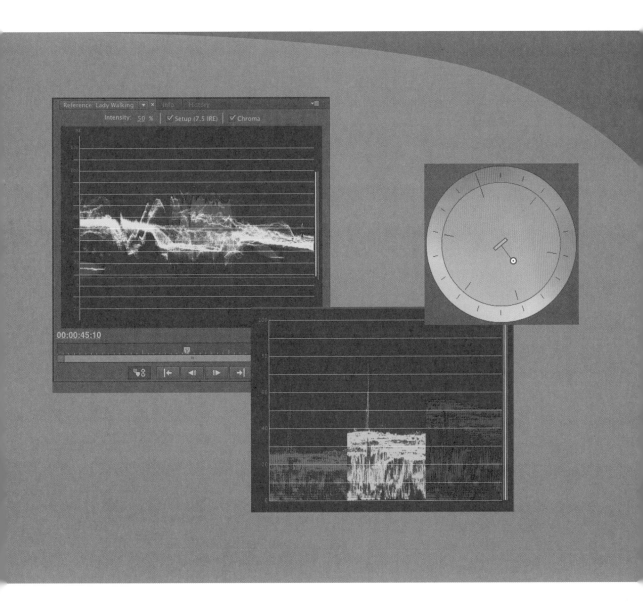

将多个剪辑编辑在在一起只是创意过程的第一步。接下来，还需要对
颜色进行处理。

14.1 开始

接下来，我们将学习新的主题。到目前为止，你已学习过如何组织剪辑、构建序列以及如何应用特效。进行颜色校正时，都需用到这些技巧。

为最大程度地利用 Adobe Premiere Pro CC 颜色校正工具，你需要考虑颜色合成：考虑你的眼睛如何辨别颜色和光线，考虑摄影机如何捕捉颜色和光线，还需考虑你的电脑屏幕、电视机屏幕、视频投影仪或电影屏幕将以何种方式进行呈现。

Premiere Pro 提供了很多种颜色校正工具，帮助你轻松创建属于自己的预设。在本课中，你将首先学习一些基础的颜色校正技巧，然后学习一些最流行的颜色校正特效，并应用它们来解决一些最常见的颜色校正问题。

1. 在 Lesson 14 文件夹中打开 Lesson 14.prproj。

2. 选择 Window>Workspace>Color Correction（颜色校正）命令，将工作区切换到 Color Correction 工作区。

3. 选择 Window>Workspace>Reset Current Workspace 命令。

4. 在 Reset Workspace 对话框中单击 Yes 按钮。

14.2 面向颜色处理的工作流

现在，我们所面对的是一个全新的工作区，也该更新一下我们的头脑了，或者说至少换一种思维方式。剪辑就位之后，单个镜头已经不再是观察重点，你需多加地关注镜头之间是否衔接自然：画面看起来是否像是同一时间、同一地点并使用同一个摄像机拍摄的。

在进行颜色处理时，存在以下两个主要阶段。

1. 确保剪辑具有匹配的颜色、亮度以及对比度。

2. 统一色调和色度。

你将使用同样的工具来进行处理，但是上面所列的是一般的步骤。如果同一场景的两段剪辑颜色不一致，会给人以突兀、不连贯或者不协调的感觉，如图 14-1 所示。

14.2.1 Color Correction 工作区

与其他专门的工作区相同，Color Correction 工作区可以重新设置多个面板的位置和尺寸，从而创建出合适的界面以方便操作。

需要注意以下两个改变。

- 现在有一个新的 Reference Monitor（参考监视器），下文将对其进行简短介绍。

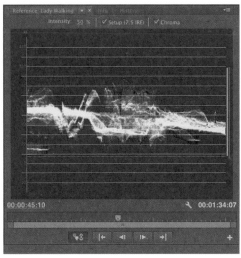

图14-1

- EffectControls（特效控制）面板大面积占据屏幕。

如图 14-2 所示，Timeline（时间轴）面板可缩放，以匹配上述 Reference Monitor 及 Effect Controls 面板的尺寸。这样处理的好处是，当你着手颜色校正的时候，无须切换到剪辑编辑模式，也无须一下查看多段剪辑。

图14-2

14.2.2 视频示波器基础知识

你可能会感到不解，为何 Premiere Pro 的界面是灰色的。其中的原因是视觉是非常主观的，同时，颜色是相互作用的。

如果看着相邻的颜色，其中任一种颜色会影响到另一种颜色的视觉效果。为避免 Premiere Pro 的界面干扰你识别序列中的各种颜色，Adobe 的界面基本上是灰色的。如果见过专业的颜色分级工作室（专业人员对影片和电视节目进行收尾的场所），你很可能会注意到，整个工作室都是灰色的！分级人员有时会盯着灰色大卡片或灰色墙壁数分钟，从而在查看摄像前"重设"视觉。

视觉具有主观性特征，同时，视觉效果能够随电脑、电视监控器显示颜色、亮度的变化而变化，因此有必要运用客观测量。

视频示波器可满足这个需求。它们在传媒业广为应用。学会应用该特性之后，可以借助它完成众多任务，如图 14-3 所示。

1. 打开序列 Lady Walking。

2. 设定 Timeline 播放头位置，让其位于序列中的剪辑上。

如图 14-4 所示，在 Program Monitor（节目监视窗口）中，一名女子正行走在大街上，该剪辑会在 Reference Monitor 中重现。

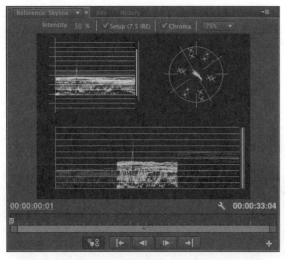

图14-3

图14-4

14.2.3 Reference Monitor

Reference Monitor 的作用类似于 Source Monitor 和 Program Monitor。与 Program Monitor 一样，Reference Monitor 显示当前序列内容。两者主要区别是，Reference Monitor 没有编辑功能。

例如，该监视器无法设置 In 点、Out 点。尽管如此，可以使用 Timeline 导航控制按钮和 Gang to Program Monitor（绑定到节目监视器）按钮，如图 14-5 所示。

当选中 Gang to Program Monitor 按钮之后，Reference Monitor 和 Timeline 及 Program Monitor 将会绑定到一起。关闭该按钮，你可以单独移动 Reference Monitor 的播放头。

Gang to Program Monitor 的操作非常有用，有了它，Reference Monitor 可像 Source Monitor 和 Program Monitor 一样显示矢量示波器和波形示波器。当 Reference Monitor 绑定并应用任意示波器时，在 Program Monitor 窗口查看画面的同时，可获取动态更新的、客观的序列剪辑信息，如图 14-6 所示。

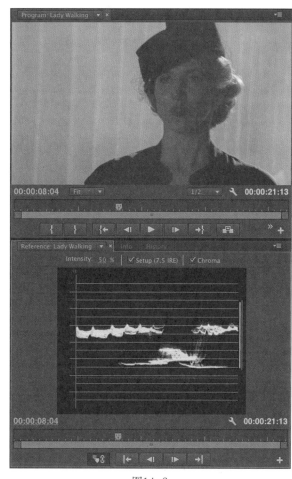

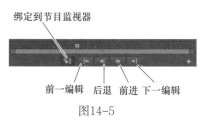

图14-5

图14-6

由于该绑定按钮可关闭，Reference Monitor 也可用于比较序列中的不同镜头。当然，也可使用 Source Monitor 对文件夹中的各个镜头进行比较。

> **Pr** **注意：**当 Reference Monitor 关联到 Program Monitor 时，它不能同时播放。当停止播放或擦洗时，它更新显示同一帧。

1. YC 波形

在 Premiere Pro 进行颜色处理时,还需熟悉 YC 波形。点击 Reference Monitor 中的 Settings(设置)按钮,将其设定为 YC Waveform(YC 波形)。

当播放序列时,可以通过单击并拖动鼠标来移动时间标尺,因此,YC 波形会随之更新以便显示对当前帧的分析情况。

对于初次接触波形的人来说,该工具看似很陌生,其实很容易掌握。波形能显示图像的明亮度和颜色强度。

波形能显示当前帧的所有像素。图形幅度越高,表明对应像素越亮。在水平方向,各个像素都有其标准位置。也就是说,水平居中于屏幕的像素也会在波形示波器中居中显示。但是,像素垂直方向的位置并不基于图像。

像素垂直位置代表明亮度、颜色强度。通过呈现两种不同颜色的波形,波形可同时显示明亮度信息、色度信息。

- 在刻度线的底端,数值 0 代表完全没有亮度,或代表不具颜色强度。

- 在刻度线的顶端,数值 100 代表某个像素完全明亮。以 RGB(红、绿、蓝)数值计算,其值为 255。

- 如果处理的是 NTSC 序列,波形会自动使用 IRE 刻度。在 PAL 序列状态,波形示波器则自动使用 Millivolts 刻度,在该刻度中,数值 0 实际上代表 0.3 伏特。

这些内容看上去具有很强的技术性,但实际上的操作很简单。基线代表"无明亮度",顶线代表完全明亮,这两条线清晰可见。曲线图侧边的数字会变化,但是其应用原理基本上是一样的。

YC 代表 luminance/brightness(明亮度)和 chrominance/color(颜色、色度)。

字母 C 代表 chrominance,这很好理解。但是,字母 Y 代表 luminance,需要加以解释:在颜色的度量体系中,有一坐标系包含了 x、y、z 3 根轴,其中 y 轴代表 luminance。使用 y 代表 luminance 或 brightness。

YC 波形上方显示的控件,提供了一些容易的选择,如图 14-7 所示。

- Intensity:该选项可以改变波形示波器窗口中图像的明亮度。

- Setup(7.5IRE):该选项只适用于模拟、标清(SD)视频,在该状态下,刻度值 0 实际上是 7.5。该功能对波形显示的影响并不是十分大。它仅仅是将 0 值提升至 7.5。

- Chroma:该选项按钮可以打开、关闭波形显示中的颜色信息。

如果不需要使用模拟标清视频的状态下,可以关闭 Setup(7.5IRE)。在进行亮度处理的起步阶段,也可关闭 Chroma 选项。

现在你应该看到类似如图 14-8 所示的效果。

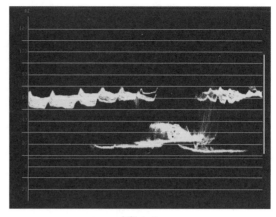

| Intensity: | 50 % | ✓ Setup (7.5 IRE) | ✓ Chroma |

图14-7　　　　　　　　　　　　　　　　　　图14-8

这时应该能够看到图片，其中部分区域的背景呈烟雾状，并且向左右延伸（一些脊状纹路在背景图中形成一个图案）。在中间区域该名女子所处位置，颜色较暗。播放序列，示波器的波形会随时显示更新。

> **Pr** 提示：在一些应用场景中，示波器的波形显示可看似图像显示。需注意的是，图像中像素垂直位置在波形显示中并不用到。

波形显示对于获取图像对比度信息、检查视频是否在"合法"水平操作非常有用。此处所指"合法"水平是指明亮度或颜色饱和度须位于播送设备所允许的最小值以及最大值之间。对于"合法"水平，每一套播送设备均有其各自的标准。所以，需要弄清楚每件作品将在何种设备上播放。

这个镜头中的对比度并不大。在示波器波形显示的上部，虽有一些浓重阴影，但高光像素很少。

2. Vectorscope（矢量示波器）

YC 波形显示通过像素的垂直位置分析明亮度，上端对应较为明亮的像素，下端对应比较暗的像素。而 Vectorscope（矢量示波器）则仅用于显示颜色，如图 14-9 所示。

单击 Reference Monitor Settings（参考监视器设置）按钮菜单，并选择 Vectorscope。

在 Sequences 文件夹中打开 Skyline 序列。该序列中只有一个剪辑。

该矢量示波器中可显示图像中的像素。Vectorscope 是一个圆形图形，中央区域的像素

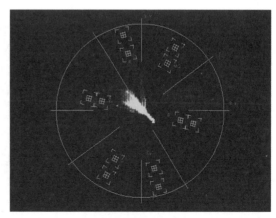

图14-9

表示颜色饱和度为零。像素越靠近边缘，颜色的饱和度就越高。

仔细观察该矢量示波器，你可以看到一系列目标原色和二次色。

- R=Red（红色）

- G=Green（绿色）

- B=Blue（蓝色）

- YL=Yellow（黄色）

- CY=Cyan（青色）

- MG=Magenta（洋红色）

像素离这些目标越近，颜色越正。虽然波形显示给出了图片中的像素，多亏了水平位置，在矢量示波器中没有位置信息。

让我们看清楚在 Seattle 镜头中到底发生了什么事。这里有很多深蓝色，只有零星的红色和黄色。少量的红色表示了条纹峰值超过了矢量示波器的 R 标记，如图 14-10 所示。

由于矢量示波器给出了序列中色彩的客观信息，所以它非常有用。如果有偏色，可能是由于摄像机没有校准好，这通常出现在矢量示波器中。可以简单地使用 Premiere Pro 的色彩纠正特效，降低不想要颜色的数量或者添加更多相反的颜色。

图14-10

有一些色彩校正特效，比如 Fast Color Corrector，与矢量示波器有同样的色彩旋转设计，使得容易查看需要做的工作，如图 14-11 和图 14-12 所示。

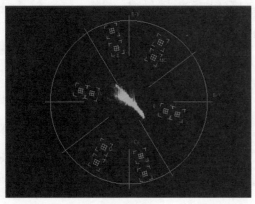

图14-11

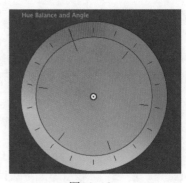

图14-12

关于原色和二次色

红色、绿色、蓝色是原色（三原色）。电视屏幕、电脑显示器等显示系统，通常以不同比例将这三种原色进行调配，进而获得各种新的颜色。

标准色轮的排布具有对称之美。从根本上讲，矢量示波器显示的是色轮。

原色两两混合可以产生二次色。三原色其中一种颜色的对比色是其它两种原色混合的二次色。

例如，蓝色的对比色就是"红+绿=黄"。

加色法和减色法

电脑显示器和电视机使用加色法，也就是说，其呈现出的颜色是由不同色光组合形成的混合色。红、绿、蓝按照均匀比例混合，可以得到白色光。

当在纸张上绘制各种颜色的图案时，我们一般选用白色纸张。这是因为，白色是一种包含光谱中所有颜色光的颜色。通过着上颜料，给纸张的白色减掉不需要的彩色。颜料能滤掉纸张上的部分色光。这就是减色法原理。

加色法需使用原色，而减色法使用二次色。在某种意义上，它们是同一颜色原理的两个不同方面。

3. RGBParade（RGB 分量示波器）

单击 Reference Monitor 的 Settings 按钮菜单，切换到 RGB 分量示波器模式。

与 YC 波形示波器相同，RGB 分量示波器展示波形图。两者之间的区别是，其红色、绿色、蓝色信号是分开显示的。为同时显示这 3 种颜色，每个图像占据显示区宽度的三分之一。

你将会看到 RGB 分量示波器中 3 个区域的图案类似，在白色、灰色像素点，此类似特征尤为明显。究其原因是因为在这 3 个区域的红色、绿色、蓝色等量。RGB 分量示波器是最常用的颜色校正工具之一，其能清晰显示原色通道的相互关系，如图 14-13 所示。

4. YCbCr Parade（YCbCr 分量示波器）

点击 Reference Monitor 的 Settings 按钮菜单，切换到 YCbCr 分量示波器模式，如图 14-14 所示。

虽然电脑显示器应用加色法原理，并利用 RGB 值分析颜色条，但是实际上，大多数摄像机利用"色差（color difference）"原理录制。该原理常被称为 YCbCr（针对数字信号），如下所示。

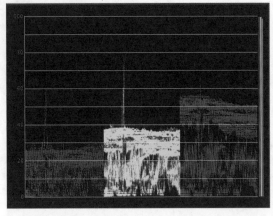 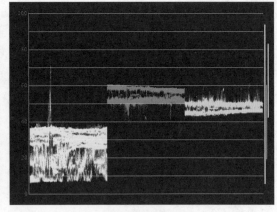

图14-13　　　　　　　　　　　　　　　　图14-14

- Y：亮度分量。

- Cb: 蓝色色度分量。

- Cr: 红色色度分量。

Y 分量信息会形成独立的黑白图像，Cb 分量和 Cr 分量能够确定每个像素颜色的色相、饱和度信息。与同矢量示波器相同，YCbCr 分量也有标准色轮。在 Premiere Pro 中，它们被标记为垂直和水平线贯穿显示在矢量示波器上。

垂直矢量标记为 R-Y（Cr 数字分量的模拟分量），水平矢量则标记为 B-Y（Cb 的模拟分量）。

所有颜色都可用这两个矢量表示，这种"经纬度"能形成各种坐标。

随着数码视频技术的进步，传输视频所面临的挑战已不同于往日，但色差原理沿袭至今，部分原因是因为该应用在压缩、存储、传输视频信号等方面更为有效。

YCbCr 分量示波器显示 3 种类型的信息，如同 RGB 分量示波器的处理方式，其压缩图像，以便于并排显示 3 类信息。在该状态下，第一个波形代表明亮度（同于常规波形显示），第二个和第三个波形代表的色彩信息有些不同：第二个波形相当于矢量示波器的 B-Y 轴，第三个波形则相当于矢量示波器的 R-Y 轴。

5. 组合视图

组合视图在应用中，存在两种组合视图，可以同时展示多种显示模型。如果电脑屏幕拥有足够的空间来显示放大的 Reference Monitor，是非常有用的。

- Vect/YC Wave/YCbCr Parade：显示矢量示波器、YC 波形示波器以及 YCbCr 分量示波器的组合视图，如图 14-15 所示。

- Vect/YC Wave/RGB Parade：显示矢量示波器、YC 波形示波器以及 RGB 分量示波器的组合视图，如图 14-16 所示。

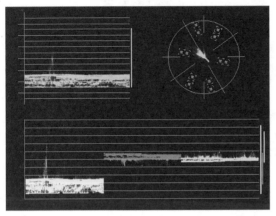 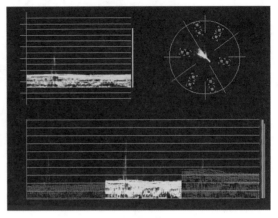

图14-15　　　　　　　　　　　　　　图14-16

14.3　面向颜色的特效概述

颜色校正特效的增减、修改方式与 Premiere Pro 的其他特效方式相同。正如其他特效一样，可以使用关键帧随时修改颜色校正。

Premiere Pro 提供多种颜色、光线处理方式。接下来我们可以先尝试应用如下特效。

> **Pr** 提示：通常情况下，你可以使用在 Effects 面板顶部的搜索框来查找某个特效。学会如何运用特效的最佳途径是：选取一个具有多样颜色、高光、阴影的剪辑，然后运用特效调整各种设置并观察效果。

14.3.1　着色特效

要调整颜色，存在多种方式。下面介绍的两种方式用于创建黑白图像、添加颜色以及简便地将彩色剪辑调整为黑白剪辑。

1. 着色

使用吸管工具或拾色器，可将任何图像的颜色减少至两种。用选取的任何颜色给黑白图片上色，均能覆盖图像中的其他颜色，如图 14-17 所示。

2. 黑白工具

将任何图像转变成简单的黑白色调。该工具与着色特效一起使用时会获得事半功倍的效果，如图 14-18 所示。

图14-17

图14-18

14.3.2 去色及调色

下面将要介绍的这些特效能够有选择性地改变某些区域的颜色，而不会对整个图像进行修改。后面将对其中的一些内容进行学习。

1. Leave Color（保留颜色）

使用吸管工具或拾色器，选择要保留的颜色。然后设置 Amount to Decolor（去色量），减少其他颜色的饱和度，如图 14-19 所示。

使用 Tolerance and Edge Software（容差度和边界参数）可生成更加细微的特效。

2. Change to Color（转换到颜色）

使用吸管工具或拾色器，选取想要修改的颜色以及想要的颜色，如图 14-20 所示。

使用 Change 菜单，选择修改颜色的特效方式。

图14-19

图14-20

3. Change Color（转换颜色）

与Change to Color特效类似，Change Color可以将一种颜色转换成另一种颜色，如图14-21所示。

图14-21

你可以更改通过 Tolerance and Softness（容差度和柔和度）控件选择的色相和颜色效果，而不是与其他颜色相一致。

14.3.3　Color Correction（颜色校正）

颜色校正特效包括一系列控件，可调整视频的整体视觉形象，也可精细调整个别颜色或颜色系列。

1. Fast Color Corrector（快速颜色校正）

正如其名称所示，快速颜色校正是一种快速、易用的特效，可调整剪辑中的颜色和明亮度。在本课中，你将应用该特效，调整一个镜头中的白平衡，如图 14-22 所示。

2. Three-Way Color Corrector（三向颜色校正）

与 Fast Color Corrector 很类似，该特效的各个控件独立地调整剪辑中的阴影、中间调和高光。Three-Way Color Corrector 也提供功能强大的二次色校正控件。针对具有某一特定颜色、明亮度或颜色饱和度的像素，该特效可以有选择性地修正它们的颜色，如图 14-23 所示。

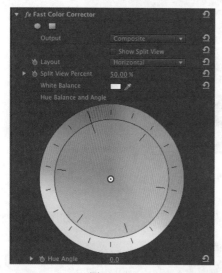

图14-22

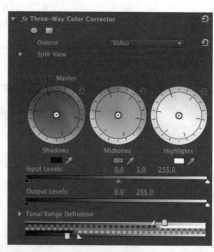

图14-23

在本课中，你将应用该特效调整一个剪辑。

3. RGB Curves（RGB 曲线）

RGB Curves 特效是一种简单的图像控件，其信息面板很自然、精细。每个图中的水平轴线代表原始剪辑，其中左端对应阴影，右端对应高光。垂直轴线代表特效输出，其中底端对应阴影，顶端对应高光，如图 14-24 所示。

由左下角延伸至右上角的一条直线，代表剪辑无改变。拉动该直线，可改变其形状，图片处理效果也会随之改变。

在本课中，我们将应用曲线特效的另一种形式，处理剪辑中的曝光问题。

Lumetri特效和SpeedGrade

　　Premiere Pro包含了很多Adobe SpeedGrade中创建的Lumetri Looks。当在Lumetri Looks特效目录中选择其中的一个条目时，将出现一个特别预览面板帮助你选择。

　　与其他特效一样，应用方式相同。

　　Lumetri Looks基于Lumetri特效，是一个特效预设，可以在Color Corrector目录中找到。

　　如果应用Lumetri特效，你应该查看浏览.look或者.lut文件。这些文件包括了一些关于颜色调整的敏感信息，并且能被许多应用程序创建，包括Adobe SpeedGrade。

　　以这种方式处理.look和.lut文件，允许使用Adobe SpeedGrade创建精确的调整，然后使用Premiere Pro分享完成的美景。

　　一旦应用了Lumetri特效，你可以通过单击Effect Control面板中的Lumetri Setup按钮，选择其他的.look或者.lut文件。本课后面内容，将进一步学习SpeedGrade。

4. RGB Color Corrector（RGB 颜色校正器）

　　该颜色校正特效精细调整图像。可调整视频的整体视觉形象，也可有针对性地调整图像中的红色、绿色、蓝色区域，如图 14-25 所示。

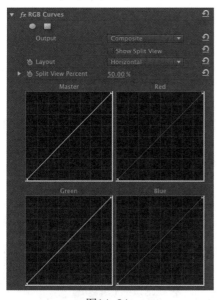

图14-24

图14-25

- Gamma（中间调值）：调整中间调。

- Pedestal（亮度）：可以调整黑场。提高 Pedestal 的数值，可使暗调区域亮些，图像会略带朦胧感。降低 Pedestal 的数值，暗调区域则更暗，可用于修补暗调细节损失问题，或使暗调区域变得更暗。

- Gain（对比度）：调整高光或白场。

降低 Pedestal 值并提高 Gain 值，则形成浓重暗调、明亮高光效果，从而增加对比度。

14.3.4　专业的颜色特效工具

正如创意特效，Premiere Pro 的颜色校正工具包含专业视频制作所需的特效。

1. Video Limiter（视频控制）

当视频是广播时，有一些特定的限制允许最大的亮度、最小的亮度和色彩饱和度。虽然可以使用手动控件限制视频等级到允许的极限，但是这很容易混合需要调整序列。

Video Limiter 特效自动限制剪辑的等级，确保满足设置的标准。

在使用该特效设置 Signal Min 和 Signal Max 控件之前，你需要检查应用到广播的限制。然后选择 Reduction Axis 选项，如图 14-26 所示。有一个简单的问题：你想限制亮度、色度或两者，或者设置一个总的"智能"限制吗？

Reduction Method 菜单允许选择调整部分视频信号，通常选择 Compress All。

图14-26

> **Pr** 提示：虽然应用 Video Limiter 特效到单独的剪辑上非常普遍，但是你可能仍然需要通过序列嵌套选择应用。关于更多嵌套序列信息，查看本书第 8 课"高级编辑技术"。

2. Broadcast Colors（广播颜色）

Broadcast Colors 特效用于调整数值使之符合标准，其界面较为简单。首先，需弄清楚所允许的最大值，接下来的步骤如下。

1. 选择 NTSC 视频或者 PAL 视频中的一个。

2. 针对超出设定数值的像素，在降低明亮度、降低饱和度两项操作中选其一。

3. 使用 IRE 刻度，指定最大的信号幅度。

Broadcast Colors 特效可调整超出预设幅度的所有像素。使用 Key Out Safe（键出安全颜色）和 Key Out Unsafe（键出不安全颜色）选项，可显示哪些像素需使用 Broadcast Colors，如图 14-27 所示。

图14-27

14.4 修补曝光问题

这里有一些存在曝光问题的剪辑，我们可以使用一些 Color Correction 特效来解决这些问题。

1. 打开序列 Lady Walking。

2. 将 Reference Monitor 设置为显示 YC 波形示波器面板。取消选定 Chroma（色度）和 Setup(7.5 IRE) 设置。

该序列只有一个剪辑，将 Timeline 播放头放置在第一个剪辑的上面，然后观察波形示波器面板，将发现该剪辑中的对比度并不高。

环境较为朦胧。100 IRE 代表完全曝光，0 IRE 则表示完全未曝光。这些图像均不接近这两个值。你的视觉能迅速适应图像，其看起来也不错。接下来，我们试试将其调整得更为生动些。

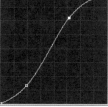

图14-28

3. 在该剪辑中加入 Luma Curve（亮度曲线）特效。

4. 在 Effect Controls 面板内单击 Luma Waveform（亮度波形）控件，创建控制点，调整线条为较柔和的 S 形。可将下面的一个例子作为参考。如果某一帧选自屏幕中该剪辑的后半部分，那么视觉效果是最佳的。在 00:00:06:20 附近，有一部分区域达到锐聚焦状态，如图 14-28 所示。

> **Pr** | 提示：如果增加 Effect Controls 面板的尺寸，可以放大 Luma Waveform 控件，进而便于进行更加精细的调整。

5. 你的眼睛能够迅速适应新的图像。对 Luma Curve 特效进行开启 / 关闭两种状态的切换，比较图像修改前后的变化。

对图像的这一精细调整，增强了高光和阴影，从而使图像颜色更有深度。随着该特效的开启、关闭，波形示波器也随之变化。该图像中仍然缺少明亮的高光，但图上很自然的颜色基本上是中间调，所以处理到这一步就可以了。

14.4.1 曝光不足的图像

现在处理曝光不足的图像。

1. 打开序列 Color Work。

2. 将 Timeline 播放头放置在序列第三个剪辑 00021.mp4 上。乍一看上去，该剪辑的效果并没有什么问题。高亮部分并不是很强，不过贯穿图像有大量需要调整的地方，特别是脸部，需要锐化和其他细节。

3. 现在查看一下波形，在波形的底部，有一些像素接近 0.3（这是 PAL 序列，因此 Luminance 等级范围就 0.3v 到 1v）。低于 0.3v 的像素被有效地丢失。

在这个序列中，右肩的衣服看上去有点细节遗漏。黑暗的像素增加了亮度问题，解决这个问题，只需简单地把强阴影改成灰色，将不会出现细节遗漏。

4. 为剪辑添加 Brightness & Contrast（明亮度和对比度）特效。

5. 使用 Effect Controls 面板中的 Brightness 控件，增加明亮度。单击并向右拉动线条，则可看到数值逐渐改变，而无须通过单击数值和输入新数值。

随着线条的拉动，整个波形向上移动。这样能显示出图片中的高光，但是暗调仍对应一个单调线条。如果拉动 Brightness 控件至数值 100，该图像越发显得单调。

6. 删除 Brightness&Contrast 特效。

7. 使用 Luma Curve 特效或 RGB Curves 特效进行调整。在这里，给出一个有关 Luma Curve 特效优化图像的示例，如图 14-29 所示。

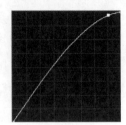

图14-29

Pr ｜ 提示：将任一控制点拉出图表中，可以删除曲线控件中的该控制点。

实验序列中的第一个剪辑 00023.mp4，该剪辑展示了后期修复的限制。

14.4.2 曝光过度的图像

下面处理曝光过度的剪辑。

1. 将 Timeline 播放头移动到序列的最后一个剪辑 00019.mp4 上。注意有许多像素被烧毁。就像序列的第一个剪辑中的平的影子，在烧毁高亮处没有细节信息，这意味着，低的亮度将能简单地使得人物的皮肤和头发变成灰色——不会出现细节泄露。

2. 注意 Waveform Monitor 上的未到达 0.3v 的镜头阴影。这个黑暗阴影缺失对图像有一个扁平特效。

3. 尝试使用 Luma Curve 特效提升对比度范围。该方法可能会奏效，尽管剪辑肯定能最终处理，如图 14-30 所示。

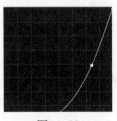

图14-30

颜色校正何时处理到位？

调整图像具有高度主观性。虽然图像格式和广播技术的标准明确，但是一张图像的明暗、颜色取舍是由主观决定的。诸如波形示波器等参考工具，虽然是很有用的支持工具，但是只有图像处理人员才能决定图像何时合乎要求。

如果制作的视频用于电视展播，则有必要将电视屏幕连接到Premiere Pro的编辑系统，以供查看内容。电视机屏幕、电脑显示器的颜色显示效果大相径庭。

这种视觉差别正如同，先后观察电脑中照片颜色、彩打出的照片颜色，会获得不同的视觉效果。

如果处理的内容是为数字影院投影，那么适用同样的规则。只有一种方式确切的知道如何让图片看起来像在目标媒介上显示的那样。

14.5 修补颜色平衡问题

人的眼睛可以自动调整以适应周围光色的变化。例如，某个白色物体受钨丝灯光源的氛围效果影响后，客观上其光色是橘黄色的，但是我们眼睛仍能感知该物体是白色的。

摄像机能够自动调整白平衡，从而对光线颜色的影响进行补偿。拍摄无论是在室内橘黄色钨丝灯照耀下进行，或是在室外蓝色的自然光的影响下进行，通过这种准确校准，能确保白色物体看起来仍会是白色的。

有时候，自动白平衡有点不稳定，所以专业的摄影师一般喜欢手动控制白平衡。如果白平衡设置有误，则会呈现一些有趣的效果。在剪辑中，颜色平衡问题的最常见原因是摄像机没有获得很好的调节。

14.5.1 基本白平衡（Fast Color Corrector，快速颜色校正）

我们来看这个序列中的一个剪辑，该剪辑颜色校准特别强大。

1. 将 Timeline 播放头位置设置在序列中的第二个剪辑 00020.mp4 上。

报纸中有一个明显的颜色校准问题：除了白色或灰色其他都有问题。

2. 为剪辑应用 Fast Color Corrector 特效。该特效共享了另一特效（Three-Way Color Corrector）很多控件。

我们将在后面的章节讲述这一特效的控件。在此，我们先来领略该特效为何被称为 Fast（快速）。

3. 在 Effect Controls 面板中选择 White Balance 吸管工具，如图 14-31 所示。

Pr 提示：你可能需要多次使用吸管点击尝试发现适合的点。试着按下 Control 键（Windows）或 Command 键（Mac OS）获得 5×5 像素平均选择。

4. 在 Program Monitor 中，单击报纸的白色部分，小心避开文本区域，如图 14-32 所示。

White Balance

图14-31　　　　　　　　　　　　　　　　图14-32

5. White Balance 控件能够向 Fast Color Corrector 特效传递"哪些区域应为白色"的信息。默认设置状态下，颜色样本是纯白色。若使用吸管选取了另一种颜色，Fast Color Corrector 特效可将图像中所有需调整颜色换为所选颜色。

在这个示例中，我们已经选择奶油橘色，这是场景光线的效果。Fast Color Corrector 将场景中的所有颜色调整为蓝色。

White Balance 控件下方的色轮可显示该特效情况。正如矢量示波器一样，该色轮由颜色组成，越接近圆圈边缘，颜色越密集分布。Fast Color Corrector 中的色轮不是用于测量颜色，而是用于调整颜色。该色轮中心的小圆圈越往边缘移动，对颜色的调整越大，如图 14-33 所示。

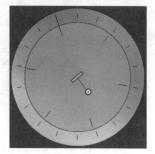

如示例中所示，Premiere Pro 对青色进行了微调。通过使用 White Balance 控件和色轮，你能了解到白平衡所需颜色校正和调整。

图14-33

Pr 提示：颜色校正所作调整非常微妙。在 Effect Controls 面板上对该特效进行开启 / 关闭两种状态的切换，比较图像修改前后的变化。

14.5.2　原色校正

原色和二次色这两个词的意思有多种。过去，颜色调整应用于电视电影的转换过程。原色校正涉及调整印片光号中原色（红、绿、蓝）之间的关系。二次色校正主要是针对一张图像中的某些颜色范围进行二次色调整。因此，原色和二次色这两个术语不仅可以定义色轮中的颜色类型，还可用于描述颜色校正工作流的不同阶段。

从广义上讲，原色校正还包括对整张图像的全部颜色调整。如今，由于应用二次色进行的调整能影响到整张图像，因此亦被称为原色校正。先进行诸如此类的颜色调整，通常是最有效的。

由于二次色校正（这种叫法也源于其一般在原色校正后进行）一般包含更为精细的微调，该术语逐渐表示对一张图像中的指定像素进行的调整。

首先，我们先讨论如何进行原色校正。Three-Way Color Corrector 特效和 Fast Color Corrector 特效的工作原理非常类似，不过，其控件功能更为卓越。它是一款功能非常强大的颜色校正工具，结合了 Reference Monitor、AdjustmentLayer（调整图层）、主剪辑特效和特效蒙版，可实现专业的颜色校正效果。

在我们处理一个剪辑之前，先熟悉下需用到的主要控件，如图 14-34 所示。

- Output（输出）：使用该功能可以查看彩色剪辑或黑白剪辑。黑白剪辑状态下查看，对于识别对比度非常有用。

- Show Split View（显示分割视图）：开启 Show Split View，查看剪辑修改前后的差别。在剪辑中，一半经该特效处理，另一半则未作修改。可以选择垂直分割视图或水平分割视图，还可以调整分割视图百分比。

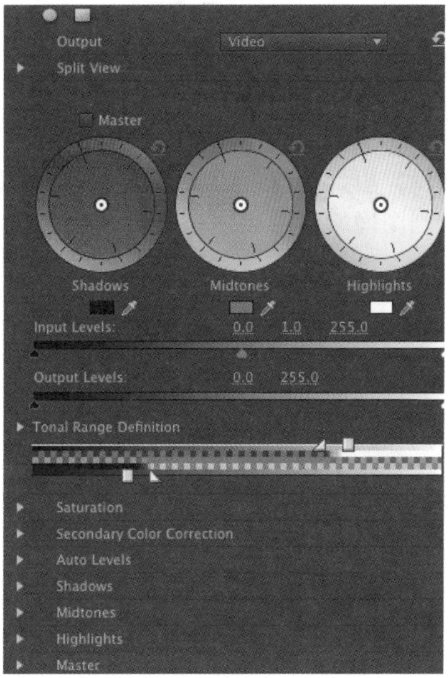

- Shadows Balance（阴影平衡）、Midtones Balance（中间调平衡）、Highlights Balance（高光平衡）：每个色轮均可实现剪辑颜色的微调。若勾选 Master 方框，Premiere Pro 将所作调整一次应用到三个控件上。请注意，在 Master 模式下所作调整独立于剪辑个别区域的调整，也可以两者同时应用。

- Input Levels（输入色阶）：移动滑块，改变剪辑中暗调、中间调、高光所对应的值。

图14-34

- Output Levels（输出色阶）：移动滑块，调整剪辑中的最暗像素和最亮像素。Input Levels 与该控件有直接关系。例如，如果将暗调输入值设为 20，那么，阴影输出值为 0。剪辑中所有明亮度小于或等于 20 的像素，在输出色阶中都会降为 0。

关于色阶

8位视频（指代所有SD卡播放视频）的明亮度范围值为0~255。改变Input Levels或Output Levels的值，则改变了所显示色阶和原始剪辑色阶之间的关系，如图14-35所示。

图14-35

例如，如果将Output白色值设为255，那么Premiere Pro会在视频中应用最亮色。如果将Input白色值设为200，Premiere Pro则提升原始剪辑的亮度值至255。其效果是，高光区域变得更亮，像素初始值大于200的区域会被修剪，或者变成缺乏清晰度的消光白。

Input色阶有3个控件：Shadows、Midtones以及Highlights。改变色阶数值，剪辑初始色阶与播放期间的色阶显示效果间的关系也随之改变。

- Tonal Range Definition（选择调整区域）：移动滑块，选择 Shadows、Midtones 和 Highlights 调整的像素范围。例如，若将高光滑块左移，则扩大了 Highlights 控件涉及的像素范围。三角形滑块用于选择色阶调整的范围，如图 14-36 所示。

图14-36

单击 Tonal Range Definition 的开合三角，则展开若干独立的控件以及 Show Tonal Range（调整区域）复选框。选中复选框，Premiere Pro 会用 3 种灰度色调显示图像，从而帮助识别图像中哪些区域被调整。黑色像素代表暗调，灰色像素是中间调，白色像素则表示高光。

- Saturation（饱和度）：用于调整剪辑中的颜色量。Master（主）控件能帮助调整剪辑整体效果，另外还有不同独立的控件，分别对应 Shadows、Midtones 和 Highlights。

- Secondary Color Correction（二次色校正）：基于像素的颜色或明亮度，该功能强大的颜色校正工具可有选择性地对某些像素进行调整。Show Mask（显示蒙版）可显示哪些像素被选择进行颜色校正。例如，该功能可有选择性地调整某一特定的绿色像素。

- 自动色阶：使用这个功能，单击自动按钮或使用吸管可以自动调整输入色阶控件。使用吸管时，选择一个（黑色、灰色或白色）然后单击图片的相应部分。例如，选择 White Level 吸管，然后点击图片的最亮部分。Premiere Pro 基于选择更新色阶控件。

- Shadows、Midtones、Highlights、Master：这些控件的调整功能和前述 Shadows、Midtones、Highlights 和 Master 颜色平衡控件一样，但是关联性更高。当一个发生改变时，另外一个将自动保持同步。

- Master Levels（主色阶）：该控件的调整功能和前述 Input Levels 和 Output Levels 的一样，但是关联性更高。当一个发生改变时，另外一个将自动保持同步。

14.5.3 Three-Way Color Corrector 平衡

在 Color Work 序列中的的第二个剪辑 00020.mp4，尽管已经应用了 Fast Color Corrector，不过我们可以再优化一些。查看矢量示波器确认：仍然有个红色 / 橙色色调。虽然我们可以使用 Fast Color Corrector 控件提升镜头质量，但是 Three-Way Color Corrector 提供了更多的选项。

1. 首先，将 Three-Way Color Corrector 特效应用到该剪辑中替换到原来的 Fast Color Corrector 特效。

2. 在 Effect Controls 面板中，展开 Auto Level 控件并依次单击 Auto Black Level、Auto Contrast 和 White Level 按钮，注意对应新色阶 Input Level 控件的更改，如图 14-37 所示。

Premiere Pro 定义 Black 色阶是最黑的像素，White 色阶是最亮的像素，Gray 色阶是这两者的平衡。

调整是细微的！很明显，镜头中的对比度范围问题已消失。

3. 在颜色平衡控件 Shadows、Midtones 及 Highlights 中应用吸管工具，选择该镜头中的黑色、灰色和白色，这将用于校正该色偏，如图 14-38 所示。

图14-37

图14-38

Pr 提示：如果想使用吸管工具，该功能会非常有用，可将 Program Monitor 的变焦设置调整为 100%，这样能够便于单击所需选取的像素。

4. 观察矢量示波器。如果整个镜头看起来仍然存在色偏问题，则打开颜色平衡控件的 Master 模式，从矢量示波器显示的色偏中拽走任一色轮。

应用了 Color Balance 调整工具之后，还可以通过调整 Input 色阶对图像效果进行微调。

Three-Way Color Corrector 特效可帮助精准调控剪辑。如果需进行大范围的调整，可使用 Fast Color Corrector。

14.5.4　二次色校正

二次色校正不对整张图像产生影响，而是针对所选像素进行颜色校正。二次色校正、Fast Color Corrector 特效、Three-Way Color Corrector 特效所作图像调整相同，唯一区别在于，二次色校正具有有限选择性。

接下来对剪辑应用该特效。

1. 打开序列 Yellow Flower。

2. 查看序列中第二个剪辑 Desert 001。

蓝色的天空在红色 / 橙色岩石地面的场景看起来有点滑稽，我们提高蓝色到天空中。

3. 向 Desert 001 剪辑应用 Three-Way Color Corrector 特效。

4. 在 Effect Controls 面板中，单击开合三角显示 Three-Way Color Corrector 特效的控件 Secondary Color Correction，如图 14-39 所示。

5. 鼠标滑动到中心 3 个吸管区，单击选择第一个吸管，如图 14-40 所示。

6. 使用吸管吸取天空中的蓝色。

7. 选中 Show Mask 选项复选框。在这个视图中，Premiere Pro 将所选像素显示为白色，未选像素为黑色。显而易见，我们需要拓宽选取范围。

8. 使用第二个中心吸管，吸取天空中的另一区域。该吸管用于拓宽选取范围，第三个吸管则用于剔除出选取范围。随着吸管工具的选定，图像回复到初始状态以供重新界定选择范围。

图14-39

图14-40

9. 继续使用该吸管选色，直到图片中天空在 Mask 视图中呈现一片非常清晰的白色。不要担心区域中的灰色，如图 14-41 所示。

图14-41

10. 使用吸管进行单击时，也是选取色相、饱和度、亮度的过程。展开这些控件。我们能看到手动设置这些数值的控件，其中包括 Start Softness 和 End Softness（起始柔化），可协调所选像素和未选像素。对这些稍作调整，可生成光滑的图像边缘，如图 14-42 所示。

11. 当图像达到满意效果时，关闭 Show Mask 选项。

12. 现在已只对选定的图像天空进行了调整。在 Three-Way Color Corrector 控件顶端，打开 Master，如图 14-43 所示。

13. 调整任意色轮，添加更多的蓝色，如图 14-44 所示。

提示：很可能选取的范围包括部分台灯，因为该颜色和图像校正区域的颜色一样。通过使用备份剪辑以及 Garbage Matte（垃圾蒙版）特效，可以避免这一情况的发生。有关垃圾蒙版的更多信息，请参见第 15 课。

14. 播放序列查看结果。试着关闭打开 Three-Way Color Corrector 特效，对比原始剪辑的变化。

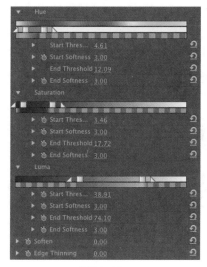

图14-42   图14-43

图14-44

14.6 特殊颜色特效

一些特殊的颜色特效，可以帮助极具创造性地控制剪辑颜色。

接下来我们介绍一些需关注的特效。

14.6.1 高斯模糊

既然颜色调整特效不是技术问题，那么添加少量的模糊可以柔化调整的结果，使得图像看起来更加自然。Premiere Pro 有很多模糊特效，其中最流行的是高斯模糊，它具有能使图像显示自然、平滑的特效。

14.6.2 Solarize

特效滤镜种类包括一些戏剧性的选项，比如 Mosaic 特效，用于多个功能应用程序中，像隐藏某人的脸。

Solarize 特效提供了一个形象的颜色调整，可以用来为图片或者序列序曲创建风格化背景图版，如图 14-45 所示。

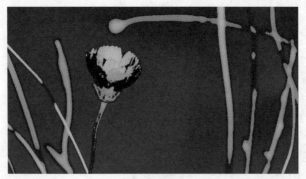

图14-45

14.6.3 Lumetri Looks

Lumetri 特效允许浏览存在的 .look 或者 .lut 文件，为素材应用微妙的、精细的颜色调整。如果你刚开始进行颜色调整，那么你可能需要一个快速修复。

Lumetri Looks 是 Lumetri 特效的集合，已经有 .look 文件关联到它们。当选择一个外观时，Looks 浏览器将出现在 Effect 面板中，容易地选择想要的外观，如图 14-46 所示。

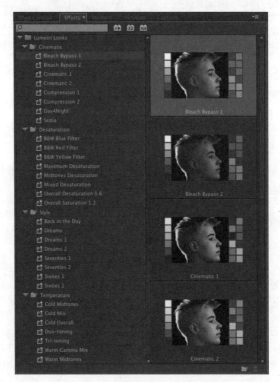

图14-46

当把 Premiere Pro 序列发送到 SpeedGrade（在本课后面介绍）时，选择的 Looks 是可编辑的。Lumetri Looks 是一个好的方式，几乎没有工作量实现比较电影的外观，它比其他普通颜色纠正特效有更细微的颜色调整。

14.7 创建显示效果

到目前为止，你已用少许时间了解 Premiere Pro 的颜色校正特效。对于颜色校正的种类以及这些特效对整体感观的影响，也有了一定的认识。

你可使用常规的特效预设工具，为剪辑添加不同的显示效果。也可以对调整图层应用某一特效，从而使整个序列呈现全新效果。

在颜色校正最常见应用场景中，可以遵循以下几个步骤。

- 调整每个剪辑，使其匹配同一场景中的其他剪辑，通过这种方式，保持颜色的连续性。

- 接下来，对作品添加整体显示效果。

尝试使用一个调整图层。

1. 打开序列 Theft Unexpected。

2. 在 Project 面板，单击 New Item（新项目），并选择 Adjustment Layer（调整图层）命令。这些设置可自动匹配该序列，然后单击 OK 按钮即可。

3. 将该新建的调整图层拖动序列中 V2 轨道上。

调整图层的默认持续时间和静态影像的持续时间一样。在该序列中，此时间有点过于短暂。

4. 修改调整图层，使其从序列起点延伸至终点。

5. 对调整图层应用一种 Lumetri Look 特效，该显示效果将应用到序列中每个剪辑上，如图 14-47 所示。

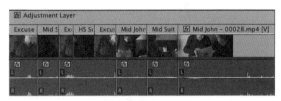

图14-47

以这种方式可以应用任一标准可视特效，使用多调整图层为不同屏幕应用不同的显示效果。

> **Pr** 注意：如果该调整图层应用于带图表和字幕的序列中，那么需确保调整图层位于图表／字幕和视频的轨道间。否则，你还将需要调整字幕的显示效果。

14.7.1 直接链接到 Adobe SpeedGrade

Adobe SpeedGrade 是包含在 Adobe Creative Cloud 中的一款功能非常强大的颜色校正应用程序。

Premiere Pro 提供功能强大的颜色校正工具，但其主要是编辑软件。Adobe SpeedGrade 则完全专注于颜色校正，并为此提供一些性能卓越的工具。

可以容易地借助 Adobe SpeedGrade 共享 Premiere Pro 序列，同时在这两个应用程序之间来回切换。

将 Theft Unexpected 序列发送到 SpeedGrade。

1. 确保 Theft Unexpected 序列已打开。

2. 选择 File（文件）>Direct Link to Adobe SpeedGrade 命令，在确认对话框中单击 Yes 按钮。

Premiere Pro 保存并关闭项目，并且把它交给 SpeedGrade，如图 14-48 所示。

图14-48

SpeedGrade 是一个强大的应用程序。欲了解更多 SpeedGrade 的工作方式的信息，请参考 *Adobe SpeedGrade CC Classroom in a Book* 一书。目前为止，我们将使用内置显示特效，就像已经在 Premiere Pro 中。

Timeline 显示在屏幕的中间位置，这是 Theft Unexpected 序列。注意第一个剪辑处于高亮状态，播放头在 Timeline 的起始位置，如图 14-49 所示。

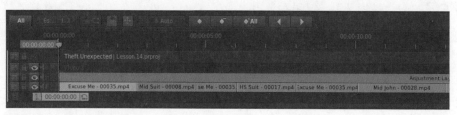

图14-49

在处理 SpeedGrade 时，高亮剪辑就是用于调整的。随着在序列中拖动播放头，每个剪辑都将变为高亮状态。

在 SpeedGrade 界面的底部，有一系列 SpeedLooks 预置标签，这与 Premiere Pro 中的 Lumetri Looks 比较接近。

3. 单击一个显示效果进行预览，然后按下 Enter 键（Windows）或者 Return 键（Mac OS）确认。

Pr | **注意**：确保按下 Enter 键（Windows）或者 Return 键（Mac OS）确认特效或者只能看到预览。

4. 在序列上拖动播放头，为每个剪辑添加不同的显示效果。

5. 完成之后，单击位于 SpeedGrade 界面最上方的 Direct Link to Adobe Premiere Pro 按钮，在确认对话框中单击 Yes 按钮。

SpeedGrade 保存并关闭项目，然后转交给 Premiere Pro。

6. 在 Effect Control 面板中单击一个或两个剪辑查看效果。在 SpeedGrade 上所做的修改都将显示为 Premiere Pro 中的 Lumetri Looks。这意味着，你可以关闭或打开它们，更改链接的 .look 或 .lut 文件，或者从中创建一个特效预设。

虽然 SpeedGrade 可以做很多事情，但是你需要知道在编辑和分级应用程序之间共享你的工作。

复习题

1. 为什么将 Reference Monitor 绑定到 Program Monitor？

2. 如何调整监视器界面以显示 YC 波形？

3. 如何关闭 YC 波形中的色度信息显示？

4. 为什么不能完全依赖眼睛，而需使用诸如矢量示波器这样的监视器？

5. 如何在序列中添加显示效果？

6. 为什么需要限定明亮度或色阶？

复习题答案

1. 与 Program Monitor 一样，Reference Monitor 也能够显示当前序列的内容。通过将两者绑定，即使在观察矢量示波器或波形示波器的状态下，也可确保 Reference Monitor 显示同样的内容。

2. 单击 Settings 按钮，选择自己喜欢的显示类型。

3. 在 YC 波形的显示区顶部，取消对 Chroma（色度）复选框的选择。

4. 眼睛对颜色的感知具有高度主观性和相关性。对颜色的感知，会受到之前所视颜色的影响。而矢量示波器可提供客观信息。

5. 可使用特效预设，将同一颜色校正效果应用至多个剪辑，或者加入调整图层，在图层中应用该调整。该操作只影响调整图层下面所有图层的图像效果。

6. 如果序列用于广播电视，需确保符合针对最大值/最小值所设严格要求。播送设备可显示符合其要求的数值范围。

第 15 课 探索合成技巧

课程概述

在本课中，你将学习以下内容：

- 使用 alpha 通道；
- 使用合成技巧；
- 处理 Opacity（不透明度）特效；
- 处理绿屏；
- 使用蒙版。

 本课的学习大约需要 60 分钟。

Adobe Premiere Pro CC 提供了功能强大的工具，可以为序列中的视频创建专业水准的合并图层。

在本课中，你将学习有关如何合并图层的一些关键性技术，以及如何进行合成之前的准备工作、调整剪辑的不透明度、使用色度键和蒙版对绿屏镜头进行抠像处理。

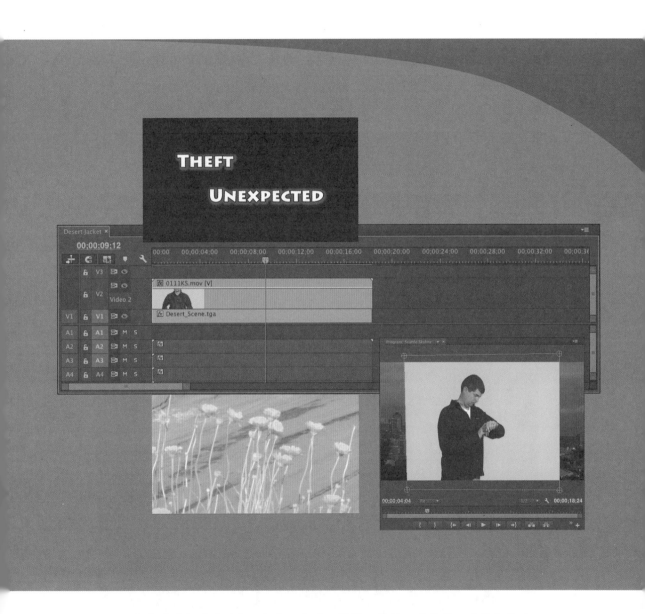

合成的过程涉及混合、组合、分层、键控、蒙版以及裁剪，这些内容可以以任何方式进行组合。任何对两张图像的组合都可以称之为合成。

15.1 开始

在前面的学习中，我们主要讨论了关于单帧、整帧图像的处理。我们已经对图像进行编辑以便获得切换效果，或者将剪辑编辑到较高的视频轨道上，以便使其显示在较低视频轨道上剪辑的前面。

在本课中，我们将讨论如何合并视频图层，在本课中，仍然需用到较高及较低视频轨道上的剪辑，但在合成图像中，它们将作为前景元素和背景元素来使用。

标题如图 15-1 所示。

图15-1

视频如图 15-2 所示。

图15-2

生成的合成图像如图 15-3 的所示。

裁剪前景图像，对需要变成透明的特定颜色区域进行抠像处理，均可形成该组合效果。无论选择何种方式，将剪辑编辑到序列中的方式将不会发生任何改变。

图15–3

下面开始学习 alpha 的重要概念，它解释了像素显示的原理，然后尝试几个技巧。

1. 打开 Lesson 15 文件夹中的 Lesson 15.prproj。

2. 选反 Window>Workspace>Effects 命令。

3. 选择 Window>Workspace>Reset Current Workspace 命令，打开 Reset Workspace 对话框。

4. 单击 Yes 按钮。

15.2　什么是 alpha 通道

　　首先需要摄像机有选择地将光谱中的红绿蓝部分记录为独立颜色通道。这三者均为单色通道（只是 3 种色中的一种），也因此常被称为灰度模式。

　　Premiere Pro 应用这 3 种灰度通道创建相应的原色通道。通过应用主要的加色法，它们可组合形成完整的 RGB 图像。通过这 3 个通道的组合应用，可创建全色系视频。

　　不仅如此，还存在第 4 种灰度通道：Alpha 通道（阿尔法通道）。

　　Alpha 通道并不定义颜色，而是用来定义透明、不透明和半透明区域。在后期制作领域，描述这个通道的术语包括：可见性、透明度、混合模式、不透明度。不过，这些称呼并不十分重要，最重要的是需要清楚每个像素的透明度都能独立于颜色而进行调整。

　　使用色彩校正工具可调整剪辑中红色的色值，同样的道理，应用 Opacity（不透明度）控件，可调整 Alpha 中有关透明度的值。

默认情况下，典型摄像机素材剪辑的 Alpha 通道值（Opacity 值）为 100%（完全可见）。以 8 位视频 0 ~ 255 的数值范围看，此状态的对应值为 255。剪辑制作过程中，经常应用 Alpha 通道控制文字和图像中哪些区域应透明、哪些区域不透明。

设置 Source Monitor 和 Program Monitor 显示透明像素作为棋盘格滤镜，就像 Adobe Photoshop 中。

1. 在 Source Monitor 中，打开 Theft_Unexpected.psd。

看上去图像有一个黑色的背景，不过这些黑色像素显示在透明度的位置。把它们作为 Source Monitor 的背景。

2. 单击 Source Monitor Setting 菜单按钮，并选择 Transparency Grid。

现在可以清楚地看到透明的像素，然而，对于一些媒体的种类，透明度网格是一个不完美的解决方案。例如，在这种情况下，有点难于观察文本边缘，如图 15-4 所示。

图15-4

3. 单击 Source Monitor Settings 菜单按钮，并再一次选择 Transparency Grid，取消对它的选择。

15.3 在项目中使用合成技巧

通过应用合成特效及控件，后期制作成果可达到一个全新的高度。合成即利用现有素材创建新的合成图像。在应用 Premiere Pro 合成特效的过程中，你可能找到创作电影的新方法、组织剪辑的新方式，从而更好地拼接各个图像。

高水准的合成是摄影技巧及制作特效的结合。简朴的背景图能和复杂、有趣的图案合成产生极具层次感的图像。也可使用这个技巧裁剪掉图片中不匹配的区域，并使用其他图案来代替。

合成是 Premiere Pro 最有创造性的一种非线性编辑方式。

15.3.1 拍摄视频时即需要构思合成

大多数最有成效的合成始于制作策划阶段。在创作之初，就可以考虑如何便于 Premiere Pro 识别需变透明的图片区域。Premiere Pro 提供为数不多的识别工具，透明哪种像素。例如，其中的色度键，电视中的气象播报人员站在地图前进行播报的画面，就是采用此项技术实现的。

实际上，气象播报人员是站在绿幕前。特效技术使用绿色去识别哪些像素应该是透明的。气象播报人员的视频图被用作合成图像的前景色，其中一些可视像素对应播报人员，而透明像素对应绿色背景。

接下来，需将前景图并到背景图的前面。在气象播报中，前景图可以是一张地图，也可以是其他视频或图像。

提前规划对于合成质量具有很大的影响。要很好地发挥出绿幕或蓝幕的效果，需要确保颜色保持一致，但是该颜色不能与图中物体颜色太过一致。例如，在利用该特效及绿幕时，图像中的绿色珠宝会变得透明，如图 15-5 所示。

图15-5

图 15-5 和图 15-6 的合成如图 15-7 所示。

图15-6

图15-7

在拍摄绿屏素材时,采用的方式不同会导致结果大相径庭。确保背景图需在柔和的灯光下拍摄,应避免屏幕反射光线进入摄影机镜头。如果发生了这种情况,将处于键控的麻烦,或者需要对部分成像区域进行抠像、透明化处理。

15.3.2　基本术语

在本课的学习中,我们需要认识一些新的术语,下面是一些重要的内容。

- Alpha/alpha 通道(阿尔法通道):每个像素的第 4 道信息通道。该通道定义图像的透明度,它是独立的灰度通道,能完全独立于图像内容进行创建。

- Key/keying(抠像):基于像素色彩或亮度做出选择,将部分像素转为透明。Chromakey(色度键)特效基于颜色产生透明(即修改 Alpha 通道),LumaKey(亮度键)特效则利用明亮度。

- Opacity(不透明):描述 Premiere Pro 序列中剪辑的 Alpha 通道值。可使用关键帧调整剪辑的不透明度。

- Blend(混合)模式:最初是为 Adobe Photoshop 开发的一项功能。该混合模式有多种类型,在任意一种模式下,背景图和前景图的显示效果是相互影响的,而不是简单的前后重叠。例如,可以选用模式查看比背景图明亮的像素,或者将前景图的颜色信息应用到背景图。实践是学习混合模式的最佳途径。

- Greenscreen(绿屏):在这一过程中,拍摄对象需位于一块绿色屏幕前,在完成拍摄后,基于颜色背景创建 Alpha 蒙版、使用特效将绿色像素变透明。接下来需要将该剪辑合成到一个背景图像上。使用图像亮度信息对“屏幕”进行抠像,类似于上述方式,因此也称为 Greenscreen(绿屏)。天气播报员播报天气的画面经常被用作绿屏技术的典型案例。

- Matte（蒙版）：蒙版可以是图形、图像或视频剪辑，用来识别前景图像中哪些区域需透明或半透明。Premiere Pro 可应用的蒙版形式多样，在本课的学习中，我们将使用到多种蒙版。

15.4 使用 Opacity 特效

使用 Timeline 或 Effect Controls 面板上的关键帧可以调整剪辑的不透明度。

1. 打开序列 Desert Jacket。该序列中的包含一个前景图像（身穿夹克的男子），以及一个背景图像（沙漠）。

2. 提高一点 Video 2 轨道的高度，并通过单击 Timeline Display Settings 菜单启用视频关键帧显示，如图 15-8 所示。

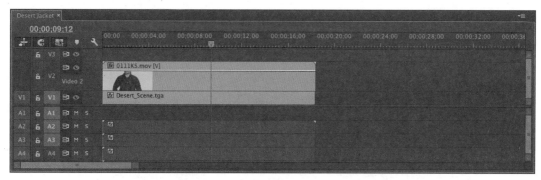

图15-8

3. 可以使用该橡皮筋线，可调整设置、对所有剪辑特效设置关键帧。由于 Opacity 是固定特效，该功能项是自动应用的。事实上，它是一个默认功能项，即表示剪辑的不透明度。使用 Video 2 上剪辑的 Selection（选取）工具，可以在上下方向拖动该线。

通过这种方式使用 Selection 工具移动橡皮筋线时，无须添加其他关键帧，如图 15-9 所示。

图15-9

在这个示例中，前景图的不透明度设为 50%。

15.4.1　创建不透明度关键帧

在 Timeline 创建不透明度关键帧与创建音量关键帧几乎是相同的。使用的工具和键盘快捷键也都相同，调整结果也正如你预料的，橡皮筋线越高，剪辑的可见度也就越高。

1. 打开序列 Theft Unexpected。

该序列的前景图中有一个标题，在轨道 Vedeo 2 上。很常见的一种做法是，不时地逐渐消隐或逐渐增亮标题，且其持续时间也不一样。与向视频剪辑中添加切换一样，使用切换特效能够实现上述标题效果。如果需要进行更多调控，可使用关键帧来调整不透明度。

2. 展开 Video 2 的轨道，确保显示 Theft_Unexpected.psd 前景图标题的橡皮筋线，如图 15-10 所示。

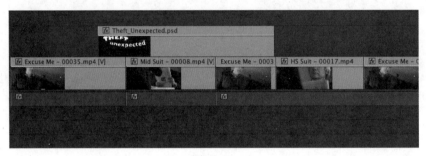

图15-10

3. 按住 Ctrl 键（Windows）或 Command 键（Mac OS），单击标题图片对应的橡皮筋线，从而增加 4 个关键帧，其中两个接近起点，另两个接近终点，如图 15-11 所示。

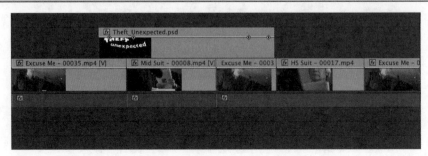

图15-11

4. 调整关键帧，则不同帧分别对应逐渐消隐标题、逐渐增强标题。其操作原理正如对关键帧上的音量进行调节，制作声音的淡入淡出的效果。播放序列，观察关键帧效果，如图 15-12 所示。

Pr 提示：按住 Ctrl 键（Windows）或 Command 键（Mac OS）添加关键帧后，松开该键，再用鼠标拖动关键帧到合适位置。

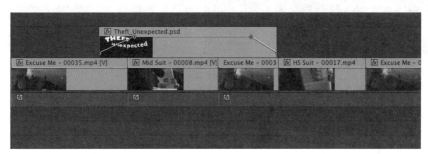

图15-12

也可使用 Effect Controls 面板添加关键帧以便调节剪辑的不透明度。与调节音频音量的关键帧相同，Effect Controls 面板上 Opacity 设置的关键帧在默认情况下处于激活状态。因此，如需对剪辑的整体不透明度进行平缓调节，在 Timeline 上操作有时会比在 Effect Controls 面板上操作更便捷。

15.4.2 基于混合模式合并图层

混合模式是前景像素与背景像素结合的特殊方式。针对合并前景图 RGBA 值（红、绿、蓝及 alpha 值）及背景图 RGBA 值，每种混合模式的运算规则都是不一样的。每个像素结合其正后方后像素而独立运算。

所有剪辑的默认混合模式是 Normal（标准）。在该模式下，整个前景图的 alpha 通道值统一。前景图的不透明度越高，前景图像素混合于背景图像素前的效果就越强。

在学习混合模式时，最佳途径就是在实践中进行运用。

1. 使用 Graphics 文件夹中的更加复杂的标题 Theft_Unexpected_Layered.psd，替换 Theft Unexpected 序列中的当前标题，如图 15-13 所示。

按住 Alt 键（Windows）或 Option 键（Mac OS），在已有标题上拖放新标题可以替换现有标题。以这种方式替换剪辑仍然保留 Timeline 剪辑的关键帧。

2. 选择 Timeline 上的新标题，并查看 Effect Control 面板。

3. 在 Effect Controls 面板中，展开 Opacity 控件，并观察 BlendMode（混合模式）选项，如图 15-14 所示。

图15-13 图15-14

4. 现在,该混合模式设定为 Normal。尝试其他几种模式,并观察效果。每种混合模式对前景像素、背景像素之间关系的运算规则不同,如图 15-15 所示。有关该混合模式的介绍,请单击查看 Premiere Pro Help 文档。

图15-15

在这个例子中,前景应用的是 Lighten(变亮)混合模式。只有在前景像素比背景像素更亮时才可见。

Premiere Pro 提供了使用线性颜色创建合成图像的选项,它可能会使结果更加自然。对比选择 Sequence>Sequence Settings 和选择 Linear Color 中的 Composite。

15.5 应用 alpha 通道透明度特效

很多媒体资料的 alpha 通道值是变化的。例如在前面提到的标题中,有文字的地方,像素不透明度为100%，而没有文字的地方，像素的不透明度一般为0%。诸如文字后面的阴影效果，其alpha通道值一般介于0% ～ 100%之间。阴影区保持一定的透明度，能看起来更逼真。

在Premiere Pro中，alpha通道值越高，对应的像素越可见。这是对alpha通道的最常见解读，但有的媒体资料的处理方式却截然相反。这种处理的问题在于，前景图会变成黑色图像中的镂空图案。使用Premiere Pro能够很好地解决该这一问题，正如能解读剪辑的音频通道一样，它也能选择alpha通道现有信息的正确解读。

使用Theft Unexpected序列中的标题，可以很好地观察应用效果。

1. 从Lessons/Assets/Graphics文件夹中导入Theft_Unexpected_Layered_No_BG.psd文件。在Import Layered File对话框中，选择Merge All Layers in the Import As菜单。

2. 背景移除后标题是相同的。在Theft Unexpected序列中，使用Theft_Unexpected_Layered_No_BG.psd替换当前标题。

3. 定位到项目中的Theft_Unexpected_Layered_No_BG.psd，右键单击该剪辑并选择Modify>Interpret Footage。在Modify Clip对话框地底部，可以看到Alpha Channel交互选项，如图15-16所示。

> Alpha Channel
> ☐ Ignore Alpha Channel
> ☐ Invert Alpha Channel

图15-16

4. 尝试每个选项，并在Program Monitor中观察结果。在显示更新之前，需要单击OK按钮。

其中的选项如下所示。

- Ignore Alpha Channel（忽略Alpha通道）：将所有像素的Alpha通道值设为100%。如果不打算在序列中使用背景图层，这个设置非常有用。

- Invert Alpha Channel（反转Alpha通道效果）：反转剪辑中每个像素的Alpha通道效果。也就是说，完全不透明的像素会变成完全透明，而透明的像素会变成不透明，如图15-17所示。

图15-17

当 alpha 信道存在问题时，很容易定位。

15.6 对绿屏镜头进行色彩抠像

使用橡皮筋线或 Effect Controls 面板改变剪辑的不透明度，也等量调整了图像中每个像素的 Alpha 效果。也可基于像素的屏幕位置、明亮度、色彩而有选择性地调整它们的 Alpha 效果。

Chromakey 特效对某些具有特定亮度、色相和饱和度值的像素进行不透明度调整。原理很简单：首先选择色彩或色系，像素越接近色彩选择，其透明度就会变得越高。像素色彩越匹配选择，其 Alpha 通道值就会变得越低，直至变成完全透明。

我们来处理一个 Chromakey 合成。

1. 在 Greenscreen bin 中，拖动剪辑 0137SZ.mov 到 Project 面板中的 New Item 按钮菜单上。这将创建一个完美匹配媒体的序列，使用 Video 1 轨道上的剪辑。

2. 在该序列中，拖放 0137SZ.mov 剪辑到 Video 2 上——这将是前景，如图 15-18 所示。

图15-18

3. 直接从 Shots bin 中拖动剪辑 Seattle_Skyline_Still.tga 到轨道 Video 1 中，在 0137SZ.mov 剪辑下面。

由于这是一个单帧图像，所以它的默认时长很短。

4. 裁剪 Seattle_Skyline_Still.tga 剪辑，相比 Video 2 上的前景剪辑全部时长，以便作为背景色有足够的时长。

5. 在 Project 面板中，序列仍然调用在 0137SZ.mov 后面，并保存在同一 Greenscreen bin 文件夹中。重命名序列为 Seattle Skyline，并移动到 Sequence bin 文件夹中，如图 15-19 所示。

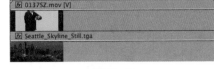

图15-19

现在剪辑具有了前景和背景。剩余的事就是让绿色像素透明。

15.6.1 预处理素材

理想状态下，绿屏剪辑具有完美的绿色背景，且背景元素的边缘干净、美观。然而现实中由于各种各样的原因，素材不可能总是尽善尽美的。

并且，拍摄视频时不理想的光线总是隐藏着潜在问题。此外，还有另外一个问题，其来源于摄像机存储图像信息的方式。

由于眼睛对颜色的感知不如对亮度信息的感知那么敏锐，所以摄像机一般会减少所存储颜色信息量。

摄像机系统使用减色捕捉系统降低文件大小，且方法因系统而异。有时候每隔一个像素存储颜色信息。有时候存储信息单元为每两条线上的每两个像素。由于色彩细节不足以满足所需，这种系统使得抠像更有难度。

若发现镜头抠像不理想，可以尝试如下操作。

- 抠像前应用轻微的模糊特效。该特效混合像素细节，柔和边缘，并促使抠像效果看起来更为光滑。如果模糊程度很轻微，不会明显降低图片质量。往剪辑添加模糊特效，调整设置，然后应用上面的 Chromakey 特效。Chromakey 特效会在模糊化的基础上处理剪辑。

- 抠像前对镜头进行色彩校正。如果镜头的前景和背景缺乏高质量的对比度，可在抠像前，使用诸如 Three-Way Color Corrector、Fast Color Corrector 这样的特效调整图片。

15.6.2 使用 Ultra Key 特效

在 Premiere Pro 中，Ultra Key（极致键）是强大、快捷、基于直觉的 Chromakey 特效。其工作流非常简单：选择需变透明的颜色，然后调整设置以满足需求。正如所有绿屏剪辑抠像工具，Ultra Key 特效基于所选颜色创建蒙版（定义了透明的像素）。使用 Ultra Key 特效的详细设置，可调节该蒙版。

1. 向序列 Settle Skyline 中的 0137SZ.mov 剪辑添加 Ultra Key 特效。在 Effect 面板搜索框中输入 Ultra 很容易找到该特效，如图 15-20 所示。

2. Effect Controls 面板中，选择 Key Color 旁边的吸管。使用该吸管工具单击选取 Program Monitor 中绿色的区域。该剪辑的背景中存在持续可见的统一绿色，所以单击该区域任意一点均可。而在其他镜头中，可能就需要找到合适的选取点，如图 15-21 所示。

图15-20

图15-21

提示：当使用该吸管工具进行单击的同时按住 Ctrl 键（Windows）或 Command 键（Mac OS），Premiere Pro 的像素取样平均水平为 5×5，而不是单一像素选取。这能够使抠像时的色彩捕捉效果更好。

UltraKey 特效识别所有绿色像素，并将它们的 Alpha 值设为 0%，如图 15-22 所示。

图15-22

3. 在 Effect Controls 面板中，将 Ultra Key 特效的 Output 菜单选项切换至 Alpha Channel。在该模式下，Ultra Key 特效将 Alpha 通道显示为灰度图像，黑色像素将为透明，光亮像素则变不透明，如图 15-23 所示。

图15-23

虽然这是一个很好的方法，但是在像素局部透明的地方有一些灰色的区域——这是不想要的。右侧和左侧没有任何绿色，因此没有像素可以抠像出来。下面我们将修复它。

4. 将 Effect Control 面板中，将 Ultra Key 特效的 Setting 菜单选项切换至 Aggressive，这将清除一点转中区域。观察镜头是否呈现漂亮、干净的黑色区域及白色区域。如果在相应的位置上看到灰色的像素，图片中部分区域可能会显示为透明。

5. 将 Output 菜单选项切换回 Composite，并观察效果，如图 15-24 所示。

图15-24

Aggressive 模式对该剪辑的应用效果更好。Default、Relaxed 和 Aggressive 模式修改 Matte Generation（蒙版生成）、Matte Cleanup（简易的蒙板边缘修复）和 Spill Suppression（溢出控制）的设置。也可手动修改这些设置，从而更好地对复杂镜头进行抠像。

每组设置有不同的功能，以下是相关的介绍。

· Matte Generation（蒙版生成）：每选择好抠像颜色，Matte Generation 控件调整解释路径。通过调整这些设置，可处理更具挑战性的镜头，并能获得不错效果。

- Matte Cleanup（简易的蒙版边缘修复）：设定好蒙版后，可使用这些控件对其进行调整。Choke（抑制）功能可收缩蒙版，这对于修复抠像选取缺失边缘非常有用。需注意不要过于抑制蒙版，以免丢失前景图的边缘信息。Soften（柔和）对蒙版应用模糊特效，能改善前景图和背景图的混合效果，使得其合成更为真实。Contrast（对比）提高 Alpha 通道的对比度，使得黑白图像的黑白对比更加鲜明，从而可以更清晰地设定抠像。通过增加对比度，抠像一般更加整洁。

- Spill Suppression（溢出控制）：Spill Suppression 用于处理绿色背景颜色反射到拍摄对象。当这种情况发生时，绿色背景和拍摄对象的颜色组合效果大为不同，拍摄对象的部分区域不会抠像成透明背景。若拍摄对象的边缘呈现绿色，视觉效果并不好。Spill Suppression 通过往前景元素的边缘添加颜色而自动补偿效果，所添加颜色在色轮上的位置与抠像颜色的位置相反。例如，使用绿屏抠像时则加入洋红，使用蓝屏抠像时则加入橙色。这种方式中和了颜色的"溢出"。

有关所有这些控件的更多介绍，请参阅 Premiere Pro Help 文档。

内置的 Color Correction 控件可快速便捷地调整前景视频图像，使其更好地融合于背景图，如图 15-25 所示。

图15-25

一般而言，这 3 个控件已足以创建更为自然的合成。这些调整是在抠像之后进行，所以用这些控件调整颜色，并不会引起抠像方面的问题。

> **Pr** 提示：本例使用的是绿色背景的镜头。在实际应用中，有时候也使用蓝色背景的镜头进行抠像。这两者的工作流是相同的。

15.7 使用蒙版

Ultra Key 特效基于镜头中的颜色而动态创建蒙版。使用者也可以自定义创建蒙版，或者使用另一个剪辑作为蒙版的基础。

自定义创建蒙版，实际上就是为视频设定一个分隔区图案。下面我们使用该功能移除 0137SZ.mov 剪辑的边缘。

1. 回到 Settle Skyline 序列。

该序列中的天气播报员站在一块绿屏的前面，但是绿色并未延伸至屏幕边缘。

2. 点击 Effect Control 面板中的 Toggle Effect 按钮，禁用而不移除 Ultra Key 特效。这可以让我们再一次清晰地看到图片中的绿色区域，如图 15-26 所示。

对 0137SZ.mov 剪辑应用 Four-Point Garbage Matte（4 点垃圾蒙版）特效。该垃圾蒙版是完全

由用户自定义的区域，可自行定义为可见或透明，如图 15-27 所示。

图15-26

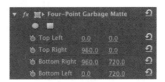

图15-27

3. 在 Effect Controls 面板中选择 Four-Point Garbage Matte 特效，需要单击特效列表中的特效名称选择它。注意在特效名称旁边的转换图标，表示可以在 Program Monitor 中应用该特效。

4. 拖动垃圾蒙版的这些控制点进行选区操作，将黑色幕布排除在外。你可能需要在 Program Monitor 中更改显示的尺寸，使得容易地操作句柄，如图 15-28 所示。

图15-28

立即就可以看到序列的背景图层。Four-Point Garbage Matte 特效已经定义了哪些像素应该透明。

5. 在 Effect Control 面板中，打开 Ultra Key 特效，取消对剪辑的选择，移除可见的垃圾蒙版句柄，如图 15-29 所示。

图15-29

整洁的抠像效果马上就呈现出来。此处使用 Four-Point Garbage Matte 特效的原因是，这个剪辑所需修复相对简单。针对更为复杂的镜头，可以使用该特效的 Eight-Point（8 点）或 Sixteen-Point（16 点）模式，并且，通过使用 Effect Controls 面板中的标准控件，这些控制点的位置都能进行关键帧处理。

15.7.1　应用以图形或剪辑为素材的蒙版

Garbage Matte 蒙版是用户自定义的可见区域或透明区域。在 Premiere Pro 的应用中，也可使用其他剪辑作为蒙版的素材。

通过使用 Track Matte Key（追踪蒙版抠像）特效，Premiere Pro 借用一个剪辑的明亮度信息或 Alpha 通道信息，去设定另一个剪辑的蒙版。只需一点点计划和准备，该简单特效能创建非常强悍的效果。

15.7.2　Track Matte Key 特效

接下来，为 Seattle Skyline 序列，应用 Track Matte Key 特效去创建一个分层背景，以便添加标题。

1. 从 Shots bin 文件夹中，只对 Video 3 轨道上的 00841F.mov 剪辑进行视频编辑（不处理音频）。这是一个沙漠上有些花的镜头，我们用它作为标题的结构。定位到序列的起始处的剪辑，如图 15-30 所示。

2. 从 Graphics bin 中拖放 Theft_Unexpected.psd 剪辑到 Video 4 轨道 Timeline 上，直接放在 00841F.mov 剪辑上面，如图 15-31 所示。

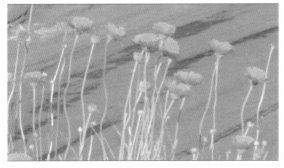

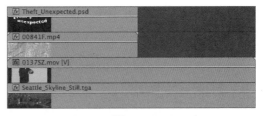

图15-30   图15-31

3. 裁剪 Theft_Unexpected.psd 图像剪辑，匹配 00841F.mov 花朵剪辑的时长，如图 15-32 所示。

4. 在 Video 3 轨道上，应用 Track Matte Key 特效到 00841F.mov 花朵剪辑上。

5. 在 Effect Control 面板中，设置 Video 4 的 Track Matte Key Matte 菜单。

6. 使用 Matte Luma 菜单设置 Composite，如图 15-33 所示。

图15-32   图15-33

擦洗整个序列查看结果，上面的剪辑不在可见。它将用在 Video 3 轨道上作为定义剪辑可视和透明区域的向导。

Track Matte Key 特效是一个不平常的特效，这是因为其他大多数特效专用于更改应用到的剪辑上，而 Track Matte Key 特效更改了应用的剪辑和作为参考的剪辑。

15.7.3 使用视频剪辑作为 Track Matte Key

Track Matte Key 特效能使用其他剪辑去定义剪辑中哪些像素应为可见或透明。事实上，如果你使用特效更改了剪辑，包括 Ultra Key 特效，那么 Track Matte Key 特效可以使用结果作为抠像。

1. 打开 Desert Jacket 序列。

该序列有一个使用 Ultra Key 特效抠像的绿色屏幕的前景剪辑，背景仍然是沙漠图像。

2. 移动 0111KS.mov 绿色屏幕剪辑到 Video 3 轨道上。

3. 在 Shots bin 中，Video 2 轨道上编辑 Seattle_Skyline_Still.tga 剪辑。

由于 Seattle_Skyline_Still.tga 剪辑在 Desrt_Scene.tga 背景剪辑上面，所以它作为新的背景，绿色屏幕剪辑作为前景。

4. 应用 Track Matte Key 特效到 Seattle_Skyline_Still.tga 剪辑中。

5. 在 Effect Control 面板中，为 Video 3 设置蒙版。

由于 Ultra Key 特效定义的绿色屏幕剪辑有 alpha 通道，所以默认 Track Matte Key 特效选项使用蒙版 alpha 混合工作的很完美，如图 15-34 所示。

图15-34

Pr | 提示：你可能注意到了蒙版只能在视频轨道上面，从来不在应用 Track Matte Key 特效剪辑的下面。

尽管前景和背景图像都仍然是帧，不过绿色屏幕蒙版剪辑还是在其他静态构图中创建了移动效果。

使用After Effects Roto Brush Tool（旋转笔刷工具）

Premiere Pro提供高达16点的垃圾蒙版，可手动覆盖剪辑中的图像区域。该功能非常有用，但是仍然不如Adobe After Effects功能强大。Adobe After Effects可应用定位精准的多点蒙版，这些蒙版引入关键帧，路径为Bezier（贝塞尔曲线）路径。使用mask（遮罩）非常精准地选取前景元素，该过程称为rotoscoping（动态遮罩）。

Adobe After Effects具有一个特别的Roto Brush工具，可以显著减少前景图动态遮罩所需工作量。

向After Effects发送剪辑、使用Roto Brush工具的步骤如下：

1. 右键单击需要发送到After Effects的剪辑，选择Replace With After Effects Composition（使用After Effects合成图像替代）。这时，Premiere Pro将剪辑发送到After Effects，After Effects将自动创建合成图像。

2. 为新的After Effects项目设置名称和存放位置。可将该项目保存在Premiere Proproject（项目）的子文件夹中，以后使用时会比较方便。如果你已经打开了After Effect项目，那么将使用它。

3. 在After Effect中，该剪辑自动添加到一个新的合成图像中。双击打开Timeline中的剪辑，以便进行编辑。

4. 与Premiere Pro一样，After Effects也提供了多种工具，能够满足不同的操作需要。在本例中，After Effects工具默认位于屏幕上端。选择Roto Brush工具。

5. 使用Roto Brush工具对前景元素进行描边。操作时，无需谨小慎微地紧邻着边缘描边。Roto Brush工具会自动搜寻、对齐到目标对象的边缘。

6. 使用Roto Brush工具反复单击，从而添加到选区。按住Alt键（Windows）或者Option键（Mac OS）并单击，可将对象从选区移除。

7. 在图层面板Time Ruler（时间标尺）的下方，能看到Roto Brush工具的Range选择器。拖动该选择器的末端，可选择Roto Brush工具的持续工作时间。

8. 按下Spacebar（空格键）。Roto Brush工具将自动追踪所选边缘，并形成一个蒙版，选区之外的像素透明，选区之内的像素可见。

如果Roto Brush工具丢失选区边缘，按下空格键，停止分析。使用Roto Brush工具调整选区，然后按下空格键继续。

9. 当Roto Brush工具完成剪辑分析，保存After Effects项目并返回到Adobe Premiere Pro。至此，在该剪辑的选区之外存在透明像素，可使用其作为合成图像的前景元素。

Roto Brush工具有特效控件，进行操作时，Adobe After Effects的Effect Controls面板会自动弹出供你使用。

确保完成操作后，保存After Effects项目，以供Premiere Pro显示遮罩效果。

After Effect除了包括Roto Brush工具，还包括Refine Edge工具。使用Roto Brush工具创建的蒙版，可以在图像处理特定的细微计算结果困难时，拖放蒙版的边缘。

复习题

1. RGB 通道和 Alpha 通道的区别是什么?

2. 如何对剪辑应用混合模式?

3. 如何针对剪辑的不透明度效果设置关键帧?

4. 如何更改媒体文件的 Alpha 通道解释方式?

5. 对剪辑应用 Key 特效的意思是什么?

6. 应用 Track Matte Key 特效时,参考剪辑的类型是否有限制?

复习题答案

1. 两者都使用相同的规模。不同之处在于 : RGB 通道是颜色通道,Alpha 通道是透明度通道。

2. 混合模式位于 Effect Controls 面板的 Opacity 属性下方。

3. 在 Timeline 上或者 Effect Control 面板中,调整剪辑不透明度的方法和调整剪辑音量的方法一样。在 Timeline 上做调整,需显示所调整剪辑的橡皮筋线,选用 Selection 工具进行单击并拖动。也可使用 Pen 工具进行微调。

4. 右键单击该文件,选择 Modify>Interpret Footage 命令。Alpha 通道的选项位于面板底部。

5. 在 Key 特效应用中,像素颜色被用来定义图像中哪些区域应该透明,哪些区域应该可见。

6. 没有限制。应用 Track Matte Key 特效时可使用任何类型的剪辑。事实上,可对参考剪辑应用特效,并且这些特效的效果会反映在蒙版上。

第 16 课 创建字幕

课程概述

在本课中，你将学习以下内容：

- 使用 Titler（字幕组件）窗口；
- 使用视频排版工具；
- 创建字幕；
- 设计字幕风格；
- 创建形状和添加 logo；
- 创建滚动字幕和游动字幕；
- 使用模板。

本课的学习大约需要 90 分钟。

视频和音频材料是创建一个序列的主要元素，同时，该制作过程也经常需加入字幕。Adobe Premiere Pro CC 中的 Titler（字幕组件）是创建字幕和图形的强大工具集合。

可以使用 Adobe Premiere Pro 中的 Titler 创建字幕和形状，这些对象可放在视频上，或者作为独立的剪辑向观众传递相关信息。

16.1 开始

快速为观众传递信息，最有效的方式是文本。例如，在浏览时通过合成人物的姓名和头衔，可以区分视频中的演讲者（这通常称为 lower-third 底部居中）、也可以使用文本区别长剪辑的片段（通常称为缓冲器）或者致谢演员表和全体人员（演职员名单）。

恰当地使用文本，比解说员更清晰，并在对话的中间位置显示提到的信息。文本可以作为加强关键信息。

Premiere Pro 提供一个多功能的 Title 工具。它提供一整套的文字和形状创建工具。我们可以使用计算机上的任意字体（借助 Adobe Typekit 作为 Creative Cloud 的可用成员部分）。

可以控制透明度、颜色、插入图片元素或者由其他 Adobe 应用程序创建的 logo，比如 Adobe Photoshop 或者 Adobe Illustrator。Titler 是一个自定义的、功能强大的工具。

1. 选择 Window>Workspace>Effects。

2. 选择 Window>Workspace>Reset Current Workspace 命令，并单击 Yes 按钮确认。

16.2 Titler 窗口概述

本课首先从一些预格式化文本开始，然后改变它们的参数。这种方法可帮助你快速了解 Premiere Pro Titler 的强大功能。本课后面将从零开始构建字幕。

1. 打开项目 Lesson 16.prproj。

序列 01 Seattle 应该已经处于打开状态，否则，现在打开。

2. 在 Project 面板中双击剪辑 TitleStart（字幕启动）。

这是 Premiere Pro 字幕，因此打开 Titler，在 Program Monitor 中的当前帧上面显示字幕。默认情况下应该选中了文本对象，如果没有，单击选取。

下面简要介绍 Titler 面板，如图 16-1 所示。

- 字幕工具面板：该工具选择对象、设置文本位置、定义文本边界、设置文本路径和选择几何形状。

- 字幕设计面板：这是查看文本和形状的地方。

- 字幕属性面板：这里有些文本和形状的选项，包括字体属性和特效。

- 文本行为面板：用来对齐、居中或者分配对象文本和组。

- 文本样式面板：预设文本样式。

3. 单击 Styles 面板内几种不同的缩览图，以便使自己熟悉这些可用的样式，如图 16-2 所示。

Title Designer (字幕设计器)面板　　　　Title Properties (字幕属性)面板

Title Tools
(字幕工具)面板

Title Actions
(字幕动作)面板

Title Styles
(字幕样式)面板

图16-1

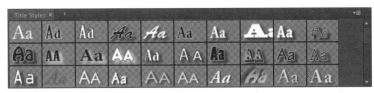

图16-2

每次单击新的样式时，Premiere Pro 会立即将活动字幕或者被选择的字幕更改为新的样式。尝试一些样式后，可以选择样式 Adobe Garamond White 90，如图 16-3 所示。

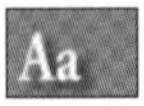

这种样式与视频中的场景气氛相匹配。

图16-3

4. 单击 Titler 上部的 Font Browser（字体浏览）按钮。这是 Properties 面板中 Font Browser 菜单的副本，如图 16-4 所示。

5. 滚动字体列表，注意，当单击新的字体时，可以立即看到它对应的字幕效果。如果单击菜单时没有使用下拉选项，那么你可以使用键盘上的上下方向键选择不同的字体。

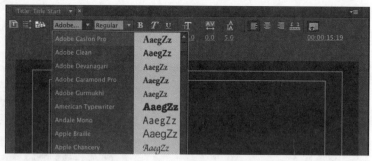

图16-4

每个系统中的特定字体会有变化，Adobe Creative Cloud 成员包含了很多供你开始选择使用的字体。

6. 单击 Titler 右侧 Titler Properties 面板内 Font Family 下拉列表。这是 Titler 内改变字体的另一种方法，请尝试通过该面板改变字体。也可尝试使用 Font Style 下拉列表。

Pr | 注意：展开窗口，可显示所有 Title Properties 选项。

7. 尝试之后从 Font Family 下拉列表选择 Adobe Caslon Pro（或者类似的字体）。从 Font Style 菜单中选择 Bold，这样文本将更加清晰可见。

8. 把字体大小修改为 140：在 Font Size（字体大小）字段内输入新的数值，或者在 Size 数值上拖动鼠标，直到其读数为 140 为止。在进行处理时，文本极有可能是隐藏的。这是因为它不在符合内部文本框。使用 Selection Tool 拖动边界框上端手柄，从而调整文本框大小，如图 16-5 所示。

9. 单击 Title Designer 面板内的 Center（居中）按钮，使文字居中显示，如图 16-6 所示。

图16-5

图16-6

Pr | 注意：在单击和测试过程中，你可能会取消选择文字。如果文字周围没有带手柄的边界框，请单击 Selection 工具（Titler 面板的左上角），在文字内任意位置单击，选择文字。

10. 在 Title Properties 面板中，将 Tracking（字符间距）调整为 3.0。Tracking 工具调整字符间的字距。

把阴影调整的更加明显，以便容易看到。

11. 在 Title Properties 面板中启用 Shadow 选项，将 Shadow Distance（阴影距离）修改为 10、

Shadow Size（阴影大小）修改为 15、Shadow Spread（阴影扩展）修改为 45。可在每个字段内输入数值，或者通过单击、拖动，清除这些数值，如图 16-7 所示。

12. 单击 Title Actions 面板内的 Horizontal Center（水平居中）和 Vertical Center（垂直居中）按钮，使文字居于屏幕的正中间，如图 16-8 所示。

图16-7　　　　　　图16-8

屏幕效果看起来应该如图 16-9 所示的那样。

图16-9

13. 向右拖动 Titler 浮动窗口，直到能看到 Project 面板为止。

14. 在 Project 面板内，双击 Title Finished，把它载入到 Titler 中。

15. 使用 Titler 主面板左上侧的下拉菜单在两个字幕间切换，如图 16-10 所示。

现在你的字幕看起来应该与 Title Finished 的字幕类似。

图16-10

> **Pr** | **注意**：Premiere Pro 自动将更改过的字幕保存在项目文件中，但在硬盘上它并不会显示为一个单独的文件。

16. 单击 Titler 面板右上角的小 x（Windows）或左上角的 Close 按钮（Mac OS），将其关闭。

17. 将 Title Start 剪辑从 Project 面板拖到 Timeline 上的 Video 2 轨道上，对其进行剪切，使其与视频剪辑上方的长度相符。把当前时间指示器从其上拖过，观看字幕在视频剪辑上的效果，如

图 16-11 所示。

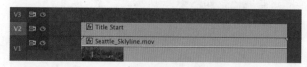

图16-11

在其他项目中使用字幕

你可能想为采访地点和被采访者身份创建通用字幕，以便将它们应用到多个项目。但是Premiere Pro不会自动将字幕存储在独立的文件中，不过可以手工处理。

要使字幕可用在其他项目中，首先需要选择Project面板中的字幕，再选择File>Export>Title命令，为字幕命名，选择存储位置，再单击Save按钮。以后需要时就可以像导入其他素材文件一样导入字幕文件了。

16.3　视频排版

为视频设计文字时，需要遵循合适的排版规则。由于文字常合成在多重色彩的移动背景上，设计需尽量保证清晰度。

需适当平衡易读效果和文字风格，并保持适当足够的屏幕信息，文字不应拥挤。否则阅读会很困难，用户体验也比较差。

Pr 提示：如想了解有关排版的更多信息，可参阅书籍《Stop Stealing Sheep&Find Out How Type Works》。该书由 Adobe Press 于 2002 年出版，作者为 Erik Spiekermann 和 E.M.Ginger。

16.3.1　字体选择

电脑中的字体类型即使没有数千种，也会有数百个。这使得选择一个合适的字体更为困难。基于多种因素做出选择、考虑如下引导性问题，可简化字体选择过程。

- 易读性：选用的字体大小，是否便于阅读？每一行的文字是否易读？快速扫视文本块然后闭上眼睛，你能够回想起什么？

- 风格：你会使用什么样的形容词描述所选字体？该字体是否恰当传递了视频氛围？风格如同行头，选择合适的字体对于成功设计至关重要。

- 灵活性：该字体是否和剪辑中其他区域相搭配？是否有多种多样的粗细设置（如粗体、斜体、半粗体），以便传递重要信息？是否能创建传递多类型信息的信息层，例如在图像底部对齐位置添加演讲者姓名和头衔？

思考这些导向型问题的答案，可引导更好地选择字幕样式。实践可帮助选择最合适的字体。另外，很容易修改当前字幕或者复制后对复制文本进行修改。

16.3.2 颜色选择

可用配色多不胜数时，在设计中选择合适的字体颜色极为复杂。其原因是，只有少许颜色匹配字幕并清晰可见。如果是广播视频场景，或者设计风格须匹配产品的品牌展示，颜色选择会更为困难。当置于迅速移动的背景上，文字也应发挥其应有效果，如图 16-12 和图 16-13 所示。

图6-12

白色文字对应于黑色背景的易读效果最好。

图16-13

蓝色文字和天空的颜色、色调相似，因此这些文字阅读起来非常吃力。

保守的处理方法通常是，视频中文字颜色为白色。毫无疑问的是，第二大最常用的颜色是黑色。应用字体颜色时，它们经常是非常明亮或非常暗沉的暗调。应用效果好的较为明亮颜色包括浅黄、蓝色、灰色和棕褐色。应用效果佳的较为暗沉颜色包括军绿和森林绿。所选颜色必须与文字所处背景形成适当对比。这就是为什么在 Title Designer 的背景中显示当前视频帧如此有用。

> **注意**：创建视频字幕时常见情况是，所对应的背景呈现多种颜色。这使得合适对比效果较难获得(合适对比对于易读性至关重要)。为处理这种情况，需添加描边、应用外发光或者增加阴影，从而形成具有对比效果的边缘。

16.3.3 Kerning

创建字幕时，有时需要调整一对字符之间的空间距离。这一提升文本视觉效果的过程称为 Kerning（字偶间距调整）。字体越大，越有必要手动调整字偶间距（因为在这种情况下，不恰当的字偶间距问题会更明显）。调整字偶间距的目的是在创建视觉流的同时，提高文本的视觉效果和易读性。

研究海报、杂志等具专业设计水准的材料，是学习字偶间距调整的最佳途径，如图 16-14 和图 16-15 所示。

> **提示**：在英文中，调整大写首字母和其后小写字母的间距，是调整字偶间距常见应用场景。尤其是当一个字母的基部空间很狭窄（如 T），这种情形会造成这样一种错觉，该行基线水平位置存在过多空间。

图16-14

最初，某些字符之前的距离有点松散。

手动调整后，全局易读性得以提高。

字符间距可以便捷地调整。

1. 双击 Title Designer 中的文本框，编辑内容，或者使用 Type 工具单击文本框。一旦进入文本框中，可以使用箭头键移动闪动的 I 光标。

图16-15

2. 当闪动的 I 形光标位于需调整间距的两个字符间，按住 Alt 键（Windows）或 Option 键（Mac OS）。

3. 按下向左箭头键，可拉近字符。或者按住向右箭头键，可拉大字符间距。也可以使用 Properties 面板中的 Kerning 控件。

4. 移动到另一对字符间，并按需调整。

16.3.4 Tracking

另一个文字属性工具是 Tracking（字符间距调整），其作用类似于 Kerning。该功能调整的是整行文本块或字符串的字距。Tracking 能全局性地压缩或扩展文本行，使其在屏幕上的显示效果最佳。

其常见应用场景如下。

- 紧凑型字符间距调整：如果文本行过长（如演讲者图像底部位置的较长字幕），有时需要稍加紧缩间距以更好匹配。这样调整不会改变字符高度，但在可用空间内能适当放入更多字符。

- 宽松型字符间距调整：当字符都是大写字母，或者需对文字进行外部描边时，加宽字符间距非常有用。该工具常用于较大字幕。当文字用来作为图像设计或动态影像元素时，也常使用该工具，如图 16-16 所示。

图16-16

Tracking 和 Small Caps（小型大写字母）功能组合使用，可创建易读且具独特风格的字幕。

可以调整在 Premiere Pro Titler 的 Title Properties 面板中，调整字符间距。

16.3.5 Leading

Kerning 和 tracking 控制字符间的水平距离，而 Leading 控制文本行间的垂直距离。这个词起源于手工排版的年代，铅字之间通过插入铅块来增加垂直距离。

在 Title Properties 面板中调整 Leading，如图 16-17 和图 16-18 所示。

图16-17

图16-18

最初的行距设置，使得两行文字难以阅读。注意第一行的逗号几乎到了文本第二行中。

增加行与行之间的距离，并改善易读性。

在大多数情况下，调整行距应使用 Auto 的默认设置。不过调整字幕的行距会带来大的影响。

不要将行距设置得过于紧凑，否则，上一行的下行字母区（如 j、p、q、z 的下伸部分）将穿过下一行的上行字母区（如 b、d、k、l 的上伸部分）。这种"碰撞"，会对文本阅读造成消极影响。

16.3.6　Alignment（对齐）

由于人们习以为常阅读左对齐的文本（如报纸），因此，并无对齐视频文本的固定规则。一般而言，底部对齐字幕为左对齐或右对齐。

另一方面，经常需要将字幕序列或缓冲区内文本居中。Titler（或其他 Adobe 应用软件的 Paragraph 面板）具有对齐文本按钮，它们能用于左对齐、右对齐或居中对齐，如图 16-19 所示。

图16-19

> **Pr** **注意：** 在 Adobe 应用软件中设置文字，方法通常不仅限于即点即输（称为点文字，Point Text）。使用 Type（类型）工具单击拖动，首先定义出段落区域。这称为段落文字（Paragraph Text），该工具的对齐和布局功能更强。

16.3.7　Safe Title Margin（字幕安全边界）

设计字幕时，经常能看到两个紧邻的方框。第一个方框内显示 90% 可视区域，称为 Action-Safe Margin（动作安全边界）。以电视机视频信号为例，第一个方框外的信号会被裁切。因此须将所有需显示的关键要素（如 logo），保持在该安全边界内。

第二个方框内显示 80% 可视区域，称为 Title-Safe Zone（字幕安全区域）。正如本书设有边界防止文字太过紧贴边缘线，一个较好的处理方法是将文字保持在最中间或者字幕安全区域内。这会更便于观众阅读信息，如图 16-20 和图 16-21 所示。

文字太过于接近边缘，并且超出字幕安全边界范围

图16-20

图像显示的是恰当调整到安全边界内的字幕，经过调整，视频字幕的可读性得到提高

图16-21

Pr 提示：打开 Title 面板菜单（或选择 Title>View 命令），之后选择 Safe Title Margin 或 Safe Action Margin，即可分别关闭字幕安全边界和动作安全边界。

16.4 创建字幕

创建字幕时，需要针对文字在屏幕上的组织方式作出选择。Titler 面板提供 3 种字幕创建方法，每种都提供水平和垂直字幕方向选择，如图 16-22 所示。

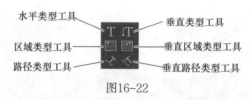

图16-22

- Point Text（点文字）：这种方法在你输入时建立文字范围框。文字会排在一行，直到你按下回车键（Windows）或者 Return 键（Mac OS），或从 Title 菜单中选择 Word Wrap（换行）为止。改变文字框的形状和大小会相应改变文字的形状和大小。

- Paragraph（Area）Text（段落（区域）文字）：在输入文字前先设置文字框的大小和形状。以后改变文字框的大小可以显示更多或更少的文字，但不会改变文字的形状和大小。

- Textona Path（路径上的文字）：为文字构建路径，先要在文字窗口中单击点，创建曲线，再用手柄调整这些曲线的形状和方向。

在 Title Tools 面板中，从左侧还是从右侧选择工具将决定文字朝向是水平的还是垂直的。

16.4.1　创建点文字

现在，你已对如何设计和修改字幕有个基本的认识，接下来可以从零开始为一个新序列创建字幕。

创建一个新的字幕，帮助宣传旅游目的地。

1. 如果打开了 Title 面板，关闭它，然后打开序列 02 Cliff。

2. 选择 File>New>Title 命令，打开 New Titler（新建字幕）对话框（其在 Windows 上的快捷键是 Ctrl+T，在 MacOS 上的快捷键是 Command+T）。

3. 在 Name（名称）框内输入 The Dead Sea，单击 OK 按钮，如图 16-23 所示。

4. 拖动时间码（在 Show Background Video 按钮的正右方），改变字幕窗口中显示的视频帧。也可以移动 Timeline 播放头改变 Titler 中的背景图像，不过这会隐藏 Titler 帧，如图 16-24 所示。

图16-23 　　　　　　　　　　　　　　　　图16-24

> **提示**：如果你想将字幕定位到与视频内容相关的位置，或者检查字幕在视频上的显示效果，则可以通过拖动时码这种简便的方法来实现。显示在字幕之后的视频帧没有随字幕一起保存，它在那里只是为作为定位和风格化字幕的参考。

5. 单击 Show Background Video（显示背景视频）按钮，隐藏视频剪辑。

背景由灰度棋盘格组成，这表示是透明的。如果降低文本或图形的不透明度，那么从中将看到一些背景。

6. 单击 Myriad Pro White25 样式，高亮显示，如图 16-25 所示。

7. 单击 Type 工具（其快捷键为 T），在 Titler 面板内的任意处单击。

图16-25

这样就使用 Type 工具创建了 Point Text。

> **提示**：如果在样式上方移动鼠标，那么名字将出现在工具提示窗中。

8. 输入 THE DEAD SEA，匹配文字框的形状和大小，如图 16-26 所示。

图16-26

Pr **注意**：如果继续输入，你会注意到 Point Text 没有自动换行，输入的文字会向右超出屏幕。为了使它到达字幕安全边界时自动换行，请选择 Title>Word Wrap（自动换行）命令。如果需手动强制换行，则可按下 Enter 键（Windows）或 Return 键（Mac OS）。

9. 单击 Selection 工具（Titler Tools 面板左上角的箭头）。字幕边界框上将出现手柄。

在这种情况下，Selection 工具的键盘快捷键不起作用，因为我们正在文字框中输入字符。

10. 拖动文字边界框的角和边缘，请注意字幕的大小和形状也相应地发生改变。按住 Shift 键收缩文字，使其大小相应变化，如图 16-27 所示。

图16-27

11. 将鼠标指针刚好悬停在文字边界框角的外部，直到显示出曲线光标为止，之后拖动，使边界框沿其水平方向旋转，如图 16-28 所示。

12. Selection 工具激活后，在边界框内的任意处单击，将成一定角度的文字及其边界框在 Titler 窗口中拖动。

运用所学到的技巧，调整文字尺寸、旋转度以及位置，使其看起来如图 16-29 所示。

图16-28

图16-29

> **Pr** 提示：移动字幕框的多种方法除了拖动边界框手柄外，还可以在 Titler Properties 面板中改变 Transform（变换）设置内的数值，这些修改会立即显示在边界框内（只要它被选中）。

16.4.2 添加段落文字

点文字具有很高的灵活度，段落文字则可帮助更好地控制布局，当文字到达段落字幕框的边缘，其会自动换行。

继续使用之前练习打开的字幕。

1. 单击 Title Tools 面板内的 Area Type（区域文字）工具。

2. 拖动 Title Designer 创建一个文本框，填满字幕安全区的左下角。

3. 开始输入。开始输入旅游人员的参与名单。可使用此处的名单或者自己加入一些。

此次，要输入足够多的字符，使它超出边界框的尾部。如有需要，请减小字体尺寸，以便可以同时看到几行文字。与点文字不同，段落文字会将字符限制在定义的边界框之内。它在边界框的边界处换行，如图 16-30 所示。

图16-30

屏幕中的文字太长不能一行显示，所以发生了换行。

4. 按下 Enter 键（Windows）或者 Return 键（Mac OS），下沉一行。

5. 选择所有文本，并调整 Font Size 值为 60，如图 16-31 所示。

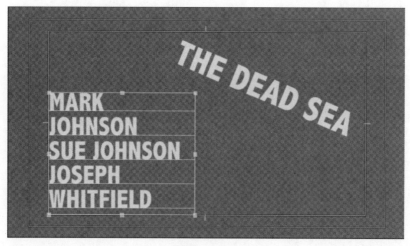

图16-31

6. 单击 Selection 工具，改变边界框的尺寸和形状，让文字显示得更好一些，如图 16-32 所示。

图16-32

在调整文本框大小时，文字大小不会改变，而是调整其在字幕框上的位置。如果边界框太小，容纳不下所有文字，多余的文字会滚落到边界框底部边缘之下。在这种情况下，在边界框外右下角会显示出一个小加号（＋）。

7. 关闭字幕。

由于 Premiere Pro 自动将字幕保存到项目文件中，所以随时可以切换到新的或不同字幕，而不会丢掉当前字幕中所创建的内容。

> **Pr** | 提示：避免拼写错误的一个较好方式是，找到客户或制片人审核通过的稿本或电子邮件，复制并粘贴上面的文字。

16.5　设计字幕风格

之前已经实践过字幕样式工具，可迅速将格式应用到所选文本块。字幕样式工具便捷简单，不过这仅仅是一个开始。还可以使用 Title Properties 面板对字幕视觉效果进行精准调控。

16.5.1　改变字幕视觉效果

在 Title Properties 面板中，有数个可改变字幕视觉效果的功能选项。适当运用，可提高易读性和视觉效果。不过，如果滥用这些功能并加入过多特效，会使作品显得很外行，并对阅读产生消极影响。现在是时候运用所学内容，打造一个最炫的文字（从专业上讲，你可能达不到要求）。

这里有些最有用的流行排版设计工具，在 Title Properties 面板中可以找到它们，如图 16-33 所示。

图16-33

- Fill Type（填充类型）：填充类型有数个选项。最常见的是 Solid（纯色填充）和 Linear Gradient（线性渐变），另外还有 Gradient（渐变填充）、Bevel（斜面填充）及 Ghosting（阴影填充）。

- Color（颜色）：为文字设置颜色。方式包括，单击 Swatch（调色板）、在 ColorPicker 内输入数值、使用 Eyedropper 工具从视频剪辑中取样。

> **Pr** 提示：从视频中提取颜色除了用 Color Picker 改变色标颜色之外，还可以使用 Eyedropper 工具（位于色板旁）从视频中选择一种颜色。单击 Titler 面板顶部的 Show Video（显示视频）按钮，拖动时码，移动到想使用的帧上，选择 Eyedropper 工具，移动到视频场景中，单击想要的颜色。

- Sheen（光泽）：一种柔和亮光，能增加字幕深度。光泽微妙效果的发挥，还需要调整其大小和透明度。

- Stroke（描边）：可单击增加外部描边和内部描边。描边可以是纯色，也可以是线性渐变，为字幕边缘增加一层薄薄的边框。调整描边的不透明度，可形成柔和光线或者柔和边缘。描边常用来保持视频或复杂背景上文字的清晰可见。

- Shadow（阴影）：视频文字中常常使用阴影，因为它可增加文字的易读性。需调整阴影的柔和度。同时，为保持设计一致性，同一项目中所有字幕的阴影应该具有相同的角度。

> **Pr** **注意**：如果所选颜色旁边出现感叹号，则 Premiere Pro 在提醒颜色不符合广播安全标准。也就是说，当视频信号进入广播环境时，这种颜色选择会引发问题（DVD 或蓝光播放机模式时也会有问题）。请单击感叹号，选择最接近之前所选颜色、且符合广播安全标准的颜色。

1. 在 Project 面板，双击 The Dead Sea 字幕，在 Titler 中打开。

2. 单击 Show Background Video 按钮查看视频源字幕。图片中云和岩石的光亮区域，文字比较难读。

3. 使用 Title Properties 面板中的选项，优化文字的可读性。

4. 继续完善设计，直到视觉效果令人满意为止，如图 16-34 所示。

图16-34

16.5.2　保存自定义样式

如果创建了喜欢的图形，可将其保存为自定义样式。样式是保存的颜色特点、字体特征的集合。只需轻松一点，即可将样式用于重定文字格式。文字所有属性自动更新匹配到该预设。

接下来，选用之前课程中修改过的文本，创建一个样式。

1. 继续处理同一个字幕，使用 Selection 工具选择一个文本对象，它的属性是你想要保存的。

2. 在 Title Styles 面板菜单，选择 New Style（新样式），如图 16-35 所示。

3. 输入一个描述性名称，单击 OK 按钮。该样式被添加到 Title Styles 面板。

图16-35

4. 为便于观察样式，可以单击 Title Styles 面板菜单，分别选择 Text Only（纯文本）、Small Thumbnails（小图标）、Large Thumbnails（大图标），观察预设效果。

5. 右键单击样式缩略图，对其进行应用管理。可选择复制样式，并对复制件进行修改，重命名样式，从而方便查找样式。如果想移除样式，可以选择删除样式。

6. 关闭字幕，保存修改。

16.5.3　创建 Adobe Photoshop 图形或者字幕

创建 Premiere Pro 使用中所需字幕或者图形的另一个工具是 Adobe Photoshop。该工具是修改图像的首选工具，并且具有多重功能，可创建有质感的字幕及图形标志。Photoshop 提供很多高级选项，包括消除锯齿（使文字边缘更平滑）、高级格式（如科学计数）、灵活图层样式、甚至拼写检查。

在 Premiere Pro 中创建新的 Photoshop 文件，操作如下。

1. 选择 File（文件）>New（新文件）>Photoshop File（Photoshop 文件）命令。

2. 弹出基于当前序列的 New Photoshop File 对话框，如图 16-36 所示。

3. 单击 OK 按钮。

4. 选择 PSD 文件的存储位置，命名并单击 Save 按钮。

5. Photoshop 打开，准备编辑文件。

图16-36

Photoshop 会自动以向导的方式显示完全行为和安全标题行为区域，这些向导不会出现在已完成的图像中。

6. 按下 T 键选择 Text 工具。

7. 画一个文本块，从字幕安全区的左侧边缘向右侧边缘拖动，则创建了一个可容纳文字的段落文本框。Photoshop 和 Premiere Pro 一样，使用段落文本框可精准调控文字布局，如图 16-37 所示。

8. 输入将要使用的文字。

9. 屏幕上端的 Options 选项栏控件用于调整字体、颜色和磅值，如图 16-38 所示。

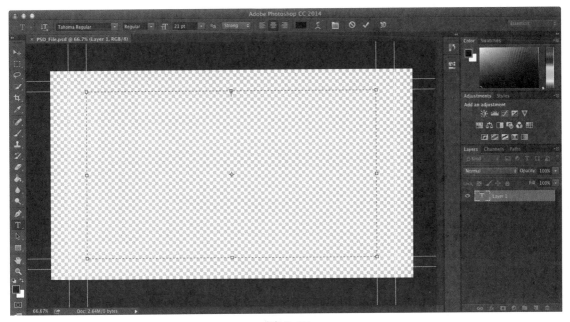

图16-37

图16-38

10. 单击 Options 选项栏中的 Commit 按钮，提交文本图层。

11. 选择 Layer>Layer Style>Drop Shadow 命令添加阴影，适当调整。

完成在 Photoshop 上的操作后，保存文件、关闭软件。其将在 Premiere Pro 项目的 Project 面板中准备好。

如果想返回到 Photoshop 操作，则选择 Project 或 Timeline 上的一个字幕标题，单击 Edit>Editin Adobe Photoshop 命令。在 Photoshop 中保存修改时，字幕会自动更新到 Premiere Pro 中。

16.6 创建形状和添加 logo

使用字幕工具时，一个完整的图形项目不仅仅需要文字。Premiere Pro 可产生矢量图形，从而填充和程式化创建图形元素。处理的文本中有很多字幕属性也可以应用到形状中。你也可以导入完整图形（如 logo），提高 Premiere Pro 的字幕效果。

16.6.1 创建形状

如果你已经在图形编辑软件（如 Photoshop 或 Adobe Illustrator）中创建过形状，就会知道如何在 Premiere Pro 中创建几何对象。

首先从 Title Tools 面板内的各种形状中选取一种，拖动和绘制出轮廓，然后松开鼠标按键，如图 16-39 所示。

请在 Premiere Pro 内按照以下步骤绘制形状。此处的操作仅是练习的目的。

1. 按 Ctrl+T 组合键（Windows），或者按 Command+T 组合键（Mac OS），打开新的字幕。

2. 在 New Title 对话框的 Name 文本框内输入 Shapes Practice，单击 OK 命令。

3. 单击 Show Background Video（显示背景视频）按钮，隐藏视频预览。

4. 选择 Rectangle 工具（R），在 Titler 窗口中拖动光标，创建矩形，如图 16-40 所示。

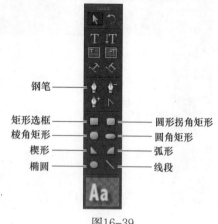

钢笔

矩形选框 —— 圆形拐角矩形
棱角矩形 —— 圆角矩形
楔形 —— 弧形
椭圆 —— 线段

图16-39

图16-40

5. 在矩形仍处于选中状态时单击不同的字幕样式。

注意字幕样式也影响形状及文字。

6. 在另一个位置按住 Shift 键拖动光标，创建正方形。Shift 键锁定了形状的纵横比。

7. 选择 Rounded Corner Rectangle 工具，按住 Alt 键（Windows）或 Option 键（Mac OS）拖动，从中心绘制出该形状。

该形状的中心保持在第一次单击鼠标时的那个位置，拖动光标时，形状和大小会围绕着这点发生改变。

8. 选取 Clipped Corner Rectangle 工具，按住 Shift+Alt 组合键（Windows）或 Shift+Option 组合键（Mac OS）并拖动，约束长宽比，如图 16-41 所示。

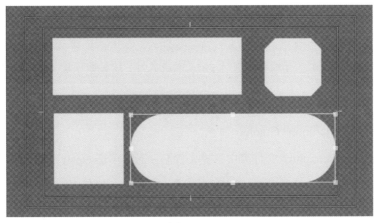

图16-41

9. 按住 Control+A 组合键（Windows）或 Command+A 组合键（Mac OS），然后按住 Delete 键，清除图形。

10. 选取 Line 工具（L），创建一条直线。

11. 选择 Pen 工具，在 Title Designer 的空白绘制区单击创建锚点（不要拖动创建手柄）。

12. 在 Title Designer 窗口中该段直线结束的位置再次单击，这样就创建了另一个锚点。

> **Pr** | **提示**：按住 Shift 并单击将该段的角度限制为 45°。

13. 继续用 Pen 工具单击，创建更多的直线线段。添加的最后一个锚点看起来像一个较大的正方形，这表示它被选中。

14. 用以下方法结束路径的绘制。

- 要封闭路径，请将 Pen 工具移动到第一个锚点上。当它位于第一个锚点正上方时，在 Pen 光标下方出现一个小圆形。单击建立连接。

- 如果要保持路径开放，则请在所有对象外的任意地方按下 Ctrl 键并单击（Windows）或者按下 Command 键并单击（Mac OS），或选择 Title Tools 面板内的不同工具。

15. 可以尝试不同的形状选项。试着把它们交叠在一起或者使用不同的样式，这样有无数种可能的组合。

16. 关闭当前字幕。

16.6.2 添加图形

使用普通文件格式可为字幕设计载入图形文件，包括矢量图像（如 ai 和 .eps）或静态图像格式（.psd、.png、.jpeg）。

> **Pr** | **注意**：如果将矢量图像放入字幕，Premiere Pro 会将其转换为位图图像。该图像会呈现其原始尺寸。可缩小其尺寸；如果放大尺寸，该图像可能会呈现马赛克效果。

1. 在 Project 面板，双击 Lower-ThirdStart 剪辑文件，从而打开 Titler Designer 面板中的字幕。

2. 选择 Title>Graphic>Insert Graphic 命令。

3. 在 Lesson/Assets/Graphics 文件夹中选择文件 logo.ai，单击 Open 按钮。

4. 使用 Selection 工具，拖放 logo 到想放在字幕上的位置。然后调整 logo 的尺寸、透明度、旋转角度、比例。调整比例时按住 Shift 键约束比例，以防止出现不必要的变形，如图 16-42 所示。

图16-42

5. 完成上述操作后，关闭字幕。

> **Pr** | **注意**：如果需要还原图形为默认尺寸，则选中它后单击 Title>Logo>Restore Graphic Size（恢复图形尺寸）命令。若误操作出现变形 logo，则选取该 logo 后单击 Title>Graphic>Restore Graphic AspectRatio（恢复图形长宽比）命令。

16.6.3 对齐形状和 logo

设计字幕和图形时，经常需保持设计图的统一和干净。Premiere Pro 的 Titler 工具可进行字幕元素的对齐和分布操作。对齐功能可匹配目标物的位置，例如两个（或两个以上）对象的底部边缘对齐、中心对齐。使用两端对齐命令，使数个对象均匀分布在边距之间，如图 16-43 所示。

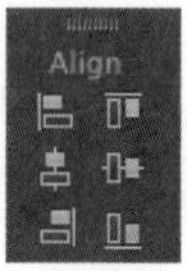

1. 在 Project 面板双击文件 Align Start（开始对齐），打开 Titler 面板上的字幕图形，如图 16-44 所示。

图16-43

图16-44

此处，字幕图形包括 3 个形状，它们会随机地摆放在屏幕上。

2. 按住 Shift 键，依次单击形状，进行全选。

当一个以上对象选中时，Align 工具就已激活。

3. 单击 Align Vertical Bottom（底部垂直对齐）工具，对其这 3 个对象的底部边缘。

这样，这 3 个形状基于最下面的对象而对齐。

4. 单击 Horizontal Center Distribute（水平居中分布）工具，平均分布这 3 个对象。

这样，这些对象均匀分布且相互对齐。在字幕区继续对它们进行空间分布处理。

5. 单击 Horizontal Center（水平居中）和 Vertical Center（垂直居中）工具，如图 16-45 所示。

图16-45

这 3 个正方形应该完美居中对齐在字幕区域内，如图 16-46 所示。

图16-46

6. 完成之后，关闭字幕。

16.7 创建滚动字幕和游动字幕

可以容易地在片头和片尾创建演职人员滚动字幕，也可以创建像标题新闻这样的游动字幕。

1. 选择 Title>New Title（新建字幕）>Default Roll（默认滚动字幕）命令。

Pr 提示：在字处理应用程序或者文本文档中，写下演职员通常很容易，然后可以复制、粘贴而不是输入到字幕中。

2. 将其命名为 Rolling Credits，单击 OK 按钮。

3. 选择 Type 工具，然后用 Caslon Pro 68 样式输入一些文字（记住，在面板菜单中，通过选择选项以列表方式查看 Title Styles）。

创建如图 16-47 所示的占位字幕，在每行后按回车键（Windows）或者 Return 键（Mac OS）。输入足够的文本，使其超出屏幕的高度。使用 Title Properties 面板，根据需要调整文字格式。

4. 单击 Roll/Crawl Options（滚动 / 游动选项）按钮，如图 16-48 所示。

图16-47

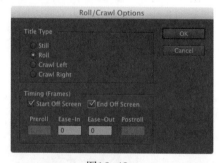

图16-48

Pr 注意：选择 Rolling Text 后，Titler 自动沿着右侧添加滚动条，这样就可以看到超出屏幕底部的文本。如果选择 Crawl（游动）选项之一，滚动条则会显示在屏幕底部。

其中包含以下几种选项。

- Still：将字幕修改为静态字幕。

- Roll（垂直滚动文字）：这个选项设置垂直滚动字幕。

- Crawl Left、Crawl Right：指出字幕向左或者向右水平滚动。

- Start Off Screen：控制字幕开始时是完全从屏幕外滚进，还是从 Titler 中输入的位置开始滚动。

- End Off Screen：指出字幕是否完全滚动出屏幕。

- Preroll：指出第一个字在屏幕上显示之前的帧数。

- Ease-In：指出逐渐把滚动或游动的速度从零开始增加到其最大速度的帧数。

- Ease-Out：末尾处放慢滚动或游动字幕速度的帧数。

- Postroll：滚动或游动字幕结束后播放的帧数。

5. 选取 Strat Off Screen 和 End Off Screen，在 Ease-In 和 Ease-Out 中输入 5。单击 OK 按钮。

6. 关闭 Titler。

7. 将新创建的 Rolling Credits 拖放到 Timeline 上视频剪辑上方的 Video 2 轨道上（如果这里已经有字幕，可以新的字幕直接拖放到原来字幕上方，覆盖它）。

Pr 注意：Timeline 上的滚动或游动字幕长度定义了播放的速率，字幕越短滚动或游动的速率比长的字幕更快。

8. 裁剪 Rolling Credits 字幕剪辑的时长，与 Video 1 轨道上的剪辑完全相同的长度。

9. 在该序列被选择时按空格键，查看滚动字幕效果。

使用Adobe After Effects对文字进行动画处理

要为Premiere Pro创建较为生动活泼的字幕，一个比较理想的选择是Adobe After Effects。这个非常有用的工具提供了很多动画处理属性，包括Scale（缩放）、Position（位置），以及Blur（模糊）和Skew（倾斜）等。

1. 在Premiere Pro中新建一个Adobe After Effects混合图层，选择File（文件）>Adobe Dynamic Link（Adobe动态链接）>New After Effects Composition（新建After Effects合成图像）命令。

2. New After Effects Comp窗口区的设置会自动匹配当前序列。单击OK按钮，一个新的Adobe After Effects合成图像将会添加到Project面板上。

3. After Effects加载之后，需要命名新项目，单击Save按钮。如果已经打开了After Effect项目那么新的合成图像将添加到其中。

可以使用Premiere Pro项目文件存储新的After Effect项目，这样媒体路径结构更易于保存。

4. 在After Effects中选择Type工具，并单击Composition面板输入文字。

可以单击合成图像窗口下方按钮，从而打开一个字幕安全覆盖层。如果不确定是哪个按钮，则将鼠标指针悬停在工具栏按钮上时可看到工具提示。

5. 选择Type工具时，会自动出现Character面板，它的选项类似于Premiere Pro Titler。在Character面板中调整text属性，从而改善文字风格和易读性，如图16-49所示。

图16-49

6. 对图层进行动画处理的一个简便方法是使用预设。虽然Timeline看起来有点与Premiere Pro中的不太一样，但是你将能看到文本图层，这是一样的。选择Timeline面板中的文本图层。把当前时间指示器（播放头）移动到Timeline起点，如图16-50所示。

图16-50

7. 选择Effects&Presets面板（如果没有显示，可以在Window菜单中选择）。单击折叠三角展开Animation Presets，如图16-51所示。

8. 展开Text目录，然后选择Animate In。选择一个预设特效并双击应用到选中的文本图层上。在本练习中，选择Raining Characters In。

9. 在Preview面板中，单击RAM Preview按钮，预览文本动画效果。在该动画中，可以根据需要调整时间设置，如图16-52所示。

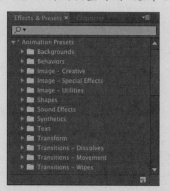

图16-51

图16-52

10. 确保选择的文本图层在Timeline上，并按下U键查看该图层的关键帧，这在应用预设时会自动添加。拖放关键帧到新的位置，调整动画的起始和结束时间，如图16-53所示。

图16-53

11. 单击Range Selector旁边的折叠三角，里面包含属性。再次单击折叠三角打开它，展开所有动画属性。

12. 单击Advanced旁边的折叠三角查看这些属性。尝试使用不同的Advanced属性并观察效果，重点体验如下属性，并单击RAM Preview按钮观察变化效果。

- Randomize Order（随机排序）：对 Range Selector 影响范围之内的文字应用属性进行随机排序。

- Random Seed（随机种子）：控制计算随机数的方式。输入不同的值，则形成不同的动画效果。

- Shape（形状）：该项设置用来控制变化区域内文字变化的曲线外形。选择不同的选项，会产生精妙且显著的变化。可选择 Square（正方形）、RampUp（向上渐进）、RampDown（向下渐进）、Triangle（三角形）、Round（圆形）或Smooth（光滑），如图 16-54 所示。

图16-54

13. 如果对动画效果满意，则保存After Effects项目并切换回Premiere Pro。至此，你可以将这个新的After Effects混合图层添加到Timeline上，就像添加其他剪辑一样。

复习题

1. 点文字与段落（区域）文字之间的区别是什么？

2. 为什么需要显示字幕安全区？

3. 为什么 Align 工具是灰色的？

4. 如何使用 Rectangle 工具绘制出完美的正方形？

5. 如何应用描边和阴影效果？

复习题答案

1. 使用 Type 工具创建点文字。输入文字时边界框会相应地扩展。改变边界框的形状会相应改变文字的形状和大小。而使用 Area Type 工具创建段落文字时，字符会限制在定义的边界框之内。改变边界框的形状，可以相应地显示更多或更少的字符。

2. 一些电视机会裁切电视信号的边缘。裁切量随电视机的不同而不同。将字幕保持在字幕安全边界内，可以确保观众能够看到所有字幕。这个问题在新的数字电视不严重，但使用 Title Safe 区限制字幕区域仍是一个好方法。

3. 在 Titler 内选择一个以上对象时 Align 工具才激活。Distribute 工具在选择两个以上对象后才激活。

4. 用 Rectangle 工具绘图时按下 Shift 键，可以创建出完美的正方形。

5. 要应用描边或阴影，请选择要编辑的文字或对象，单击其 Stroke（Outer 或 Inner）或 Shadow 框，添加描边或阴影。然后开始调整参数，它们就会立即体现在对象上。

第 **17** 课 项目管理

课程概述

在本课中，你将学习以下内容：

- 使用 Project Manager（项目管理器）；
- 导入导出项目；
- 管理协作；
- 管理硬盘驱动。

 本课的学习大约需要 25 分钟。

在本课中，你将学习如何对多个 Adobe Premiere Pro CC 项目进行有效管理。最佳组织系统应该事先就规划好，而不是在创作过程中遇到问题时才想到该如何构建。通过学习本章中的内容，只需做一点点计划，便可使你在项目创作的过程获得更多的创造性。

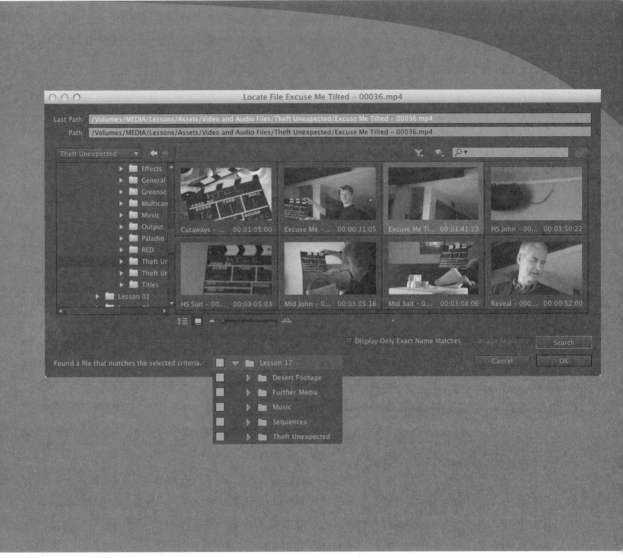

只需简单几个步骤，便可轻松掌控媒体素材和项目。

17.1 开始

使用 Premiere Pro 创建项目时,你可能感觉无需投入时间进行项目管理。如果正处理第一个项目,那么在硬盘上可快捷跟踪到它。

但是当处理多个项目时,项目管理就复杂起来。有时需要处理来源多样化的多种媒体素材。有时使用的多个序列,均有各自独特的设计,而且需要制作多种多样的字幕。有时则有数个效果预设和字幕模板需要管理。总之,很有必要使用存档系统对这些项目元素进行组织管理。

对此,解决之道是为所有项目创建一个组织系统,并制定计划将以后需用到的项目存档。

如果在切切实实需要组织系统之前就构建好系统,那么,实际使用这种系统的过程会简便些。从另一个角度试想:如果有需要时(如有个新的视频剪辑需要保存时),组织系统并未构建好,而且当时你没有充足的时间考虑文件名、文件位置等。这样导致的普遍后果是,很多项目名称一样,众多不相关的项目文件也可能混乱保存在同一个位置。

对此,解决办法很简单:提前创建好组织系统。拿出纸笔绘制构建思路:从获取源媒体文件、进行编辑,到完成输出、存档等。

在本课中,你将首先熟悉一些功能项,它们能帮助你管理项目的同时,还能集中于设计制作这一最重要事项。

接下来,你将学习一些开展合作的有效方式。

1. 首先,打开 Lesson 17 文件夹中的 Lesson 17.prproj。

2. 选择 Window>Workspace>Editing 命令,切换到 Editing 工作区。

3. 选择 Window>Workspace>Reset Current Workspace 命令。

这时将会打开 Reset Workspace 对话框。

4. 在 ResetWorkspace 对话框单击 Yes 按钮。

17.2 文件菜单

虽然大多数制作过程使用界面按钮或键盘快捷键即可,但一些重要功能项只能在菜单中进行选择。通过 File 菜单可访问项目设置和 Project Manager,这个工具对精简项目这一过程进行自动化管理,如图 17-1 所示。

图17-1

17.2.1 File 菜单命令

项目管理中一些重要的 File 菜单选项,包括如下内容。

- Batch capture：可以从磁带中采集多个剪辑，参考第 3 课 "导入媒体"。该选项只用于在 Project 面板中选择一个或多个无关联媒体的剪辑。

- Link Media：如果剪辑没有链接，使用该选项打开 Link Media 对话框并重新链接媒体（参考下一节）。

- Make Offline：断开 Project 面板中选择的剪辑和它们媒体文件之间的关联（参考下一节）。

Pr 提示：当右键单击剪辑时，在 Project 面板中，同样可以使用 Link Media 和 Make Offline 选项。

- Project Settings：创建项目时的设置选项，参考第 2 课 "设置项目"。

- Project Manager：自动备份项目和丢弃不用的媒体文件（本课后面描述）。

17.2.2　使剪辑处于脱机状态

在后期制作不同工作流中，联机和脱机在不同的应用环境下，其意思也不同。在 Premiere Pro 语言中，它们是指剪辑与其所链接到的媒体文件之间的关系。

- Online（联机）：剪辑链接到媒体文件。

- Offline（脱机）：剪辑不链接到媒体文件。

当剪辑处于脱机状态时，仍然可以将剪辑编入序列，甚至还可以对其应用特效，但是无法看到任何视频。不过，能看到 Media Offline（媒体脱机）提醒，如图 17-2 所示。

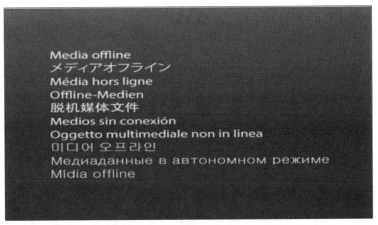

图17-2

几乎在所有操作中，Premiere Pro 是完全无损的。也就是说，对项目中剪辑所做任何处理，都不会影响到原始媒体文件。尽管如此，创建脱机剪辑是个特例。

在 Project 面板中右键单击剪辑或者切换至 File 菜单，选择 Make Offline，将显示两个选项，如图 17-3 所示。

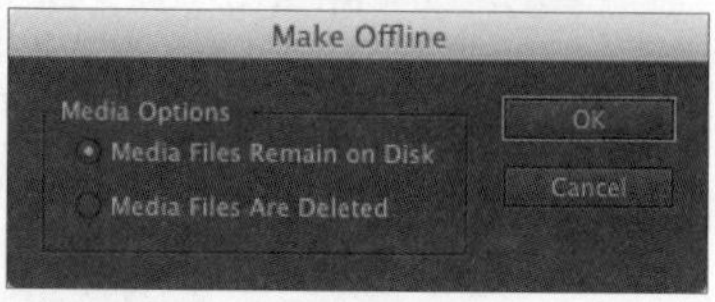

- Media Files Remainon Disk（媒体文件保留在磁盘上）：断开剪辑和媒体文件之间的链接，媒体文件会保持不变地位于合适的位置。

图17-3

- Media Files Are Deleted（删除媒体文件）：该选项用于删除媒体文件。这样，无任何媒体文件用于链接，从而将剪辑设为脱机状态。

将剪辑设为脱机状态的好处是，它们能和新的媒体文件链接。如果之前一直处理的是低分辨率媒体文件，那么新的链接意味着可获得更高质量的、基于磁带或文件的媒体素材。

如果磁盘存储空间有限或者存在大量剪辑，那么处理低分辨率媒体有时是值得期许的。当完成编辑工作并准备优化时，可以使用所选的高分辨率、大容量媒体文件替换低分辨率、小容量媒体文件。

> **Pr** | **提示**：只需简单一步，即可将多个剪辑设为脱机状态。方法是，在选择菜单选项前，选中需变为脱机状态的所有剪辑。

但需要注意，需谨慎操作 Make Offline。一旦媒体文件被删除，将不复存在。请谨慎使用该功能项以免删除那些真正需处理的媒体文件。

17.3 使用 Project Manager

接下来我们来讨论 Project Manager。通过选择 File>Project Manager 命令打开它。

Project Manager 提供几个选项，对精简项目这一过程进行自动化管理，或者将项目中使用过的媒体文件整理到一起。

Project Manager 对于项目存档及项目共享非常有用。使用 Project Manager 将所有媒体文件整理到一起，那么将项目转交给团队成员时，无须担忧丢失资料或出现脱机问题。

使用 Project Manager 会形成一个新的、独立的项目文件。由于这个新文件独立于当前项目，比较保险的做法是，在删除任何资料前，使用 Project Manager 并仔细检查一切是否正常，如图 17-4 所示。

下面简要介绍一些功能项。

- Source（源）：在项目中选择一个或所有序列。Project Manager 会基于所选序列而选择剪辑和媒体文件。

- Resulting Project（生成的项目）：基于序列中剪辑的裁剪部分创建一个新项目，其中包含新的媒体文件，或者创建一个新项目，它包含序列中剪辑的全部副本。

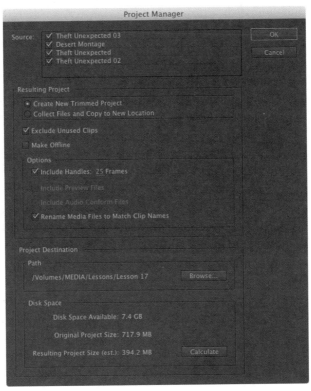

图17-4

- Exclude Unused Clips（不包含未使用剪辑）：选择该项，新项目不会包含所选序列中未用剪辑。

- Make Offline（脱机）：选择该项，Premiere Pro 会自动解除从磁带中采集的剪辑的链接，以便它们可以使用 Batch Capture（批量采集）重新采集。如果最初采集的媒体素材分辨率低，这个功能对于重新采集使用过的高质量部分非常有用。不过，该选项对于从文件中导入的媒体素材不起作用。

- Include Handles（包含处理帧）：增加序列中剪辑的新裁剪版帧数。增加的帧数可帮助灵活裁剪以及灵活对裁剪内容进行调整。

> **Pr** 注意：并不是所有的媒体格式都能裁剪。如果创建的裁剪项目有这类媒体，那么 Project Manager 将创建全部原始剪辑的副本。

- Include Preview Files（包含预览文件）：如果已经应用特效，则可以将预览文件添加到新项目，这样无须再次进行渲染处理。

- Include Audio Conform Files（包含音频统一文件）：选择该项，项目中包括音频统一文件，这样 Premiere Pro 无须再次对音频进行分析。

- Rename Media Files to Match Clip Names（重命名媒体文件，使它们与剪辑名称匹配）：正如其名称所示，该选项对媒体文件重命名，使其匹配项目中剪辑名称。该操作会使得不容易识别剪辑的原始源媒体，所以请在选择前仔细考虑。

- Project Destination（项目目标文件夹）：为新项目选择存储位置。

- Disk Space（硬盘空间）：单击 Calculate 查看新项目所需的总空间大小估算。

17.3.1 使用裁剪项目

要创建一个裁剪项目，可以执行以下操作，该新项目文件只指向所选序列中所使用过的剪辑部分。

1. 在 File 菜单中选择 Project Manager 选项。

2. 选择需要添加到新项目中的一个或多个序列。

3. 选择 Create New Trimmed Project（创建新的裁剪项目）命令。

4. 选择 Exclude Unused Clips 命令。如果需要重新采集或重新导入处于脱机状态的文件，则跳过此步骤。

5. 如需重新采集所有基于磁带的剪辑，选择 Make Offline 命令。在大多数情况下，无需选择此项。

6. 添加一些处理帧。默认设置是在序列中用过剪辑的每端添加 1 秒。如需在新剪辑中更灵活裁剪和调整编辑，则可增加时长。

> **Pr** | 注意：在剪辑每端添加 5 秒或 10 秒不会造成任何不好的影响，只会使得媒体文件稍大一些。

7. 决定是否需重命名媒体文件。一般而言，最好是保持媒体文件的初始名字。不过，如果创建一个裁剪项目以共享给其他编辑人员，重命名可帮助他们识别媒体文件。

8. 单击 Browse（浏览），为新的媒体文件选择一个存储位置。

9. 单击 Calculate（计算），Premiere Pro 将基于之前选择而估算最新项目大小。然后请单击 OK 按钮。

创建一个裁剪项目的好处是，无需用到的媒体文件不会杂乱充斥在硬盘中。这样，可以使用最小的存储空间，很便捷地将项目另存到一个新的存储位置，而且这也是归档的好方法。

选择这种操作的风险在于，一旦删除未用媒体文件，它们将不复存在。在创建裁剪项目之前，如果不能百分之百确定无须使用这类文件，那么先要对未用媒体文件进行备份。

创建裁剪项目时，Premiere Pro 并不会删除源文件。在手动删除硬盘上文件前可随时切换回去检查，以防选择有误。

17.3.2 将文件收集并复制到新的位置

要将所选序列中用到的所有文件整理到一起，并复制到一个新的存储位置，执行以下操作。

1. 在 File 菜单中选择 Project Manager 选项。

2. 选择需添加到新项目中的序列。

3. 选择 Collect File sand Copy to New Location（将文件和收集并复制到新位置）命令。

4. 选择 Exclude Unused Clips 命令。

如果想选入文件夹中的每个剪辑，不考虑它们是否在序列中用到，则取消选择此项。如果正创建的新项目可更好组织媒体文件（原因可能是已经从众多存储位置导入媒体文件），也请取消选择此项。当新项目创建好，与该项目链接的所有媒体文件会复制到新的存储位置。

5. 选择是否需添加现有的预览文件，如果添加，在新项目中无需再次进行特效处理。

6. 选择是否需勾选 Include Audio Conform Files 选项，如果选择该项，Premiere Pro 无需再次对音频进行分析。

7. 决定是否需重命名媒体文件。一般而言，最好是保持媒体文件的初始名字。不过，如果创建一个裁剪项目以共享给其他编辑人员，重命名可帮助他们识别媒体文件。

8. 单击 Browse（浏览）按钮，为新的媒体文件选择一个存储位置。

9. 单击 Calculate（计算）按钮，Premiere Pro 将基于之前选择而估算最新项目大小。然后单击 OK 按钮。

如果媒体文件存储在多个不同的位置且难以跟踪，用上述方式收集文件非常有用。Premiere Pro 会将源文件副本存储到一个单独的位置。

如果需为整个原始项目创建一个归档文件，可以按照这种方法进行处理。

Pr | 提示：虽然包括 Preview and Audio Conform 文件可以快速访问内容，但是它占用更多的存储空间。Premiere Pro 会自动创建这些文件，因此可以安全地不包含在内，只是在第一次打开项目时多花费一点额外的时间。

17.3.3 使用 Link Media 面板和 Locate 命令

Link Media 面板提供了简单选项，重新连接 bin 目录中的剪辑和存储硬盘上的媒体文件。

如果打开项目时剪辑没有连接到媒体文件，那么会自动打开该面板，如图 17-5 所示。

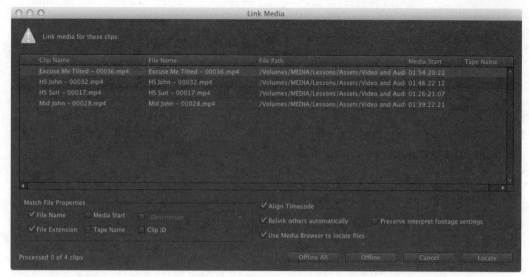

图17-5

![Pr]注意：Link Media 与 Replace Footage 不同。使用 Replace Footage 链接单个剪辑到可选择的媒体文件上，虽然结果相同，但是省略了允许链接剪辑到完全不同文件的自动搜索选项。

选项的默认值已经满足需求，不过如果重新链接到不同的文件类型或者使用更复杂系统组织媒体文件时，你可能需要使能或禁用某些选项匹配文件。

在面板底部，有几个按钮，如图 17-6 所示。

图17-6

- Offline All：Premiere Pro 会保留项目中的剪辑，但是不会自动提示你重新链接它们。

- Offline：Premiere Pro 将保留项目中选中的剪辑（高亮显示在列表中），但是不会自动提示你重新链接它。列表中的下一个剪辑将高亮显示，供你选择。

- Cancel：关闭对话框。

- Locate：如果你想重新链接剪辑，选择选项定义搜索设置，包括 File Name（文件名）和 File Extension（文件扩展名），然后单击 Locate。弹出 Locate 面板，可以从中搜索丢失的媒体文件，如图 17-7 所示。

![Pr]注意：Premiere Pro 还有一个选项用于保存翻译素材设置。如果修改了 Premiere Pro 翻译媒体的方式，那么选择"保存翻译素材设置"复选框向新链接的媒体文件应用同样的设置，如图 17-8 所示。

图17-7

图17-8

Locate File 面板是一个快速、简单定位丢失媒体文件的方式。查找文件最简单的方式如下。

1. 检查 Last Path 信息，作为定位文件的向导。通常存储驱动器已经更改，不过驱动器的路径保持原样。你可以使用该信息手动搜索包含文件夹。

2. 在左边的文件夹资源管理器中，选择你认为包含媒体文件的文件夹，可能是一个字文件夹。不需担心选择特定的包含媒体文件的子文件夹。

3. 单击搜索按钮。Premiere Pro 将定位匹配选择的丢失剪辑的文件，高亮显示定位到的文件。

4. 选择 Display Only Exact Name Matches 选项，Premiere Pro 将隐藏不匹配的媒体文件，这样容易区别要选择的文件。

5. 双击正确的文件，或者先选中它并单击 OK 按钮。

在单击 OK 按钮时，Premiere Pro 将自动在同一个位置搜索其他丢失的媒体文件。这种自动功能可以大幅度地加速重新链接丢失媒体文件的处理速度。

17.4　项目管理中的最后几个步骤

如果目标是基于新项目而最灵活地重新编辑序列，那么需要在使用 Project Manager 之前，选择 Edit 菜单下方的 Remove Unused 命令。

Remove Unused 只会留下当前在序列中用到的剪辑。任一不使用的剪辑都将被移除（没有特效的情况下，可能会清空 bin 目录）。

现在可以使用 Project Manager 将文件收集到新位置，整个源媒体文件会被复制。这样或许是两全其美的方法，在处理新创建的项目的同时，用制作方面的灵活性来抵消硬盘空间上的损失。

17.5　导入项目或序列

Premiere Pro 不仅可以导入不同种类的媒体文件，还可以从现有项目中导入序列以及序列中使用过的所有剪辑。其步骤如下。

1. 选用导入新的媒体文件的任何一种方法。在 Project 面板上双击一个黑色区域，则会弹出 Import（导入）对话框。

2. 选择 Lesson 17 文件夹中的文件 Desert Sequence.prproj，单击 Import 按钮。

这会打开 Import Project（导入项目）对话框，如图 17-9 所示。

• Import Entire Project（导入整个项目）：导入目标项目的所有序列，以及已存入一个文件夹中的所有剪辑。

• Import Selected Sequences（导入选择的序列）：选择需导入的指定序列。只导入该序列中使用过的剪辑。

• Create folder for imported items（创建导入条目文件夹）：这将在 Project 面板中为导入的条目创建一个 bin 文件夹，而不是添加到主 Project 面板中，并与现有条目混合在一起。

• Allow importing duplicate media（允许导入重复媒体文件）：如果导入剪辑链接的媒体文件以及导入了，那么 Premiere Pro 默认会合并两个剪辑到一个剪辑。如果你需要剪辑的两份副本，选择该选项。

3. 选择 Import Entire Project，选择两个复选框，并单击 OK 按钮。

Premiere Pro 向该项目添加一个新的文件夹，里面包含多个序列和剪辑，如图 17-10 所示。

图17-9

图17-10

由于 Premiere Pro 已经维护了导入项目的组织，所以这不失为一个很好的工作方法。

注意：如果导入 Premiere Pro 项目文件和选择导入选中的序列，那么将出现 Import Premiere Pro Sequence 对话框。使用该对话框，可以有选择性的导入指定的序列，并使相关的剪辑自动添加到项目中。

也可以使用 Media Browser 导入整个项目或者单独的剪辑和序列。简单地浏览项目然后如上描述导入它，或者双击查看内容和导入选中的条目。

17.6　管理协作

导入其他项目为协作开启了新的工作流和机会。例如，使用同样的媒体工具，编辑人员可共享一个项目中不同部分的工作。然后，某个编辑人员可以导入所有其他的项目，将它们合成为一个完整的序列。

项目文件较小，一般可以通过邮件方式发送。这样，编辑之间可相互邮件发送更新的项目文件。若他们有同样一份媒体文件的副本，则可打开更新的文件进行比较，或者导入到项目中逐项比较。可以使用本地文件夹文件共享功能，更新链接到多个本地媒体文件副本的共享项目文件，也可以使用 Creative Cloud 分享文件。

你可以向 Timeline 添加评论标注，所以更新序列时，可以考虑针对修改添加标注，高亮显示变化以便团队成员参考。

需要注意的是：Premiere Pro 不会锁定使用中的项目文件。也就是说，在同一时间，两个人可以使用同一项目文件。这在制作过程中是有风险的！一人保存文件，它会更新。接着又有一人保存该文件，它会再次更新。无论是谁保存的项目文件，最后的操作决定了文件内容。在协作状态，最好是在独立的项目文件上处理，并对比导入的序列，或者小心管理项目文件的访问。

在使用共享的媒体文件进行协作的过程中，可借助第三方提供的一些媒体软件。它们可帮助存储和管理媒体文件，且允许多个编辑人员在同一时间进行操作。

请谨记如下问题。

- 所编辑序列的最新版本在谁的手中？

- 媒体文件存储在什么位置？

只要知道了这些问题的答案，那么就可以使用 Premiere Pro 协作并共享创造性作品。

Premiere Pro 允许你导出剪辑和序列的一部分作为一个新的 Premiere Pro 项目。由于这将聚焦于处理的具体内容，所以这种流线的项目文件使得协作更容易。

为导出选中部分作为 Premiere Pro 项目，在 Project 面板中选择条目并选择 File>Export>Selection as Premiere Project 命令。选择新项目文件的名称和存储位置，最后单击 Save 按钮。

项目文件将链接到已有媒体文件。

17.7 管理硬盘驱动

使用 Project Manager 创建项目副本后，或者完成项目及媒体文件时，可能需要清理硬盘。视频文件太大，即使硬盘的存储空间很大，也需要考虑哪些媒体文件需要保留或者删除。你也可能需要移动项目文件到慢的、大的存档存储中，保持当前项目能够快速进行媒体存储。

完成项目时，为容易移除不需要的媒体文件，考虑通过从项目文件夹或者媒体存储驱动器特定的项目位置中导入所有媒体文件。也就是说，在导入前将媒体文件的副本存储到一个独立的位置，这样处理的原因是，导入媒体文件到电脑上的任何位置时，Premiere Pro 都会为其创建一个链接。

在导入前组织媒体文件，使得它们都很便捷地存储在一个位置，那么在创意制作工作流结束时，可以更加方便地移除不需要的内容。

请记住，删除项目中的剪辑，甚至删除项目文件本身，并不会删除任何媒体文件。

17.7.1 其他文件

向项目中导入新的项目文件时，媒体缓存会占用存储空间。并且每次渲染特效时，Premiere Pro 都会创建预览文件。

要移除这些文件并释放硬盘空间，可以执行以下操作。

- 选择 Edit>Preferences（首选项）>Media 命令（Windows），或者 PremierePro>Preferences>Media 命令（Mac OS），并在 Media Cache Database（媒体缓存数据库）区域单击 Clean（清除）按钮。
- 选择 Sequence>Delete Render Files（删除预览文件）命令，从而删除与当前项目相关的预览文件。或者，通过 Project>Project Settings>Scratch Disks（暂存盘）命令，找到 Preview Files 文件夹。然后使用 Windows Explorer（Windows）或者 Finder（Mac OS），删除该文件夹及其内容。

请谨慎选择媒体缓存和项目预览文件的存储位置。这些文件的占用空间非常大，并且驱动器的速度将影响 Premiere Pro 的播放性能。

使用Dynamic Link管理媒体

Dynamic Link（动态链接）允许Premiere Pro将After Effects合成图像作为导入媒体使用，同时它们还可以在After Effects中进行编辑。为了执行这种操作，Premiere Pro需要访问包含混合图层的After Effects项目文件，同时After Effects也需要访问合成图像使用过的媒体文件。

如果所运行的电脑上同时安装了这两个应用程序，且媒体素材位于内部存储器，那么会自动达到上述状态。

使用Project Manager为新创建的Premiere Pro项目收集文件，并不会形成Dynamic Link文件的副本或者向Adobe Audition发送剪辑创建的音频文件副本。而是需要自己在Windows或Mac OS中创建文件副本。这个操作很容易：只需复制文件夹并将其放进已经收集到的素材资源中即可。

复习题

1. 为什么需要将剪辑设为脱机状态？

2. 使用 Project Manager 创建裁剪项目时，为什么添加处理帧？

3. 为什么选择 Project Manager 选项 Collect Files and Copy to a New Location？

4. Project 菜单中的 Remove Unused 选项有什么用途？

5. 如何从 Premiere Pro 其他项目中导入一个序列？

6. 创建一个新项目时，Project Manager 是否收集 After Effects 合成图像之类的 Dynamic Link 素材资源？

复习题答案

1. 如果处理的是低分辨率的媒体文件副本，将剪辑设为脱机状态，则可以重新采集或重新导入它们。

2. 裁剪项目只包含序列使用过的剪辑部分。为便于灵活裁剪，需添加一些处理帧。由于每一帧添加到每个剪辑的头尾两端，所以 24 个处理帧实际上是为每个剪辑添加了 48 帧。

3. 如果你的媒体文件存储在电脑上多个不同的位置，那么会增加跟踪、管理所有资料的难度。使用 Project Manager 将所有媒体文件收集到一个单独的位置，更加便于管理媒体文件。

4. 选择 Remove Unused，Premiere Pro 会从项目中删除序列未使用的剪辑。记住，该操作不会删除媒体文件。

5. 从 Premiere Pro 其他项目中导入一个序列的方法是，像导入媒体文件那样导入项目文件。Premiere Pro 将给出选项，可选择导入整个项目或导入所选序列。也可以使用 Media Browser 浏览内部项目文件。

6. 创建一个新项目时，Project Manager 并不收集 Dynamic Link 素材资源。因此，将新创建的 Dynamic Link 项目保存到项目文件夹所处位置，或者保存到一个专用的项目文件夹中，是一个不错的处理方式。这样，更容易为新项目搜集和复制素材资源。

第 **18** 课 导出帧、剪辑和序列

课程概述

在本课中，你将学习以下内容：

- 选择正确的导出选项；
- 导出单帧；
- 创建影片、图像序列和音频文件；
- 使用 Adobe Media Encoder；
- 导出到 Final Cut Pro；
- 导出到 Avid Media Composer；
- 使用编辑决策列表；
- 录制到磁带。

本课的学习大约需要 60 分钟。

视频制作中最让人感到愉悦的事情就是在作品完成之后，将其与观众一起分享。Adobe Premiere Pro CC 中提供了很多导出选项——众多可以将项目记录到磁带的方法，或者将其转换为其他的数字文件格式。

导出项目是视频制作过程中的最后一个步骤。Adobe Media Encoder 提供了
很多高级的输出格式。输出为这些格式时，存在众多可供使用的选项，
同时，还可以执行批量导出操作。

18.1 开始

最为基本的传播格式就是使用数字文件。要创建此类文件，可以选择使用 Adobe Media Encoder。这是一个能够执行批量导出任务的独立的应用程序，因此可以同时导出几种格式并且可以在后台执行各种任务，在这期间，你仍然可以使用其他的应用程序，例如 Premiere Pro 和 Adobe After Effects。

Pr | **注意**：Premiere Pro 可以导出在 Project 面板、序列或者序列工作区、或者 Source 面板中所选择的剪辑。当你选择 File>Export 时，所选择的内容就是 Premiere Pro 将要导出的内容。

18.2 导出选项概述

当你完成某个项目时或者只是想将进行中的项目分享给其他人用于检查，都可以使用众多的导出选项。

- 可以选择将整个序列作为单独的文件进行导出，以便发布到网页上或者刻录到磁盘中。
- 可以导出单个帧或者多个帧并将其发布到网页上或者作为电子邮件的附件进行发送。
- 可以选择只导出音频、视频，或者导出完整视 / 音频输出。
- 导出剪辑或者仍然可以重新自动导入到项目中，以便容易重新使用。
- 可以直接导出到录像带。

除了实际导出格式外，还有一些设置和参数可供选择。

- 可以选择创建的任一个文件可以与原素材具有相同的视觉品质和数据码率，也可以采用压缩格式缩小发布到光盘或者网络的容量。
- 可以从一个媒体格式转换为另一个媒体格式，以便容易地交给其他人员进行后期处理。
- 如果某个预设无法满足需要，可以指定帧尺寸、帧速率、数据码率和视频、音频压缩方法。

可以对导出的文件做进一步编辑，将其用于展示，作为 Internet 或其他网络的流媒体使用，或用作创建动画的图像序列。

18.3 导出单帧

在编辑的过程中，你可能需要快速导出某个静态帧并将其发送给团队成员或客户，以便供他们检查。此外，当想将作品发布到网页上时，你可能需要导出某个特定的缩览图图像以便将其作为视频文件的缩览图。

Premiere Pro 提供了一个用于导出静态图像的非常简化的工作流。

从 Source Monitor 导出一个帧时，Premiere Pro 会创建一个匹配源视频文件分辨率的静态图像。

从 Program Monitor 导出一个帧时，Premiere Pro 会创建一个匹配序列分辨率的静态图像。

我们着手开始实验。

1. 从 Lessons/Lesson 18 文件夹中打开 Lesson 18_01.prproj。

2. 打开序列 Review Copy，将 Timeline 播放头放置在你要导出的帧上，如图 18-1 所示。

图18-1

3. 在 Program Monitor 中，单击右下角的 Export Frame 按钮。

如果你看不到该按钮，可能是因为你已经对 Program Monitor 按钮进行了自定义设置。你也可能需要重置面板尺寸，也可以选中 Program Monitor 并按 Shift+E 组合键导出一个帧，如图 18-2 所示。

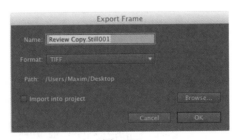

图18-2

> **Pr** 注意：在 Windows 中，可以导出为 BMP、DPX、GIF、JPEG、PNG、TGA 以及 TIFF 格式。在 Mac OS 中，可以导出为 DPX、JPEG、PNG、TGA 以及 TIFF 格式。

4. 在 Export Frame 对话框中，输入文件名称。

5. 使用 Format 菜单，选静态图像格式。

- JPEG、PNG、BMP 和 GIF 适用于压缩图像工作流程（例如网页发布）。

- TIFF 和 Targa 适用于打印以及动画制作任务。

- DPX 通常用于数字电影或者色彩分级工作流。

6. 单击 Browse 按钮,选择新的静态图像的位置,在桌面上创建一个 Exports 文件夹,并将其选中。

> **Pr** **注意**:项目中的音乐是 Alex 主演的 AdmiralBob 演唱的 "Tell Somebody", 由 Creative Commons Attribution 3.0 授权。

7. 选择 Import into Project 选项, 向当前序列中添加一个新的静态图像,然后单击 OK 按钮。

18.4　导出主副本

通过创建主副本, 可以获得一个编辑项目的原始数字副本并可以留作以后继续使用。主副本中包含序列中的全部内容并且最具有最高的分辨率以及最佳的质量。创建之后, 你可以继续使用该文件制作其他的压缩输出格式, 而不需要在 Premiere Pro 中打开原始项目。

18.4.1　匹配序列设置

理想情况下, 主文件应该序列中的原始材料的设置非常匹配(帧尺寸、帧速率以编码解码器)。在 Premiere Pro 中, 通过导出时的 Match Sequence Settings 选项, 很容易就可以做到这一点。

1. 继续处理 Lesson 18_01.prproj 中的 Review Copy 序列。

2. 选择序列(在 Project 面板或者 Timeline 面板中), 然后选择 File>Export>Media 命令, 如图 18-3 所示。

图18-3

这时将会打开 Export Settings（导出设置）对话框。

> **注意**：有些时候，Match Settings（匹配设置）无法写入如原始摄像机媒体完全匹配的格式。例如，XDCAM EX 会写入到 MPEG2 文件。大多数时候，写入的文件会具有一个相同的格式并且能够与源文件的数据速率（datarate）相匹配。

3. 在 Export Settings 对话框中，选择 Match Sequence Settings（匹配序列设置）复选框，如图 18-4 所示。

4. 显示的橙色文本是输出的名称，它实际上是一个按钮，可以打开 Save As 对话框。在 Adobe Media Encoder 中可以找到同种文本按钮，现在单击输出名称，如图 18-5 所示。

图18-4

图18-5

5. 选择一个目标（如前面创建的 Exports 文件夹），并将序列命名为 Review Copy 01.mxf。单击 Save 按钮。

6. 在 Summary（总结）区域这能够检查文本，以便确定选择与序列设置相匹配的输出格式。在这个示例中，应该使用帧速率为 23.97fps 的 DNxHD 媒体（MXF 文件）。概述信息可以作为快速、容易的参考，帮助你避免一些小的错误影响大的后果。如果 Source 和 Output Summary 设置匹配，那么可以最大限度地减少转换，这有助于保证最终输出的质量，如图 18-6 所示。

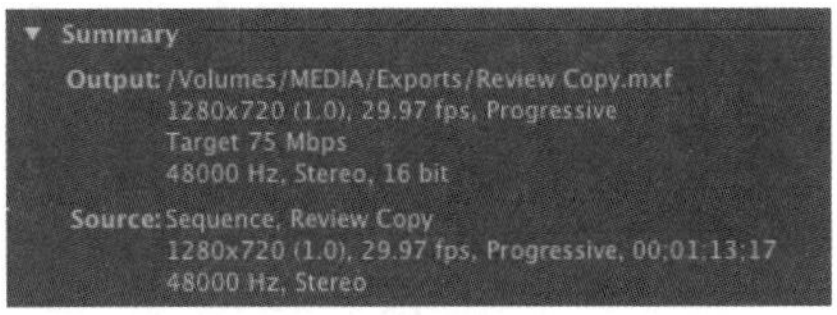

图18-6

7. 单击 Export 按钮，创建一个基于序列的媒体写文件。

> **提示**：如果要导出的序列中存在很多不同比例的项目（如照片或者混合分辨率视频，或者输出文件比序列的分辨率低），那么可以使用 Maximum Render Quality（最佳渲染质量）选项。这虽然会花费较多的时间，但是却能够生成非常好的效果。

18.4.2 选择其他的编码解码器

在将项目作为独立的影片导出时，可以更改所使用的编码解码器（codec）。有些摄像机格式（例如 DSLR 和 HDV），会在很大程度上被压缩。使用较高质量的主编码解码器能够改进所创建的主文件的质量。

1. 选择 File>Export>Media 命令或者按 Control+M 组合键（Windows）或者 Command+M 组合键（MacOS）。

2. 在 Export Settings 对话框中，单击 Format（格式）弹出菜单并选择 QuickTime 选项。

3. 单击输出名称（橙色的文本），并将文件命名为 Review Copy 02.mov，将其保存在与前一个练习相同的存储位置上。

4. 单击窗口底部的 Video 选项卡。

5. 选择已经安装的主编码解码器。

JPEG2000 编码解码器应该安装到系统中，这个文件能够生成非常高质量的文件（但是很大）。检查帧尺寸和帧速率是否与源文件的设置相匹配。你可能需要滚动窗口或者重新设置面板的尺寸以便获得更大的查看范围。使用如图 18-7 所示的设置。

6. 单击 Audio 选项卡并为音频编码解码器选择 Uncompressed（未压缩）选项。在 Basic Audio Settings（基本音频设置）选择区域中，采样率选择 48000Hz，Channels 选择 Stereo，SampleSize（采样尺寸）选择 16bit。设置 Audio Track Layout 为 1 Stereo Pairs，如图 18-8 所示。

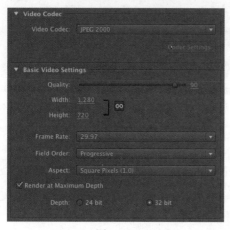

图18-7

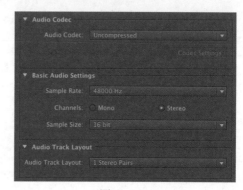

图18-8

7. 单击对话框底部的 Export 按钮，导出序列并转换为一个新的媒体文件。

18.5 使用 Adobe Media Encoder

Adobe Media Encoder 是一款独立的应用程序。它可以独立运行，也可以通过 Premiere Pro 启动它。使用 Adobe Media Encoder 的一个优势是可以直接从 Premiere Pro 中提交工作，然后以便记性编码处理。如果客户想要查看最终编辑之前的工作，那么 Adobe Media Encoder 可以在不中断工作流的情况下，产生文件。

18.5.1 选择导出的文件格式

掌握如何交付最终工作是个难点。基本上，选择交付的格式是计划后期处理，弄清楚文件如何呈现出来和它如何通常直接区分目标的最好文件类型。

通常情况下，必须符合客户的交付规范，选择合适编码选项将会使工作变得容易。

Premiere Pro 和 Adobe Media Encoder 可以导出很多种格式，我们将快速对这些格式进行介绍，使你了解何时应该使用这些格式，如图 18-9 所示。

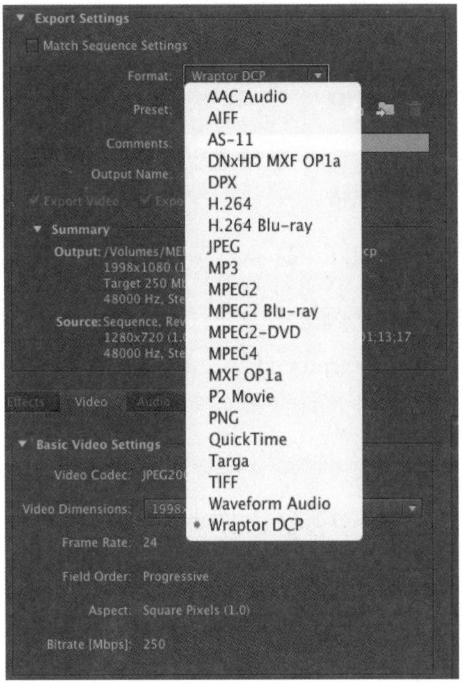

- AAC Audio：Advanced Audio Coding（高级音频编码）格式，这是一种纯音频文件格式，通常用于 H.264 编码。

- AIFF：Audio Interchange File Format 是 Mac 操作系统中普遍使用的纯音频文件格式。

- AS-11：该格式基于 MXF（后面介绍），针对广播电视进行精细配置。如果正在处理 TV 内容，你可能需要使用该格式交付。

- DNxHD MXF OP1a：该格式主要用于兼容 Avid 编辑系统。然而，它是高质量、跨平台的专业编辑文件格式。

- DPX 代表 Digital Picture Exchange（数字图像交换），这是在数字媒介和特效处理中使用的一种高端图像序列格式。

图18-9

- H.264：这是当今最灵活、使用最广泛的格式，它针对多种设备（如 iPod 和 Apple TV、TiVo Series3 SD 和 HD）和服务（如 YouTube 和 Vimeo）提供选项。通过该选项创建的 H.264 文件还可以传送到智能手机，也可以被其他视频编辑软件用作高质量、高位速率的媒体文件。

- H.264 Blu-ray：该选项创建可用于 Blu-ray Discs（蓝光光盘）的文件。

- JPEG：该设置将会在指定地点创建一些列的静态图像。

- MP3：这种压缩音频格式十分流行。这是因为它生成相对小的文件，仍然听起来不错。

- MPEG2：这种较老的文件格式主要用于光盘和蓝光盘。该组内的预设创建出的文件能够在计算机上播放。有些广播公司也会使用 MPEG2 作为数字传输的格式。

- MPEG2 Blu-ray：该选项能够从 HD 材料中创建蓝光 MPEG2 视频和音频文件。

- MPEG2-DVD：使用该预设能够创建标清 DVD 光盘。

- MPEG4：选择这种编码格式创建低质量的 H.263 3GP 文件，用于分发到老式移动电话上。

- MXF OP1a：这些 MXF 预设能够创建与 AVC-INTRA、DV、IMX 和 XDCAM 系统兼容的文件。

- P2Movie：生成标准 Panasonic P2 媒体。

- PNG：这是 Internet 中采用一种无损且高效的静态图像格式。可用于 Internet 或者包含透明度的图像序列中。不像其他静态图像格式，PNG 文件包含 Alpha 通道。

- QuickTime：这个容器格式可以采用多种编码存储文件。所有 QuickTime 文件都使用 .mov 扩展名，不用考虑编码解码器。Macintosh 计算机上多使用此格式。

- Targa：这种未压缩的静态图像文件格式现在很少使用。像 PNG 文件，Targa 也包含 Alpha 通道。

- TIFF：这种流行的高质量静态图像格式提供有损和无损两种压缩选项。

- Waveform Audio：这种未压缩的音频文件格式在 Windows 计算机上非常流行，使用 .wav 格式。

- Warptor DCP：如果处理的是数字影院投影内容，那么配置就会比较复杂。该选项生成标准的 DCP 文件，选择非常少的设置，就可以达到令人满意的质量。

以下几种格式仅适用于 Windows 计算机。

- AVI：与 QuickTime 文件相似，这个"容器格式"可以使用多个编码解码器中的一个保存文件。虽然多年以来，Microsoft 官方一直不提供对该格式的支持，但是它仍然被广泛使用。

- Windows BMP：这是一种非压缩、很少被采用的静态图像格式。

- Animated GIF 和 GIF：这些压缩静态图像和动画格式主要用于网络，它们仅适用于 Windows 版本的 Premiere Pro。

- Uncompressed Microsoft AVI：这是一种高位速率的媒体格式，该格式很少被采用，且仅适用于 Windows 版本的 Premiere Pro。

- Windows Media：该选项创建的 WMV 文件适合在 Windows Media Player 和像 Microsoft Silverlight 这样的一些设备上播放（仅适用于 Windows）。

18.5.2 配置导出

要使用 Adobe Media Encoder 从 Premiere Pro 中导出文件，需要首先对于项目进行排序。第一步需要使用 Export Settings 对话框针对将要导出的文件进行初步选择。

1. 如果需要，打开 Lesson 08_01.prproj。

2. 确保 Review Copy 序列打开，选择 File>Export>Media 命令。

当在 Export Settings 对话框中进行选择时，最好按照从上到下的顺序进行，首先选择格式和预设，然后是输出设置，最后决定是否要导出到音频、视频或同时导出视频和音频。

3. 从 Format 菜单中选择 H.264 格式。当创建用于上传到视频共享网站的文件时，很多人会选择这个格式。

4. 在 Preset 菜单中，选择 Vimeo HD 720p 29.97。

这些设置匹配序列的帧尺寸和帧速率，同时，它会对编码解码器和数据速率进行调整以便满足 Vimeo.com 网站的需求，如图 18-10 所示。

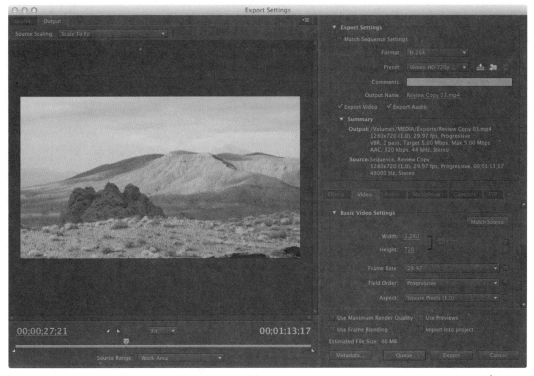

图18-10

5. 单击输出名称（橙色文字），并将文件命名为 Review Copy 03.mov。将其保存在与上一个练习相同的存储位置。

6. 检查预设列表下方的 Summary 以查看目前为止所选择的特效。

注意，Export Settings 对话框右下角的选项卡将随选择格式的不同而改变。大多数重要的选项都包含在 Format、Video 和 Audio 选项卡内。

这里有些 Summary 中显示的不同选项卡。

- Effects：在你输出媒体是，可以添加很多有用的特效和载体（在下一节中可以查看这些选项的列表）。

- Video：Video 选项卡用于调整帧尺寸、帧速率、场序以及配置参数。它们的默认值是基于所选的预设，不过可以更改为任意喜欢的内容。

- Audio：Audio 选项卡允许调整音频的位速率，对于某些格式，还允许调整编码解码器。它们的默认值是基于所选择的预设，不过可以更改为任意喜欢的内容。

- Multiplexer：这些控件允许你决定是否对编码方法进行优化，以便获得针对某些特定设备的兼容性（如 iPod 或者 PlayStation Portable）。它还可以控制视频和音频联合或者交付为单独文件。

- FTP：这个选项卡主要允许你指定 FTP 服务器，以便在完成编码后上传导出的视频。如果创建了自己的预设，那么这个 FTP 信息将包含在内。FTP（文件传输协议）是标准的传输文件到服务器的方式。

导出特效

在导出媒体文件时，可以应用 Lumetri Look 并添加有用的信息负载。

- Lumetri Look/LUT：从内置 Lumetri Looks 列表中选择，或者自己浏览，可以快速地向输出文件的显示应用微小的调整。

- Image Overlay：添加像公司的 logo 或者网络 "bug" 的图片，并显示在屏幕上。该图片将合并到图像中。

- Name Overlay：为图像添加文本。这在水印保护内容或者标记不同版本时，及其有用。

- Timecode Overlay：显示完成视频文件的时间码，使观察者不借助专门编辑软件情况下，显示注释的时间。

这里所有应用的特效，都合成到图像中。

18.5.3 源和输出面板

我们再看看 Export Settings 对话框的左侧的 Source Range（源范围）下拉菜单，使用该菜单选择导出的整个序列、通过放置 In 点和 Out 点设定的范围、通过 Timeline Work Area 栏设定的范围、或者使用小三角手柄并在菜单直接拖曳选择自定义区域，如图 18-11 所示。

图18-11

Output 和 Source 选项卡位于 Export Settings 对话框的左上角。Output 选项卡显示将被编码的视频预览，在 Output 选项卡中查看视频是很有用的，这能够发现某些视频格式中由于不规则像素所导致的边框化或者变形问题。

Source 选项卡提供了基本的剪切控件。在 Source 选项卡做了更改之后确保检查 Output 选项卡。

格式使用

Adobe Media Encoder支持很多格式。了解每个格式的设置是必要的，下面我们来看一下几个常用的场景并检查哪种格式是代表性的。虽然这里有一些绝对，但是这些应接近正确的输出。在生成最终完成文件之前，在小的视频片段测试输出是个不错的主意。

- DVD/Blu-ray 编码：通常，MPEG2 用于短小视频项目——换句话说，MPEG2-DVD 预设用于 DVD 而 MPEG2 Blu-ray 预设用于 Bul-ray 光盘。MPEG2 的可视质量与 H.264 这些高位速率应用程序没有什么区别，但编码更快。而 H.264 解码更加有效，可以在较小的存储空间内处理更多的内容。

- 设备编码：在当前设备（Apple iPod/iPhone、Apple TV、Kindle、Nook、Android 和 TiVo）使用 H.264 格式，以及一些通用的 3GPP 预设，老的基于 MPEG4 的设备使用 MPEG4。确保检查它们网站上的使用说明书。

- 上传到用户视频网站编码：H.264 格式包括了宽频、SD、HD 中的 YouTube 和 Vimeo 预设。使用这些预设作为开始，注意遵守分辨率、文件大小和时长限制。

- 为 Windows Media 或 Silverlight 调用而编码：采用 Windows Media 格式是最安全的选择，尽管采用 Silverlight 最新的版本可以播放 H.264 文件。

总的来说，现在已经证明Premiere Pro预设可以满足各种需求。针对设备或光盘编码时，请不要修改参数，因为细微的修改会导致渲染的文件无法播放。硬件播放器具有严格的媒体要求。

大多数Premiere Pro预设是很稳妥的，采用默认参数能够获得很高的编码质量，因此，自行修改参数可能不仅不会提高，甚至还会大大降低输出质量。

18.5.4　为输出排序

当准备创建媒体文件时，需要考虑这几个选项，如图 18-12 所示。

- Use Maximum Render Quality（使用最佳渲染质量）：进行渲染时，当从尺寸较大的格式缩放为较小的格式时请考虑激活这项设置，但请注意，该选项需要的内存比正常渲染多，并且可能使渲染速度变慢。除了需要进行缩放并需要获得最佳质量的输出之外，该选项很少被使用到。

图18-12

- Use Previews（使用预览）：在渲染特定特效时，文件预览看起来比较像应用了特效的原始素材。如果启用了该选项，那么文件预览将作为新导出的源。这可以节省大量的时间，否则将花费再次渲染特效的时间。结果可能是低质量，这取决于序列预览文件格式（参考第 2 课）。

- 该选项在 Premiere Pro CS4 同样仅在弹出菜单中可以使用。

- Use Frame Blending（使用帧混合）：当更改项目中源剪辑的速率，或渲染为与序列设置不同的帧速率时，激活该选项将平滑运动效果。

- Import into project（导入到项目中）：该选项自动将新创建的媒体文件导入到当前的项目中。在导出冻结帧时，该选项特别有用。

> **Pr** **注意**：在 Video 选项卡中，你还会发现一个名为 Render at Maximum Depth（以最大深度渲染）复选框。当进行渲染时，该选项通过使用较宽的色域来生成颜色，进而改进输出的视觉质量。

- Metadata（元数据）：单击该按钮，将打开 Metadata Export 面板。可以指定设置的范围，包括版权信息、作者和权力管理。甚至可以嵌入有用的信息，如标记、脚本以及用于高级传输选项中的语音抄录。在一些情况下，你可能喜欢设置 Metadata Export Options 为None，这将移除新创建文件的所有元数据，如图 18-13 所示。

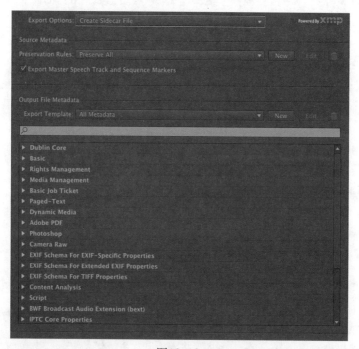

图18-13

- Queue（队列）：单击 Queue 按钮，可以将文件发送到 Adobe Media Encoder，该应用程序将自动打开，允许进行导出时继续使用 Premiere Pro 工作。

- Export（导出）：激活该选项将直接从 Export Settings 对话框导出，而不通过 Adobe Media Encoder 渲染。这是一种较简单的工作流，但在渲染完成之前无法在 Premiere Pro 中编辑。

单击 Queue 按钮，发送文件到 Adobe Media Encoder，它将自动启动。

18.5.5　Adobe Media Encoder 中的其他选项

使用 Adobe Media Encoder 还有几个额外的益处。虽然只需单击 Premiere Pro 的 Export Settings 面板中的 Export 按钮就可以执行几个额外的步骤，而这些选项的作用却不容小觑，如图 18-14 所示。

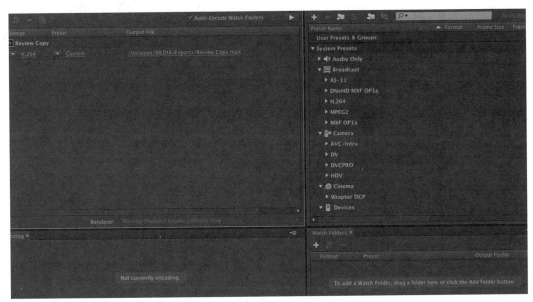

图18-14

> **Pr** 注意：Adobe Media Encoder 不一定非要在 Premiere Pro 中才能使用。可以单独启动 Adobe Media Encoder。

下面将介绍一些 Adobe Media Encoder 中最有用的功能。

- 添加更多的独立文件：要向 Adobe Media Encoder 中添加独立的文件，可以选择 File>Add Source 命令。甚至可以从 Windows Explorer（Windows）或 Finder（Mac OS）中拖放文件到里面。

- 直接导入 Premiere Pro 序列：可以选择 File>Add Premiere Pro Sequence 命令，选择 Premiere Pro 项目文件并选择编码的序列（甚至不需要启动 Premiere Pro）。

- 直接渲染 After Effects 项目：要从 Adobe After Effects 中导入合成图形并进行编码，可以选择 File>Add After Effects Composition（添加 After Effects 合成图像）命令，不需要打开 Adobe After Effects。

- 使用监视文件夹：如果想要自动完成某些编码任务，可以通过选择 File>Add Watch Folder（添加监视文件）命令创建监视文件夹，然后将预设指定给监视文件夹。这样，以后拖动到该文件夹中的源文件会被自动进行编码，进而转换成预设中指定的格式。

- 修改项目：可以使用相应的按钮添加、复制或者删除任何任务，也可以将尚未启动的任务拖动到队列中的任意位置上。如果没有将队列设置为自动启动，可以单击 Start Queue（启动队列）按钮启动编码操作。Adobe Media Encoder 会连续对文件进行编码，在启动编码操作之后，可以向队列中添加文件。甚至在编码时，可以直接从 Premiere Pro 中添加文件到序列中。

- 修改预设：一旦编码任务加载到队列中，更改配置非常容易。只需点击条目的 Format 或者 Preset，然后打开 Export Settings 对话框。

> **注意**：如果采用的是专业格式（如 MXF OP1a、DNxHD MXF OP1a 或 Quick Time），那么可以为音频导出格式允许的 32 通道。原始序列必须使用多通道主轨道，并且具有相应的轨道编号。

18.6 与其他编辑应用程序进行交互

在视频后期制作过程中，经常需要几个程序之间互相协作。幸运的是，Premiere Pro 能够读取和写入与市面上很多高端编辑和色彩分级工具互相兼容的项目文件。这可以简单分享创造性的工作，即使你和同伴使用的是不同的编辑系统。

18.6.1 导出 Final Cut Pro XML 文件

使用 Final Cut Pro XML 可以使 Premiere Pro 与很多应用程序进行交互式操作。你可以将项目直接导入到 Final Cut Pro 7 中，或者使用 Assisted Editing 公司提供的 7toX for Final Cut Pro 将其转换为 Final Cut Pro X。也可以将项目导出到其他应用程序中，例如 Davinci Resolve 和 GrassValley EDIUS。

由于 Final Cut Pro 7 XML 标准不支持一些特殊的特效和关键帧，所以需要测试工作流，找出多少创造性的工作可以使用该系统共享。

从 Premiere Pro 导出到 Final Cut Pro，以及将 XML 文件导入到 Final Cut Pro 中，都是非常简单的。

1. 在 Premiere Pro 中，选择 File>Export<Final Cut Pro XML 命令。

2. 在 Save Converted Project As-Final Cut Pro XML 对话框中，对文件进行命名，选择存储位置，并单击 Save 按钮。Premiere Pro 会通知你是否存在导出到 XML 的事项。

文件现在可以导入到其他的应用程序中。你可能需要导入或者将媒体捕捉到其他的应用程序中并重新链接。

18.6.2 导出到 OMF

Open Media Framework（OMF）现在已经成为在不同系统间交换信息的标准方式（尤其对于

音频混合）。当导出 OMF 文件时，最典型的方法是创建一个包含全部音频轨道的单个文件。当 OMF 文件在一个兼容的应用程序中打开时，会显示所有的轨道。

下面介绍如何创建 OMF 文件。

1. 选择序列，然后选择 File>Export>OMF 命令，如图 18-15 所示。

2. 在 OMF Export Settings 对话框中，在 OMF Title 字段中为文件输入一个名称。

3. 确保 Sample Rate 和 Bitsper Sample 设置与素材相匹配，最常用的设置时 48000Hz 和 16 位。

图18-15

4. 从 Files 菜单中，选择以下选项之一。

- Encapsulate：该选项能够导出包含项目元数据以及所选序列中全部音频的 OMF 文件。

- Separate Audio：该选项能够将单个的单声道导出到 omfMediaFiles 文件夹中。

5. 如果使用 Separate Audio 选项，需要在 AIFF 和 Broadcast Wave 格式之间进行选择。二者都具有较高的质量，但是需要检查一下需要与之进行交互的系统。一般来说，AIFF 文件具有更大的兼容性。

6. 使用 Render 菜单，可以选择使用 Copy Complete Audio Files（复制完整音频文件）或者使用 Trim Audio Files（裁剪音频文件）以便较小文件尺寸。修改剪辑时，可以添加手柄（额外的帧）来获得更大的灵活度。

7. 单击 OK 按钮，生成 OMF 文件。

8. 选择存储位置，并单击 Save 按钮。这里，可以选择课程文件。

18.6.3　导出到 AAF

另一种交换文件的方法是 Advanced Authoring Format（AAF）。这种方法通常用于交换项目信息和其他 NLE 软件原媒体，包括 Avid Media Composer。

由于 AAF 标准不支持一些特殊的特效和关键帧，所以应该测试工作流找出多少创造性工作可以使用该系统共享。

1. 选择 File>Export>AAF 命令。

2. 在 Save Converted Project As - AFF 对话框中，选择一个存储位置并单击 Save 按钮。

3. 在 AAF Export Settings 对话框中，存在两个附加选项。

- Save as legacy AAF：可以增加文件的兼容性，但是所支持的功能不多。

- Embed audio：该选项会尝试将音频嵌入到文件中，以便减少重新链接的次数。

4. 单击 OK 按钮，将序列以 AAF 文件形式保存在指定的位置。这时，AAF Export Log 对话框将会打开并报告相关的事宜。

使用编辑决策列表

编辑决策列表（EDL）是具有自动编辑任务指令列表的简单文本文档。格式符合标准，允许EDL可以被很多不同系统读取。

EDL令人回想起以前，当时的小容量硬盘限制了视频文件的大小，低速处理器无法播放高分辨率视频。作为补救措施，编辑人员在Premiere Pro这样的非线性编辑软件中使用低分辨率文件编辑项目，把其导出到EDL，然后把这个文本文件和原始磁带一起送到制作机房。制作机房人员使用昂贵的硬件切换台创建最终的高分辨率作品。

现在不大需要这种脱机作业，但是电影制作者仍然会使用EDL。

如果要使用EDL，项目必须严格遵循以下原则。

- EDL最适合的项目只有一条视频轨道，两条立体声（或4条单声道）音频轨道，并且不包含嵌套序列。
- 大部分标准切换、静帧和剪辑速度的调整都可以用在EDL中。
- Premiere Pro 目前支持字幕或其他内容的键控轨道，这种轨道必须位于选择的导出为EDL视频轨道的正上方。
- 必须用精确的时间码采集和记录所有原始素材。
- 采集卡必须具备使用时码的设备控制功能。
- 确保时间码没有空隙，每盒磁带都必须有唯一的卷轴（reel）号，在拍摄之前必须事先录好时码（有时被称为"striped"）。

要查看EDL选项，请选择File>Export>EDL命令，以打开EDL Export Setting对话框，如图18-16所示。

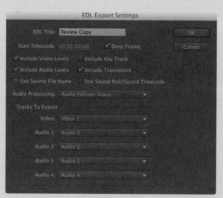

图18-16

选择要导出的轨道，并使用一系列复选框选择要包含的编辑信息类型。

EDL Title不是文件名，它的标题出现在EDL文件的第一行中，标题可以与文件名不同。单击EDL Export Settings对话框中的OK按钮后，你将可以输入文件名。

当你满足选项时，单击OK按钮。这里有些值得注意的设置。

- Start Timecode：设置序列中第一个编辑的起始时码值。
- Include Video Levels：在EDL中包括视频透明度等级注解。
- Include Audio Levels：在EDL中包括音频等级注解。
- Tracks To Export：指出导出哪些轨道。位于所选导出视频轨道的正上方视频轨道用作键控轨道。

使用隐藏字幕

每个人都喜欢看的懂的视频内容，其中一种方法就是添加隐藏字幕信息，可以被电视解码。而可视字幕被插入到视频文件中，转换成具体的播放设备支持的格式。

添加隐藏字幕信息相对容易，只要你准备好了合适的字幕。字幕文件通常是由软件工具生成，比如MacCaption、CaptionMaker和MovieCaptioner。

这是讲述如何向序列中添加字幕。

1. 关闭当前项目（不要保存），并打开Lesson 18_02.Prproj。

2. 打开NFCC_PSA序列。

3. 选择File>Import命令，并导航到字幕文件（支持.scc和.mcc格式）。你将会在Lessons/Assets/Closed Captions文件夹中找到样本文件。

如果是视频剪辑，字幕文件将伴随帧速率和时长添加到bin中。

4. 编辑隐藏字幕剪辑到轨道上，位于序列中所有剪辑上面。

5. 单击Program Monitor中的Settings菜单按钮，并选择Closed Captioning Display>Enable命令。

6. 播放序列查看字幕。如果字幕没有合适的显示出来，那么单击Program Monitor中的Settings菜单按钮并选择Closed Captioning Display>Settings命令。确保配置匹配使用的文件类型。在这个例子中，使用CEA-608选项，如图18-17所示。

7. 使用Captions面板（Window>Captions）可以调整字幕，使用面板的控件调整字幕的时间和格式。

图18-17

Pr | 注意：这种公共服务是由 RHED Pixel 生成，由 Credit Counseling 的 National Foundation 提供。

Pr | 注意：通过添加 Closed Captioning Display 按钮，使用 Button Editor 自定义 Program Monitor，方便切换可视字幕。

你也可以在 Premiere Pro 内创建自己的隐藏字幕。

1. 选择 File>New>Closed Captions，打开 New Closed Captions 对话框，如图 18-18 所示。

2. 默认设置是基于当前序列，无需修改直接单击 OK 按钮。

3. 打开另一个对话框，广播工作流的高级设置，如图 18-19 所示。

图18-18

图18-19

CEA-608（也称为 Line 21）是国家最常用的标准，它使用 NTSC 广播标准，而 TeleText 选项（Line 16）用于 PAL 国家。该剪辑是 NTSC，所以为它选择 CEA-608。

4. 从 Stream 菜单中选择 CC1，设置它作为隐藏字幕的第一个流（最大可以添加 4 个流），单击 OK 按钮，Closed Captions 剪辑将添加到 Project 面板中。

5. 编辑 Video 2 轨道上的新隐藏字幕剪辑，对于序列有点太短（默认只有 3 秒长）。

6. 在 Timeline 上选择隐藏字幕剪辑，并转到 Captions 面板（Window>Captions）。

7. 输入匹配对话或叙事口语的文本，然后点击面板底部的 + 按钮，添加另一个字幕。

8. 调整字幕的 In 和 Out 时长，为每个字幕块调整长度。

9. 使用 Captions 面板顶部的格式控件，调整每个字幕的显示，如图 18-20 所示。

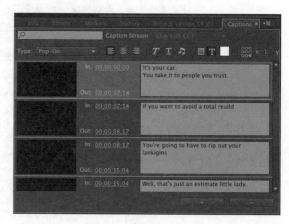

图18-20

随着字幕长度变长，剪辑内容也跟着变长。你可能需要裁剪序列中的长剪辑查看新的内容。

18.7 记录到磁带

尽管磁带的使用现在已经变得越来越少，但是在世界上的某些行业和地区中，仍然有很多人更喜欢这种输出方法。例如，很多广播公司需要使用 HDCAM SR 或者 DVCPRO HD 格式的主磁带（master tape）。如果使用的拍摄格式为 DV 或者 DHV，那么通常需要将内容记录到磁带上以便保存。

如果你拥有磁带设备或者摄像机，可以使用项目 Lesson 18_03.prproj。其中包含可以进行输出的 DV 和 HDV 序列。

18.7.1 准备用于磁带输出的项目

要将项目录制到磁带中，序列需要具有流畅播放效果，也就是不能存在丢帧或者不自然的特效问题。你需要具有运行足够快速的硬盘驱动以及性能良好的设备。下面是一些其他需要注意的细节。

- Device Control 设置：确保 Premiere Pro 支持你的录制设备。打开 Premiere Pro 的 Preferences（首选项）并选择 Device Control（设备控制）。在 Devices 菜单中，选择合适的设备控制类型。单击 Options 按钮并尽量选择与你的设备相匹配的选项。如果你使用船业的设备和采集卡，可能需要安装其他一些驱动程序。

- 音频通道指定：需要检查序列中的音频通道是否已经被指定到正确的输出上。有些设备，例如 DV，只支持两个音频通道，而其他格式则可以支持 4、8，甚至 16 通道。通过使用 Audio Mixer，可以将每一个音频轨道指定到特定的输出。

18.7.2 准备用于输出的磁带

要将项目录制到磁带中，首先需要准备磁带，这个过程通常被称为 striping 或者 blacking。在这个过程中，需要将时间码设置到磁带上并确保能够随时进行录制。

对于不同的设备来说，这个过程存在很大的区别，因此有必要查看硬件制造商提供的说明书。为了与条块、语调、录制信息和倒计时相适应，通常会从磁带的 00:58:00:00 处开始。基本视频通常从 1:00:00:00 处开始。

18.7.3 录制到 DV 或者 HDV 设备

Premiere Pro 具备连接到 DV 和 HDV 设备的能力。如果你的原始视频是使用 DV 或者 HDV 磁带采集的，可能需要将完成之后的项目再次写入到磁带中以便长时间保存。如果要执行这种操作，请执行以下步骤。

1. 将 DV 或者 HDV 摄像机连接到计算机上，就像采集视频时所做的那样。

2. 开启摄像机，并将其设置为 VCR 或者 VTR 模式（而不是你可能认为的 Camera 模式）。

3. 找到磁带中你要开始录制的位置。

4. 选择要录制的序列。

5. 为 Firewire 链接设备选择 File>Export>Tape（DV/HDV）命令，为 Serial 接口链接的设备选择 File>Export>Tape（Serial Device）命令。

在使用 DV 摄像机时，将看到 Export to Tape（导出到磁带）对话框。

其中各选项的功能如下。

- Activate Recording Device（激活录制设备）：选取该项时，Premiere Pro 将控制 DV 设备。如果要手动控制录制设备，就不要选取此项。

- Assemble at Timecode（放置时码）：使用此项在你想开始录制的地方选择入点，如果未选择此项，将从磁带当前位置开始录制。

- Delay Movie Start by x frames（使用预卷 x 帧延迟影片录制）：这个选项针对一小部分 DV 录制设备，它们从接收视频信号到开始录制需要一小段时间。请查阅使用手册，了解设备制造商推荐的方法。

- Preroll x frames:（预卷 x 帧）：大部分磁带装置都不需要或只需一点时间即可达到合适的磁带记录速度。为安全起见，请选择 150 帧（5 秒），或在项目的开始处加一段黑底视频。

其他选项意思很明确，这里不再解释。

6. 单击 Record（如果不想录制可以单击 Cancel）按钮。

按 Enter 键（Windows）或者 Return 键（Mac OS）回放，而不是按空格键，如果项目还未渲染，Premiere Pro 现在就会进行渲染。当渲染结束后，Premiere Pro 会启动摄像机，将项目录制到磁带中。

如果你使用的是专业的录像机带有 RS-422 设备控件，那么你可以通过选择 Window>Edit To Tape 命令，使用 Edit To Tape 窗口，将有更详细的选项。

18.7.4　使用第三方硬件

一些制造商能够提供视频输入/输出设备，例如 AJA、Blackmagic Design、Bluefish444 以及 Matrox。这些产品能够将专业品质的视频设备连接到你的计算机上。

在使用专业设备时，以下几个功能非常有用。

- SD/HD-SDI：串行数字接口（Serial Digital Interface，SDI）能够搭载标清或者高清视频以及最高 16 通道的数字音频。通过一条线缆，可以将视频以及需要的全部音频输出到设备中。

- 分量视频：有些设备仍然需要依赖其他的连接类型。你可以使用分量视频（component video）进行模拟（Y'PrPb）和十字（Y'CbCr）连接。分量连接仅能够搭载视频信号，无法搭载音频信号。

- AES 和 XLR 音频：如果你不想使用嵌入式 SDI 音频信号，那么很多设备也会提供专用的音频连接。最常见的连接是 AES（或者 XLR 或 BNC 类型）或者模拟 XLR 音频。

- RS-442 设备控制：专业的设备会使用一种被称为 RS-442 的设备控制。这种串行连接用于设备上精确到帧的控制。

- HDMI：尽管没有被专业视频制作广泛使用，但是 HDMI 链接越来越受到监测的欢迎。

Pr ｜提示：要了解更多受支持的硬件设备，可以访问 www.adobe.com/products/premiere/extend.html。

复习题

1. 如果你想创建比较匹配序列原始质量的独立文件，导出数字视频的最简单方式是什么？

2. Adobe Media Encoder 中 Internet-ready 导出选项是什么？

3. 导出到大多数移动设备时应使用哪种编码格式？

4. 在处理 Premiere Pro 新项目前，必须等待 Adobe Media Encoder 完成其队列的处理吗？

复习题答案

1. 使用 Export 对话框中的 Match Sequence Settings 选项。

2. 这将随平台的不同而不同。两种操作系统都包含 H.264 和 QuickTime，而 Windows 版本还包含 Windows Media。

3. 导出到大多数移动设备时所采用的编码格式是 H.264。

4. 不需要。Adobe Media Encoder 是一个独立的应用程序，你可以在它处理其渲染队列期间处理其他应用程序，或者甚至开始新的 Premiere Pro 项目。